Harald Fritzsch
Eine Formel verändert die Welt

SERIE PIPER
Band 1325

Zu diesem Buch

$E = mc^2$ – diese Beziehung zwischen Materie/Masse und Energie fand Albert Einstein kurz nach der Jahrhundertwende. Sie ist nicht nur eine der wichtigsten Formeln der Physik, sie ist auch ein Symbol unserer Zeit geworden.

Einsteins Relativitätstheorie und ihre Folgen sind das Thema dieses Buches. Harald Fritzsch beschreibt die Grundideen der Theorie so, daß ein fachlich nicht vorgebildeter Leser sie nachvollziehen kann. Nach einer Diskussion der klassischen, von Newton geprägten Ideen über Raum und Zeit und der Rolle des Lichts in der Physik führt Fritzsch die Leser behutsam an die neuen Vorstellungen Einsteins über Raum und Zeit heran. Der Hauptteil des Buches befaßt sich mit den vielfältigen Beziehungen zwischen Energie und Masse. Diese werden wichtig bei allen Naturprozessen, bei denen die Geschwindigkeiten der beteiligten Teilchen der Lichtgeschwindigkeit vergleichbar sind – zum Beispiel bei Kernreaktionen und bei den Prozessen der Elementarteilchenphysik.

Der größte Teil des Buches ist in Form fiktiver Dialoge zwischen Newton, Einstein und dem – frei erfundenen – Berner Physikprofessor Haller abgefaßt. Die Dialogform erlaubt die klare kontrastreiche Gegenüberstellung der verschiedenen Meinungen.

»Von nun an kann der Leser mitreden – ein Gewinn, der wenige Stunden aufmerksamer und anregender Lektüre erfordert.«

Helmut Rechenberg, DIE WELT

Harald Fritzsch, geboren 1943 in Zwickau. Prof. Dr. rer. nat., Physikstudium in Leipzig, Promotion 1971 an der Techn. Universität München, 1972–76 Fakultätsmitglied des Caltech in Pasadena, 1977/78 o. Prof. an der Universität Wuppertal, 1978–80 Ordinarius für theoretische Physik an der Universität Bern, seit 1980 o. Prof. für theoretische Physik an der Universität München und Honorar-Professor am Max-Planck-Institut für Physik und Astrophysik in München; Gastprofessor am CERN und am California Institute of Technology. – Im Piper Verlag erschienen außerdem: Quarks – Urstoff unserer Welt, [11]1989 (Serie Piper 332); Vom Urknall zum Zerfall, [6]1990 (Serie Piper 518); Flucht aus Leipzig, 1990.

Harald Fritzsch

Eine Formel verändert die Welt

Newton, Einstein und die Relativitätstheorie

Mit 85 Abbildungen

Piper
München Zürich

Von Harald Fritzsch liegen
in der Serie Piper außerdem vor:
Quarks – Urstoff unserer Welt (332)
Vom Urknall zum Zerfall (518)

ISBN 3-492-11325-7
Neuausgabe 1990
3. Auflage, 20.–29. Tausend November 1990
(1. Auflage, 1.–10. Tausend dieser Ausgabe)

Umschlag: Federico Luci,
unter Verwendung einer Fotomontage des WDR
Foto Umschlagrückseite: Manfred Grohe
Gesamtherstellung: Clausen & Bosse, Leck
Printed in Germany

Für Brigitte, Oliver und Patrick

Die meisten Bücher über Wissenschaft, die für den Laien Verständlichkeit beanspruchen, gehen mehr darauf aus, den Leser zu beeindrucken als ihm die elementaren Ziele und Methoden klar zu machen. Wenn der intelligente Laie ein paar solche Bücher in die Hand bekommen hat, so wird er völlig entmutigt. Sein Ergebnis ist: ›Ich bin zu schwachköpfig und muß es aufgeben.‹ Dazu kommt, daß die ganze Darstellung meist sensationell ist, was ebenfalls den verständigen Laien abstößt. Mit einem Wort: Die Schuld liegt nicht bei den Lesern, sondern bei den Autoren und Verlegern. Mein Vorschlag: Kein solches Buch sollte gedruckt werden, bevor festgestellt wird, daß es von einem intelligenten, kritischen Laien verstanden und geschätzt wird.

Albert Einstein

Inhalt

Einleitung 9
1. Newton und der Ozean der Wahrheit 23
2. Newton und der absolute Raum 35
3. Hallers Traum: Begegnung mit Newton 55
4. Dialog über das Licht 67
5. Newton trifft Einstein 89
6. Die Lichtgeschwindigkeit als Naturkonstante 103
7. Ereignisse, Weltlinien und ein Paradoxon 113
8. Licht in Raum und Zeit 137
9. Die gedehnte Zeit 149
10. Schnelle Myonen leben länger 173
11. Die paradoxen Zwillinge 191
12. Der verkürzte Raum 205
13. Das Wunder der Raum-Zeit 217
14. Masse in Raum und Zeit 231
15. Eine Formel, die die Welt veränderte 245
16. Die Kraft der Sonne 261
17. Der Blitz von Alamogordo 275
18. Energie, die in den Kernen steckt 283
19. Rätselhafte Antimaterie 299
20. Staunen über Elementarteilchen 313
21. Zerfallende Materie 325
Epilog 334

Glossar 336
Nachweis der Zitate 342
Bibliographie 343
Register 344

Einleitung

»Einstein erklärte mir jeden Tag seine Theorie, und bei unserer Ankunft war ich schließlich überzeugt, daß er sie verstand.«

Chaim Weizmann
über eine Transatlantik-Schiffsreise
mit Einstein im Jahre 1921 *

Der Titel dieses Buches ist ungewöhnlich, er bezieht sich auf eine mathematische Formel:

$$E = mc^2$$

Diese Formel beschreibt den von Albert Einstein entdeckten Zusammenhang zwischen der Energie E und der Masse m eines materiellen Objekts, wobei der verbindende Faktor zwischen beiden Größen durch die Lichtgeschwindigkeit c, gemessen zu etwa 300000 km in der Sekunde, gegeben ist. Nun ist diese berühmte, von Einstein 1905 aufgestellte Beziehung keineswegs nur eine der mathematischen Formeln, mit deren Hilfe man heute das Gedankengerüst der modernen Physik beschreibt, sondern zugleich ein Symbol für unsere heutige Zeit. Spätestens am 16. Juli 1945, morgens gegen 6 Uhr, als der erste Atomsprengsatz in der Wüste von New Mexico explodierte, wurde das zumindest den an diesem ersten Atombombentest beteiligten Wissenschaftlern und Techni-

* Quellenangaben der Zitate, Übersetzungen u. ä. siehe S. 342

kern klar. Von der gesamten Weltöffentlichkeit wurde es nur einige Tage später zur Kenntnis genommen, am 6. August 1945, als mehr als 100000 Einwohner der japanischen Stadt Hiroshima Opfer einer Atomexplosion wurden.

Seither bestimmen die Folgen der Energie-Masse-Relation in Gestalt der Atom- und Wasserstoffbomben direkt oder indirekt die Weltpolitik. Die durch jene Bomben geschaffene Möglichkeit der Vernichtung allen Lebens auf der Erde hat der Welt seit 1945 eine lange Periode ohne globale Kriege ermöglicht. Statt dessen leben wir heute in einer Zeit, die durch ein labiles Gleichgewicht der sich gegenseitig in Schach haltenden Atommächte gekennzeichnet ist.

Noch ist nicht abzusehen, wie lange dieses sicher nicht dauerhafte Gleichgewicht aufrechterhalten werden kann und ob sich letztlich mit dem Hinweis auf das globale Vernichtungspotential der Kernwaffen doch eine weltweite Abrüstung durchsetzen läßt. Es ist wohl eine Ironie der Geschichte, daß möglicherweise eine Welt ohne Kriege, d.h. ohne Atomkriege, dadurch zustande kommt, weil man begreift, daß die Alternative eben nicht eine Welt wie früher ist, also eine Welt, in der Kriege als legitimes Mittel der Politik betrachtet wurden, sondern *gar keine Welt.*

Der Anfang des 20. Jahrhunderts war gekennzeichnet durch weltpolitische Veränderungen, die zu einem Zusammenbruch der anscheinend wohlgeordneten bürgerlichen Welt des ausgehenden 19. Jahrhunderts führten. Hierzu gehören der Beginn der organisierten revolutionären Bewegung in Rußland, der wirtschaftliche Aufstieg der USA und die Herausbildung des umfangreichen Konfliktpotentials in Europa, das letztlich zum Ausbruch des Ersten Weltkriegs führte. Es ist interessant, daß etwa um dieselbe Zeit eine revolutionäre Umgestaltung der Naturwissenschaften begann, ausgelöst durch den eher konservativ gesinnten deutschen Physiker Max Planck, der die Grundlagen der späteren Quantentheorie und damit der modernen Atomtheorie schuf, und durch einen jungen Angestellten des Berner Patentamts, Albert Einstein.

Gegen Ende des 19. Jahrhunderts waren die Naturwissenschaften beherrscht von der klassischen Physik, deren Krönung die klassische Mechanik Isaac Newtons bildete. Die Gesetze Newtons galten universell im Kosmos. Sie beherrschten die Bewegungsabläufe der Gestirne, der Planeten und der Atome. Die Grundlage der Mechanik Newtons bildete die Stabilität und Unveränderlichkeit der Masse. Raum und Zeit waren nach Newton vorgegebene, universelle Strukturen des Universums.

Einsteins Relativitätstheorie, genauer: die Spezielle Relativitätstheorie, führte zu verblüffenden Konsequenzen. (Die um das Jahr 1915 von Einstein aufgestellte Allgemeine Relativitätstheorie bezieht sich vornehmlich auf Probleme der Gravitation, von denen hier nicht die Rede sein soll.) Weder der Raum noch die Zeit sind Begriffe, die universelle Bedeutung haben, sondern sie sind vom Zustand des Beobachters abhängig. Auch von einer Universalität der Masse kann keine Rede mehr sein: Masse kann sich in Energie umwandeln, und umgekehrt.

Eine solche Umwandlung wird durch Einsteins Gleichung $E = mc^2$ beschrieben. Sie besagt, daß jedem Stück Materie eine enorme Energie entspricht, nämlich die Energie, die man erhält, wenn man die entsprechende Masse mit dem Quadrat der Lichtgeschwindigkeit c = 300000 km/s multipliziert.

Wie groß diese Energie sein kann, sei an folgendem Beispiel erläutert: Ein Auto, das mit der Geschwindigkeit von 180 km/h (das sind 50 m/s) auf der Autobahn fährt, besitzt eine Bewegungsenergie, die durch die Hälfte des Produkts Masse m mal dem Quadrat der Geschwindigkeit v gegeben ist, also durch $\frac{1}{2} mv^2$. Entsprechend der Einsteinschen Formel $E = mc^2$ ist die Energie, die der Masse des Autos entspricht, um ein Vielfaches größer, nämlich um den Faktor $2 \cdot (\frac{c}{v})^2 \approx 7{,}2 \cdot 10^{13}$, also fast hundert Billionen.

Natürlich läßt sich diese Energie nicht ohne weiteres nutzen, da die Materie, aus der das Auto besteht, stabil ist, d. h. sich nicht spontan in Energie, etwa in Strahlungsenergie, umwandeln kann. Dies gelingt nur unter Zuhilfenahme von Methoden der Atomkernphysik, und auch hier nicht vollständig, sondern nur teilweise.

Einsteins Gleichung beschreibt nicht nur die Bilanz einer möglichen Umwandlung von Materie in Energie, sondern auch die Bilanz einer Umkehrung dieses Prozesses, also der Umwandlung von

Energie in Materie. So ist es beispielsweise möglich, durch Kollisionen von Lichtteilchen, den Photonen, Materieteilchen zu erzeugen. Diese Möglichkeit erlaubt es heute den Physikern und Astronomen, über die Erzeugung der Materie am Beginn der kosmologischen Entwicklung, beim sogenannten Urknall, zu spekulieren.

Zu Unrecht sagt man der Relativitätstheorie nach, sie sei zu schwierig und nur für Fachleute zu verstehen. Dies ist sicher richtig, wenn man die Details der Theorie verstehen will, die in der Tat schwierig sind. Die Grundideen der Theorie sind aber recht einfach und ohne weiteres auch für einen interessierten Laien verständlich. Die Schwierigkeiten, auf die der Fachmann stößt, wenn er die Idee der Relativitätstheorie einem zwar interessierten, aber physikalisch nicht vorgebildeten Publikum erläutern will, sind vor allem begrifflicher Natur.

Von Geburt an hat jeder von uns ein Gefühl für den uns umgebenden Raum und für den anscheinend gleichmäßig und universell dahinfließenden Strom der Zeit entwickelt. Einige Konsequenzen der Relativitätstheorie scheinen im Widerspruch hierzu zu stehen. Man erhält fälschlicherweise den Eindruck, als würde es sich bei der Relativitätstheorie um einen totalen Umsturz der Begriffe von Raum und Zeit handeln. In Wirklichkeit handelt es sich nicht um einen Umsturz dieser Begriffe, sondern lediglich um eine Modifizierung und Erweiterung dieser Vorstellungen, und zwar für Situationen, die in unserem täglichen Leben nicht oder nur äußerst selten vorkommen: für Prozesse, bei denen sich materielle Körper mit extrem großer Geschwindigkeit bewegen, genauer: mit Geschwindigkeiten, die der Geschwindigkeit des Lichtes von etwa 300 000 km in der Sekunde nahekommen.

Die Geschwindigkeiten, mit denen wir es im täglichen Leben zu tun haben, sind sehr klein gegenüber der Lichtgeschwindigkeit. Aus diesem Grunde ist in unserem intuitiven Verständnis von Raum und Zeit kein Platz für die seltsamen Effekte, die man entsprechend der Relativitätstheorie im Falle hoher Geschwindigkeiten erwartet. Um letztere zu verstehen, muß man nicht nur Neues hinzulernen, sondern insbesondere alte Vorstellungen aufgeben bzw. deren Grenzen realisieren. Hier liegt die Schwierigkeit.

Das Aufgeben alter, zum Teil jahrhundertealter Vorstellungen ist ein schmerzhafter Prozeß, der sich oft nur unter großen Mühen vollziehen läßt. Das Geheimnis der bedeutenden Entdeckungen in den Naturwissenschaften liegt oftmals nicht in der Hervorbringung neuer Ideen, sondern in der Erkenntnis, welche der alten Ideen mangelhaft sind und durch neue ersetzt werden müssen.

Als Einstein kurz nach Beginn des Jahrhunderts die Beziehung zwischen Energie und Masse fand, ging er davon aus, daß es sich bei der Gleichung $E = mc^2$ nur um eine nützliche Relation handelte, mit der man die Energie- und Massenbilanz von physikalischen Prozessen auswerten konnte. Bei den physikalischen Prozessen, die man zu jener Zeit kannte und im Detail studiert hatte, konnte man jedoch praktisch nicht von einer direkten Umwandlung von Masse in Energie, etwa in elektromagnetische Strahlung, sprechen. Bestenfalls gelang es, nur winzige, vernachlässigbare Bruchteile der beteiligten Masse in Energie umzuwandeln.

Einstein selbst glaubte zu jener Zeit nicht, daß es jemals möglich sein könnte, größere Mengen von Materie direkt in Energie zu verwandeln. Doch hierin hatte er sich getäuscht. Er konnte natürlich nicht wissen, daß nur wenige Jahre nach der Aufstellung seiner Gleichung neue physikalische Kräfte gefunden werden würden – die starken Kräfte im Inneren der Atomkerne –, mit deren Hilfe man zum ersten Mal einen relativ großen Anteil der Atomkernmaterie direkt in Energie, zum Beispiel in die Energie ausgestrahlter Teilchen oder in elektromagnetische Strahlungsenergie, umwandeln konnte. Genau dies ist bei der Explosion der Atombombe über Hiroshima geschehen.

Am 6. August 1945 hatte sich etwa ein Gramm der Masse der Bombe plötzlich in Energie umgewandelt – eine Energie, die der Energie entspricht, die bei der Explosion von 12 400 Tonnen des konventionellen Sprengstoffs TNT frei wird (die Bombe selbst, eine komplizierte technische Konstruktion, wog natürlich sehr viel mehr: fast vier Tonnen). Sie reichte aus, um den größten Teil einer Stadt von rund 300 000 Einwohnern dem Erdboden gleichzumachen.

Sowohl bei der Atombombe als auch bei den Kernreaktoren

wird die Energie aus der Masse »erzeugt«. Jedoch gelingt dies nur, weil es neben den jedermann geläufigen Kräften der Gravitation und des Elektromagnetismus noch eine weitere Naturkraft gibt: die starke Wechselwirkung zwischen den Kernteilchen im Inneren der Atomkerne. (Darüber hinaus existiert noch die sogenannte schwache Wechselwirkung, die beim radioaktiven Zerfall von Atomkernen eine Rolle spielt, uns aber jetzt nicht beschäftigen soll.) Eine wesentliche Eigenschaft dieser starken Wechselwirkung ist die Tatsache, daß sich bei denjenigen Prozessen, wo sie eine wesentliche Rolle spielt, oftmals die Massen der beteiligten Objekte (Teilchen, Atomkerne) verändern.

Reaktionen der starken Wechselwirkung waren in der Frühzeit des Kosmos an der Tagesordnung. So ist man beispielsweise in der Lage, die Synthese der Atomkerne durch Prozesse der starken Wechselwirkung kurz nach dem Urknall, jener Urexplosion, die sich wahrscheinlich vor etwa 15 Milliarden Jahren zugetragen hat, oder durch Kernprozesse in den Sternen zu erklären. Auch die Energie, die die Sonne abstrahlt und von der wir auf der Erde täglich profitieren, wird durch Prozesse der starken Wechselwirkung erzeugt.

Auf der Erde finden heute Prozesse der starken Wechselwirkung praktisch nicht mehr statt. Weitaus die meisten dynamischen Prozesse auf Erden sind Prozesse, bei denen die Schwerkraft, also die Gravitation, und die elektromagnetische Wechselwirkung die dominanten Rollen spielen.

Auch chemische Prozesse, zum Beispiel Verbrennungsprozesse oder die Explosion einer Granate, sind letztlich Prozesse elektromagnetischer Natur, da die Atome durch elektrische Anziehungskräfte zusammengehalten werden. Aus diesem Grunde blieb es lange Zeit verborgen, daß Masse und Energie ineinander umwandelbar sind. Im vergangenen Jahrhundert sprachen die Physiker und Chemiker sogar von zwei verschiedenen Erhaltungssätzen in der Naturwissenschaft: von der Erhaltung der Energie und von der Erhaltung der Masse.

Erst zu Beginn unseres Jahrhunderts wurde klar, daß sich eine Reihe der im 19. Jahrhundert entdeckten physikalischen Phänomene, insbesondere die elektromagnetischen Erscheinungen und die Effekte der Atomphysik, nur verstehen lassen, wenn man von der strikten Trennung von Raum und Zeit absieht, Raum und Zeit vielmehr als eine Einheit, als die Raum-Zeit, betrachtet. Die mathematische Formulierung dieser Einheit ist der Inhalt von Einsteins Relativitätstheorie. Eine wichtige Konsequenz dieser Verquickung von Raum und Zeit ist die Umwandelbarkeit von Masse und Energie.

In der klassischen Mechanik, der Physik Newtons, existieren Masse und Energie als zwei verschiedene Begriffe. Nach Newton ist die Energie einer ruhenden Kanonenkugel Null – in Einsteins Theorie ist der Energieinhalt einer solchen Kugel enorm. Allerdings ist es nicht gerechtfertigt zu sagen, Newtons Theorie sei durch die Relativitätstheorie abgeschafft worden. Sie erweist sich vielmehr als ein Grenzfall, dessen Gültigkeit auf jene Situationen beschränkt ist, bei denen keine Geschwindigkeiten vorkommen, die vergleichbar mit der Geschwindigkeit des Lichtes, etwa 300000 km pro Sekunde, sind. Bei den meisten Situationen, die im Alltag auftreten, ist dies der Fall. Newtons Physik ist also die Physik des menschlichen Alltags und aus diesem Grunde unmittelbar einleuchtend und durch unsere Sinne direkt erfaßbar. Jedem Autofahrer sind diese Gesetze zumindest intuitiv vertraut. In kritischen Gefahrensituationen kann er ohne diese Intuition überhaupt nicht auskommen.

Bei den Prozessen der Atomkernumwandlung, die unter der Mitwirkung der starken Wechselwirkung stattfinden, sind die Geschwindigkeiten der beteiligten Teilchen und der Kerne oftmals vergleichbar mit der Lichtgeschwindigkeit – nicht selten bewegen sich die beteiligten Objekte mit Geschwindigkeiten von weit über 100000 km pro Sekunde. Ein theoretisches Verständnis dieser Prozesse ist damit nur unter Einbeziehung der Relativitätstheorie, also unter Berücksichtigung der Einheit von Raum und Zeit und von Masse und Energie, möglich.

Die Relativitätstheorie ist jedoch nicht nur wichtig, um zum Beispiel die Wirkungsweise einer Atombombe oder eines Kernreaktors zu verstehen. In jüngster Zeit haben die Effekte der

Relativitätstheorie Einzug in viele Bereiche der modernen Naturwissenschaften und Technik gehalten, angefangen bei den Teilchenbeschleunigern der Physiker oder medizinischen Geräten bis hin zu verschiedenen Bereichen der Elektronik und Mikroelektronik. Heute sollten die Grundelemente der Relativitätstheorie ebenso zum Allgemeinwissen gehören wie etwa die Grundkenntnisse über die Atomstruktur der Materie.

Über die Relativitätstheorie sind in der Vergangenheit zahlreiche Bücher geschrieben worden, die für ein nicht physikalisch vorgebildetes Publikum gedacht waren; eines wurde sogar von Einstein selbst verfaßt. (Eine Bibliographie findet der Leser am Ende dieses Bandes.) Das vorliegende Buch unterscheidet sich von den anderen durch zwei Besonderheiten:

Zum einen habe ich versucht, die weitreichenden Konsequenzen der Speziellen Relativitätstheorie für unsere heutigen Vorstellungen vom Aufbau und der Struktur der Materie zu schildern, wobei die Masse-Energie-Beziehung eine zentrale Rolle spielt. Diese Betonung des Materieaspekts wie auch der Äquivalenz von Masse und Energie wird bereits durch den Titel ausgedrückt. Wie immer beim Schreiben eines populärwissenschaftlichen Buches, das ja nicht für den Fachmann, sondern für den interessierten Laien geschrieben ist, kam es auf die sorgfältige Auswahl dessen, was man schreibt, und vor allem dessen, was man nicht schreibt, an. Bewußt bin ich auch nicht im Detail auf Fragen der Kosmologie und des Urknalls eingegangen. Neu an dem vorliegenden Buch ist die Zusammenfassung der zahlreichen Facetten, die Einsteins Masse-Energie-Beziehung besitzt. Wie ein roter Faden zieht sich diese Relation durch das Gebäude der modernen Physik, bis man letztlich am Anfang, der Urexplosion der Materie, anlangt.

Zum anderen habe ich den größten Teil des Buches in der Form fiktiver Gespräche zwischen Isaac Newton, Albert Einstein und einer dritten, frei erfundenen Person, dem Professor für Theoretische Physik an der Universität Bern, Adrian Haller, aufgebaut. Solche Dialoge können natürlich nur reine Erfindungen des Autors sein, da sich die beteiligten Personen nie begegnet sind. Zudem sollen die Personen »Newton« und »Einstein«, wie sie im Buch argumentieren und agieren, nicht etwa mit den historischen Persönlichkeiten Newtons und Einsteins völlig identisch sein. Ich beschreibe nur mögliche Handlungen und Aussagen von Newton und Einstein, wenn man sie heute veranlassen könnte, zu den Einsichten und Erkenntnissen der Physik Stellung zu nehmen.

Die Entwicklung der Grundbegriffe der Speziellen Relativitätstheorie war im wesentlichen 1909 abgeschlossen. Für den Lebensweg von Einstein war dieses Jahr bedeutsam, denn es war das Jahr, in dem er seine ersten Angebote auf Professuren erhielt und in dem er zu einer Berühmtheit in seinem Fachgebiet aufstieg. – Die Person Albert Einstein, die in meinem Buch als Diskussionspartner von Isaac Newton auftritt, soll mit dem Einstein des Jahres 1909 identifiziert werden, also einem noch recht jungen Mann von 30 Jahren. Zu jener Zeit ist Einstein zwar bestens mit der Speziellen Relativitätstheorie vertraut, jedoch in keiner Weise mit den Konsequenzen seiner Theorie für die Kernphysik, die Teilchenphysik, die Kosmologie und andere Gebiete.

Als Einsteins Diskussionspartner habe ich Isaac Newton gewählt, und zwar Newton, wie man ihn kurz nach der Fertigstellung seines Hauptwerks, der »Principia«, kannte. Newton war zu jener Zeit am Anfang seiner vierziger Jahre und in einer sehr aktiven Schaffensperiode.

Ich verhehle nicht, daß ich die Dialogform gewählt habe, weil sie eine besonders kontrastreiche Gegenüberstellung der Meinungen erlaubt. Die Schwierigkeiten bei einer Vermittlung der Ideen der Relativitätstheorie sind vor allem begrifflicher Natur. Aus diesem Grunde ist es wichtig, daß dem Leser ständig die subtilen Unterschiede zwischen den verschiedenen Begriffsbildungen in der klassischen Physik und in der Relativitätstheorie vor Augen geführt werden.

Der unvoreingenommene Leser mag sich am Anfang mit Isaac Newton identifizieren. Wie jener wird er sich am Anfang wehren, den Schlußfolgerungen Einsteins und Hallers ohne weiteres zu folgen, bis er letztlich wie Newton selbst ein überzeugter Relativist geworden ist.

Das Vorbild für die Dialogform war der berühmte »Dialog über die beiden hauptsächlichen Weltsysteme« von Galileo Galilei, der 1632 erschien und durch seine weite Verbreitung entscheidend dazu beitrug, daß sich das kopernikanische Weltsystem in Europa durchsetzte. Im Gegensatz zu Galilei habe ich jedoch das Buch nicht in der Form von bloßen Gesprächen aufgebaut, sondern die Gespräche zwanglos in eine sich abspielende Handlung eingebaut.

Die beiden ersten Kapitel sind dem von Isaac Newton geschaffenen System der physikalischen Begriffe wie Raum, Zeit, Masse usw. gewidmet. Da sich jene eng an die intuitiven Vorstellungen anlehnen, die jeder Mensch bewußt und unbewußt im Laufe seines Lebens entwickelt, wird der Leser keine besonderen Schwierigkeiten haben, diese zu akzeptieren. Etwas mehr im Detail beschreibe ich Newtons Ideen über den absoluten Raum und die absolute Zeit, d. h. diejenigen Vorstellungen der klassischen Physik, die in der Relativitätstheorie einer grundlegenden Revision unterworfen werden.

Die Dialogform, die für den größten Teil des Buches beibehalten wird, beginnt im dritten Kapitel mit den Diskussionen zwischen Haller und Newton am Trinity College in Cambridge über die Notwendigkeit einer Revision der Newtonschen Vorstellungen über Raum und Zeit. Ausgangspunkt dieser Überlegungen sind die neuen Erkenntnisse über die Natur des Lichtes, denen das vierte Kapitel gewidmet ist. Der Wunsch Newtons, mit Albert Einstein, dem Schöpfer der Relativitätstheorie, in einen Gedankenaustausch zu treten, erfüllt sich im fünften Kapitel, als Haller und Newton in Bern eintreffen.

Einsteins Bemerkungen über die Konstanz der Lichtgeschwindigkeit in der Natur schockieren Newton (sechstes Kapitel). Schritt für Schritt wird er in die Gedankenwelt des jungen Einstein eingeführt, wobei in den Diskussionen sowohl Einstein wie auch Haller als Wegbereiter der Relativitätstheorie auftreten.

Der erste Schritt hin zur Relativitätstheorie wird im neunten Kapitel unternommen: Newton wird mit dem berühmten Phänomen der Zeitdehnung bei hoher Geschwindigkeit vertraut gemacht. Das folgende Kapitel ist der experimentellen Überprüfung gewidmet. Newton akzeptiert den experimentellen Nachweis der Zeitdehnung mit Hilfe schnell bewegter Myonteilchen (Kapitel zehn) und auch die Möglichkeit des unterschiedlichen Alterns zweier Zwillinge, von denen sich einer auf eine weite Reise durch den Weltraum begibt (Kapitel elf).

Sowohl das verblüffende Phänomen der Verkürzung von sich schnell bewegenden Gegenständen (Kapitel zwölf) als auch die wundersamen symmetrischen Eigenschaften der Raum-Zeit, jener von Einstein beschworenen Einheit von Raum und Zeit (Kapitel 13), werden schließlich von Newton akzeptiert. In Kapitel 14 wird Newton mit der Neufassung des Begriffs der Masse eines Körpers in der Relativitätstheorie vertraut gemacht. Masse und Energie stehen in einer engen wechselseitigen Beziehung.

Newton selbst ist es, der schließlich als erster in der Diskussion (Kapitel 15) die Formel einbringt, auf die sich der Titel des Buches bezieht: $E = mc^2$. Von hier an übernimmt Haller die Initiative in den Diskussionen, die im letzten Teil des Buches am CERN bei Genf geführt werden und sich auf Bereiche ausdehnen, über die weder Newton noch Einstein näher informiert sind.

Die Kernfusion als auch die Kernspaltung kommen in Kapitel 16 zur Sprache. Die Explosion der ersten Atombombe am 16. Juli 1945 in der Wüste von New Mexico und die Vorbereitungen hierzu in Los Alamos sind das Thema des anschließenden Kapitels. Die Kernfusion und die Kernspaltung als Möglichkeiten der technischen Energiegewinnung – darum dreht sich das Gespräch in Kapitel 18.

Der eindrucksvollsten Realisierung der Umwandlung von Masse in Energie, der Zerstrahlung der Materie beim Kontakt mit Antimaterie, ist die Diskussion in Kapitel 19 gewidmet. Dies führt zwangsläufig zur Physik der Elementarteilchen (Kapitel 20) und zu den kosmologischen Fragestellungen nach der Herkunft und der künftigen Zerstrahlung aller Materie im Weltall (Kapitel 21).

Ich habe dieses Buch vor allem deshalb geschrieben, weil ich eine breite Öffentlichkeit über die Bedeutung und die Rolle der Einsteinschen Masse-Energie-Beziehung in unserem modernen physikalischen Weltbild informieren wollte. Ein interessierter, aber nicht vorgebildeter Leser sollte in die Lage versetzt werden, sich selbst ein Bild über die Bedeutung der Relativitätstheorie und insbesondere über die folgenreiche Masse-Energie-Relation zu verschaffen. In einer Zeit wie der unsrigen, in der die Diskussion um die Probleme der künftigen Energiegewinnung, etwa um den Einsatz von Kernreaktoren, in der Öffentlichkeit mit Recht einen immer breiteren Raum einnimmt, ist es wichtig, daß sich jeder Interessierte ein solches Bild verschaffen kann und nicht blind dem Rat von Experten bzw. derjenigen, die sich selbst zu solchen ernennen, folgen muß.

Für viele ist Einsteins Formel eine Art magischer Code, der von den Physikern erfunden wurde, keine tiefe Eigenschaft der Natur. Meine Hoffnung ist, daß in nicht allzu ferner Zukunft die Ideen der Relativitätstheorie endgültig den Schleier des Magischen, Geheimnisvollen und Unverständlichen verlieren, also ein Teil der Allgemeinbildung werden, und daß dieses Buch hierzu einen Beitrag leistet.

Ein Teil des Manuskripts wurde am CERN geschrieben, anläßlich eines längeren Aufenthalts als Gast der Theorie-Abteilung. Für die erwiesene Gastfreundschaft möchte ich den Mitgliedern der Theorie-Abteilung, insbesondere ihrem damaligen Leiter, Professor Maurice Jacob, meinen Dank aussprechen. Für Diskussionen über die Form und die Thematik des Buches anläßlich eines Aufenthalts am »California Institute of Technology« in Pasadena bin ich Richard P. Feynman, der im Februar 1988 verstorben ist, zu besonderem Andenken verpflichtet. Weiterhin gilt mein Dank den Mitgliedern der Theorie-Abteilung der »Los Alamos Scientific Laboratories« in New Mexico für die erwiesene Gastfreundschaft anläßlich eines langen Sommeraufenthalts, bei dem wesentliche Teile des Buches konzipiert wurden.

Herrn Dipl. Phys. Johann Plankl danke ich für die Durchsicht des größten Teils des Manuskripts. Ferner geht mein Dank an die Mitarbeiter des Piper-Verlags, insbesondere Herrn Dr. Klaus Stadler, für nützliche Anregungen beim Schreiben des Buches.

München, Juli 1988 *Harald Fritzsch*

$E = mc^2$

Orte der Handlung:

Cambridge, Universitätsstadt in England

Bern, Hauptstadt der Schweiz und Ursprungsort der Formel $E = mc^2$

CERN, ein Forschungszentrum für Elementarteilchenphysik westlich von Genf

Personen der Handlung:

Isaac Newton, vormals Professor für Naturphilosophie an der Universität Cambridge

Albert Einstein, vormals Angestellter des Schweizer Patentamts der Klasse II in Bern

Adrian Haller, Professor für Theoretische Physik an der Universität Bern

1

Newton und der Ozean der Wahrheit

Gegen Ende des Monats Juli – die Semesterferien an der Universität Bern hatten gerade begonnen – flog Professor Adrian Haller zu einer Tagung, die an der Universität von Kalifornien in Santa Barbara an der Westküste der Vereinigten Staaten stattfinden sollte. Wohlweislich hatte er für die Hinreise einige Tage geplant, da er noch einen Besuch von Freunden in London vorhatte. Noch am Tage seiner Ankunft in London fand er die Gelegenheit, die Westminster Abbey zu besuchen, genauer gesagt Newtons Grabstätte in Westminster. Vor dem Grabmal Newtons stehend, las Haller die Grabinschrift:

> *Sibi gratulentur mortales tale tantumque existisse humani generis decus.*

In ihr kommt die Ehrfurcht und die Bewunderung zum Ausdruck, mit denen seine englischen Landsleute noch heute dem Genie Isaac Newton begegnen. Newton, der im Todesjahr seines großen italienischen Kollegen Galileo Galilei am 24. Dezember 1642 (nach dem Julianischen Kalender) in Woolsthorpe im englischen Lincolnshire geboren wurde, starb in London am 20. März 1727.

Es ist schwer, die Bedeutung der Ideen Newtons für die Herausbildung unseres heutigen Weltbildes zu überschätzen. Wie kein Naturwissenschaftler vor ihm und nach ihm, Einstein vielleicht ausgenommen, hat Newton der Entwicklung der Naturwissenschaft und Technik entscheidende Impulse gegeben. Die Klarheit und Schärfe seiner Gedanken hat selbst Dichter beeindruckt, was etwa in den bekannten Versen Popes zum Ausdruck kommt:

Nature and Nature's laws lay hid in night:
God said, Let Newton be! *and all was light.*

Da Haller am folgenden Wochenende noch in England bleiben wollte, entschloß er sich, am Sonntag der Wirkungsstätte von Newton, dem Trinity College in Cambridge, der Universitätsstadt etwa achtzig Kilometer nördlich von London, einen Besuch abzustatten.

Am Sonntag, einem schönen Sommertag, kam Haller bereits früh in Cambridge an. Nach einem kurzen Spaziergang durch die Stadt ging er direkt zum Trinity College. Das kleine, recht unscheinbare Gebäude, in dem Newton lange Zeit gelebt und gearbeitet hat, fand er sofort. Es befindet sich gleich links vom Tor.

Im Großen Hof des Trinity College war zu der Sonntagsstunde niemand zu sehen. Haller setzte sich auf die Treppenstufe des Brunnens in der Mitte des Hofes, um die Morgensonne und die

Abb. 1–1 Isaac Newton mit sechsundvierzig Jahren; Gemälde von Godfrey Kneller. Dies ist das früheste Porträt des großen Physikers. (Abdruck mit Genehmigung von Lord Portsmouth und den Verwaltern des Portsmouth-Nachlasses.)

Abb. 1–2 Newton lebte als Fellow des Trinity College in dem kleinen Gebäude, das das Große Tor des Trinity College mit der Kirche verbindet. Seine Räume waren im ersten Stock neben dem Tor. (Foto: Trinity College Library.)

Ruhe im College zu genießen. Niemand störte ihn, nur einmal kam ein Herr im mittleren Alter, wohl einer der am College tätigen und wohnenden Wissenschaftler oder Dozenten, durch das Tor und ging in »Newtons« Haus.

Haller versuchte sich vorzustellen, wie es zu Newtons Zeit ausgesehen haben mochte – wohl nicht sehr viel anders als heute, denn das College hat sich in den Jahrhunderten praktisch nicht verändert. Newton kam 1661 als Student nach Cambridge, wo er sich am Trinity College einschrieb. Sein Hauptinteresse galt zu jener Zeit der Mathematik, der Astronomie, der Optik, der Chemie und, nicht zu vergessen, den theologischen Studien. Als Student beeindruckte er insbesondere seinen Professor Isaac Barrow, der während der Studienzeit von Newton den Lucasischen

Lehrstuhl für Mathematik (nach Henry Lucas, dem Stifter des Lehrstuhls) innehatte. Barrow war nicht nur an den Naturwissenschaften interessiert, sondern ebenso an der Mathematik, an Sprachen und an Fragen der Religion. Im Laufe seines Lebens war er Prediger, Professor für Griechisch (außerdem beherrschte er natürlich Latein und Hebräisch, aber auch Arabisch), Professor für Optik und Professor für Mathematik.

Mit Sicherheit war der Einfluß von Barrow auf den jungen Studenten Isaac Newton sehr wichtig für dessen weiteren Lebensweg. Durch ihn wurde Newton nicht nur mit dem naturwissenschaftlichen Wissen seiner Zeit vertraut. Das ungewöhnlich starke Interesse, das Newton in seinen späteren Jahren an der Religion zeigte, geht wohl zu einem großen Teil auf den Einfluß Barrows zurück, der ihn insbesondere auch mit den Ideen der Philosophen Spinoza und Hobbes vertraut machte.

Im Alter von dreiundzwanzig Jahren erwarb Newton den Grad eines Bakkalaureus der Philosophie. Sein Plan, an der Universität zu bleiben und sich vor allem mit Mathematik zu beschäftigen, ließ sich vorerst nicht verwirklichen. 1665 wurde England von der Pest heimgesucht. Die Behörden verfügten die Schließung der Universitäten, um die Ansteckungsgefahr zu verringern. Newton kehrte nach Woolsthorpe in das Haus seiner Mutter zurück. Hier verlebte er die wohl produktivste Zeit seines Lebens. In kurzer Zeit entwickelte er nicht nur die Grundideen der Differential- und Integralrechnung, sondern auch der klassischen Mechanik. Er formulierte das universelle Gesetz der Gravitation, also der allgemeinen Massenanziehung, das von jener Epoche an einen der Grundpfeiler der Physik bilden sollte, bis 250 Jahre später Albert Einstein diesem Gesetz eine neue, fundamentalere Interpretation geben würde.

Etwa eineinhalb Jahre blieb Newton in Woolsthorpe. Die Fülle neuer Ideen, die er während dieser Zeit hervorbrachte, ist beeindruckend und läßt sich wohl nur durch die unglaubliche Denk- und Konzentrationskraft des jungen Newton erklären. Segrè schreibt hierzu in seinen biographischen Anmerkungen: »Seine besondere Gabe war das Vermögen, ein rein begriffliches Problem so lange

vor seinem geistigen Auge festzuhalten, bis er es gänzlich durchdrungen hatte. Ich nehme an, er verdankt seine Überlegenheit der Kraft seines Anschauungsvermögens, des stärksten und ausdauerndsten, das je einem Menschen gegeben war. Jeder, der sich irgendwann einmal an reinem wissenschaftlichen oder philosophischen Denken versucht hat, weiß, daß man seine Gedanken zwar einen Augenblick auf ein Problem konzentrieren kann, um es zu durchdringen, daß es ab dann aber entschlüpft und sich verflüchtigt, so daß die Gedanken nur noch einen weißen Fleck umkreisen. Ich glaube, daß Newton ein Problem Stunden, Tage und Wochen in seinem Denken festhalten konnte, bis es ihm sein Geheimnis preisgab.«

In der Geschichte der Naturwissenschaften gibt es nur noch ein weiteres Beispiel, in dem in vergleichbar kurzer Zeit eine vergleichbare Fülle neuer Ideen hervorgebracht wurde. In den Jahren 1904/05 erarbeitete Albert Einstein die Grundlagen der Relativität von Raum und Zeit, eine wichtige Fortsetzung der Ideen Newtons, als auch wichtige Grundlagen der modernen Quantentheorie.

Nach Cambridge zurückgekehrt, beeindruckte Newton seinen Professor Barrow so sehr, daß dieser beschloß, einige der Ergebnisse von Newtons Forschungen mit dessen Erlaubnis an die ihm bekannten Mitglieder der Royal Society, der 1660 gegründeten akademischen Gesellschaft in London, weiterzugeben. Auf diese Weise wurde der Name Newtons zum ersten Mal über Cambridge hinaus bekannt. – 1669 gab Barrow den Lucasischen Lehrstuhl für Mathematik auf. Bei der Wahl des Nachfolgers hat er wohl eine wichtige Rolle gespielt, denn der erst 27 Jahre alte Newton wurde auf den Lehrstuhl berufen.

Die ersten Vorlesungen Newtons beschäftigten sich mit dem Gebiet der Optik. Neben seinen theoretischen Forschungen experimentierte Newton in seinen Räumen des Trinity College, meist mit Geräten, die er selbst anfertigte. Obwohl Newton heute vornehmlich als Schöpfer physikalischer Theorien bekannt ist, war er auch ein bedeutender Experimentator und ein hervorragender Handwerker. Hierfür gibt es eine ganze Reihe von Belegen, etwa das Spiegelteleskop, das sich heute im Besitz der Royal Society befindet und dessen Spiegel von Newton selbst geschliffen wurde.

Auch die erste wissenschaftliche Veröffentlichung Newtons, die 1672 in den »Philosophical Transactions of the Royal Society« erschien, behandelt ein Thema der Optik, nämlich den von Newton entdeckten Zusammenhang zwischen dem Brechungsvermögen des Lichtes und der entsprechenden Farbe. In der Folge stellte sich heraus, daß die Entdeckung dieses Zusammenhangs ein wichtiger Beitrag zur Aufklärung der physikalischen Natur des Lichtes war.

Es ist interessant zu vermerken, daß mehr als zweihundert Jahre später wiederum Überlegungen zur Natur des Lichtes am Anfang einer Revolution der physikalischen Vorstellungen stehen sollten, diesmal ausgelöst von Albert Einstein. Er hat zu Newtons Forschungen in seiner Einleitung zu einer Neuausgabe von Newtons Buch »Opticks« Stellung genommen, in der er schreibt: »Glücklicher Newton, selige Kindheit der Wissenschaft! Wer Zeit und Ruhe hat, kann bei der Lektüre dieses Buches noch einmal die wunderbaren Ereignisse erleben, die der große Newton in seinen jungen Tagen erfuhr. Die Natur war für ihn ein offenes Buch, dessen Buchstaben er ohne Mühe zu lesen vermochte. Die Begriffe, die er verwendete, um das Erfahrungsmaterial in eine Ordnung zu bringen, erwuchsen spontan aus der Erfahrung selbst, aus den schönen Experimenten, die er wie Spielzeuge aufreihte und die er mit einer liebevollen Fülle von Details beschrieb. In einer Person vereinigte er den Experimentator, den Theoretiker, den Mechaniker und nicht zuletzt den Auslegungskünstler. Stark, sicher und allein, so steht er vor uns: Seine Schaffensfreude und seine Genauigkeit bis ins letzte Detail zeigen sich in jedem Wort und in jeder Zahl.«

Newton veröffentlichte die Resultate seiner Forschungen nur widerwillig, meistens erst dann, wenn die Gefahr eines Prioritätsstreits mit anderen Forschern bestand. Es ist vor allem das Verdienst des Astronomen Edmund Halley (1656–1742), Newton zur Veröffentlichung seiner Ideen und Resultate in einem großen Werk bewogen zu haben. Im Jahre 1987 jährte sich zum dreihun-

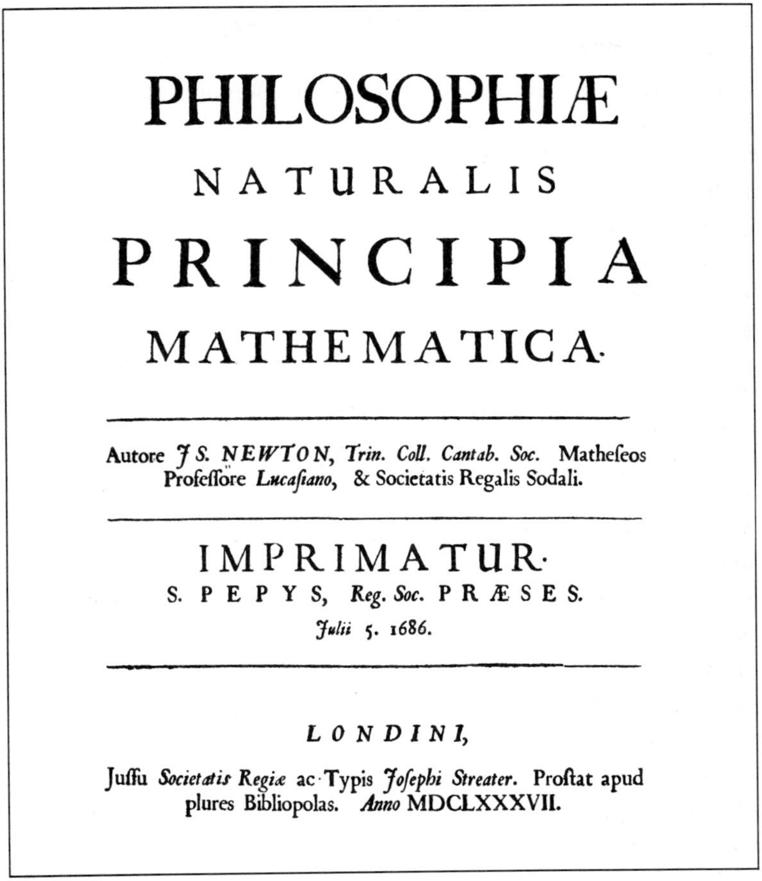

PHILOSOPHIÆ
NATURALIS
PRINCIPIA
MATHEMATICA.

Autore *J. S. NEWTON*, *Trin. Coll. Cantab. Soc.* Matheseos Professore *Lucasiano*, & Societatis Regalis Sodali.

IMPRIMATUR.
S. PEPYS, *Reg. Soc.* PRÆSES.
Julii 5. 1686.

LONDINI,

Jussu *Societatis Regiæ* ac Typis *Josephi Streater*. Prostat apud plures Bibliopolas. *Anno* MDCLXXXVII.

Abb. 1–3 Titelseite der ersten Ausgabe von Newtons Hauptwerk, den »Principia« (Ausgabe von 1687, Bancroft Library, University of California, Berkeley).

dertsten Mal das Erscheinen des ersten Buches von Newtons Hauptwerk, den »Philosophiae naturalis principia mathematica« (Mathematische Prinzipien der Naturlehre).

Dieses Buch, oftmals kurz »Principia« genannt, ist einer der Grundpfeiler der physikalischen Wissenschaften. Es legte insbesondere das Fundament der Mechanik und damit der Entwicklung der Technik. Im Vorwort beschreibt Newton seinen Zugang zu den physikalischen Erscheinungen: »Aus den Erscheinungen der Bewegung die Kräfte der Natur zu erforschen und hierauf durch die Kräfte der übrigen Erscheinungen zu erklären«. Die dreihundert Jahre, die seit dem Erscheinen der »Principia« vergangen sind, zeugen vom außerordentlichen Erfolg dieser Newtonschen Forschungsmethode.

Die »Principia« sind in drei Teile gegliedert. Am Anfang stehen Newtons berühmte Definitionen der Grundbegriffe der Mechanik, auf die später näher eingegangen werden soll.

Buch I der »Principia« ist verschiedenen Fragestellungen der Mechanik gewidmet. Insbesondere werden die Bewegungen von Körpern unter dem Einfluß von zentralen Kräften studiert – also von Kräften, die zu einem Zentrum hin gerichtet sind, etwa die Anziehungskräfte der Gravitation, die von der Sonne ausgehen und für die Planetenbewegungen von Wichtigkeit sind.

Buch II der »Principia« ist vornehmlich der angewandten Physik zugewandt. Newton untersucht beispielsweise die Probleme, die bei der Bewegung von Körpern in Medien wie Luft und Wasser auftreten, etwa die Frage nach dem Widerstand, den ein solcher Körper bei der Bewegung durch das Medium erfährt. Newton begründet bei dieser Gelegenheit einen neuen Zweig der Mathematik, dessen Wichtigkeit für die Physik, insbesondere für die Mechanik, sich erst hundert Jahre später herausstellen sollte – die Variationsrechnung. Buch II schließt mit einer Diskussion der Wellenlehre, wobei sich Newton auf die Ausbreitung von Schallwellen und Wasserwellen beschränkt.

Buch III der »Principia« mit dem Titel »Vom Weltsystem« ist vor allem den astronomischen Erscheinungen gewidmet. Newton gibt hier auf der Grundlage seiner Theorie der universellen Massenanziehung (Gravitation) die Erklärung der Bewegung der Planeten, die sich im zentralen Gravitationsfeld der Sonne bewegen – eine wissenschaftliche Großtat, die Newtons weltweiten Ruhm begründete.

Am Ende der »Principia« schreibt Newton über seine Theorie der Gravitation: »Ich habe bisher die Erscheinungen der Himmelskörper und die Bewegungen des Meeres durch die Kraft der Schwere erklärt, aber ich habe nirgends die Ursache der letzteren angegeben. Diese Kraft rührt von irgendeiner Ursache her, welche bis zum Mittelpunkt der Sonne und der Planeten dringt, ohne irgend etwas von ihrer Wirksamkeit zu verlieren. Sie wirkt nicht nach Verhältnis der Oberfläche derjenigen Teilchen, worauf sie einwirkt (wie die mechanischen Ursachen), sondern nach Verhältnis der Menge fester Materie, und ihre Wirkung erstreckt sich nach allen Seiten hin, bis in ungeheure Entfernungen, indem sie stets im doppelten Verhältnis der letzteren abnimmt. [Gemeint ist hier die Abnahme proportional dem Quadrat der Entfernung. Anmerkung des Verfassers.] Die Schwere gegen die Sonne ist aus der Schwere gegen jedes ihrer Teilchen zusammengesetzt, und sie nimmt mit der Entfernung von der Sonne genau im doppelten Verhältnis der Abstände ab... Ich habe noch nicht dahin gelangen können, aus den Erscheinungen den Grund dieser Eigenschaften der Schwere abzuleiten, und Hypothesen erdenke ich nicht. [Im lateinischen Original steht hier das berühmte »Hypotheses non fingo«. Anmerkung des Verfassers.] Alles nämlich, was nicht aus den Erscheinungen folgt, ist eine Hypothese, und Hypothesen, seien sie nun metaphysische, mechanische oder diejenigen der verborgenen Eigenschaften, dürfen nicht in die Experimentalphysik aufgenommen werden. In dieser leitet man die Sätze aus den Erscheinungen ab und verallgemeinert sie durch Induktion. Auf diese Weise haben wir die Undurchdringlichkeit, die Beweglichkeit, den Stoß der Körper, die Gesetze der Bewegung und der Schwere kennengelernt. Es genügt, daß die Schwere existiere, daß sie nach den von uns dargelegten Gesetzen wirke, und daß sie alle Bewegungen der Himmelskörper und des Meeres zu erklären imstande sei.«

Der Erfolg der Mechanik Newtons, wie er sie in den »Principia« dargelegt hatte, war nicht nur in England, sondern auch auf dem europäischen Kontinent durchschlagend. So wies zum Beispiel Voltaire bei jeder sich ergebenden Gelegenheit in Vorträgen und in seinen Schriften auf Newtons Werk hin.

Die von Newton begründete Himmelsmechanik vermochte alle

Einzelheiten der Planetenbewegungen zu erklären. Einen besonderen Triumph feierte die Newtonsche Himmelsmechanik mehr als ein Jahrhundert nach Newtons Tod. Für einige Zeit sah es so aus, als würde die Theorie Newtons nicht in der Lage sein, die Details der Bahn des Planeten Uranus zu beschreiben. Man fand beim genauen Vermessen der Uranusbahn kleine Anomalien, die man im Rahmen der Newtonschen Theorie der universellen Gravitation nicht ohne weiteres erklären konnte.

Eine mögliche Erklärung, die nicht im Widerspruch mit der Theorie Newtons war, bestand in der Annahme, daß sich jenseits des Planeten Uranus noch ein weiterer Planet befinde, dessen Gravitation die beobachteten Anomalien erklären würde. 1846 schlugen unabhängig voneinander Urbain Jean Joseph Le Verrier und John Couch Adams diese Erklärung vor. Zugleich waren sie in der Lage, die genaue Position des neuen Planeten anzugeben, der sich auf einer nahezu kreisförmigen Bahn mit einem Radius von ungefähr 4,5 Milliarden km um die Sonne bewegen sollte. Noch im selben Jahr wurde der neue Planet von dem Berliner Astronomen Johann Gottfried Galle entdeckt: Er erhielt den Namen »Neptun«. Wieder einmal hatte sich herausgestellt, daß die Newtonsche Theorie in der Lage war, auch die feinsten Details der Bewegungen der Himmelskörper zu erklären.

Möglicherweise waren es die großen Erfolge der Newtonschen Theorie der Mechanik, die bewirkten, daß eine kritische Überprüfung der Grundlagen der Theorien Newtons lange Zeit nicht stattfand. Höchstwahrscheinlich stand Newton selbst den Grundlagen seiner Theorie, insbesondere seinen Ideen bezüglich Raum und Zeit, kritisch gegenüber. Da er aber in seinen Veröffentlichungen stets vorsichtige Formulierungen gebrauchte und sich zwar nicht beim Denken, wohl aber beim Schreiben an sein Diktum »Hypotheses non fingo« hielt, hat er der Nachwelt nichts über seine Zweifel an den von ihm erarbeiteten Grundlagen seiner Physik hinterlassen.

Im Verlauf des 19. Jahrhunderts wurde klar, daß sich nicht alle physikalischen Phänomene im Rahmen der Newtonschen Theorie der Mechanik erklären ließen. Man fand elektrische und magnetische Phänomene, die sich einer mechanischen Erklärung widersetzten. Gegen Ende des Jahrhunderts waren es insbesondere die aufkommende Atomphysik und die seltsamen Eigenschaften der Stoffe und Gase, die man nicht mit mechanischen Modellen beschreiben konnte.

Fast genau 220 Jahre nach dem Erscheinen der »Principia« war es dann soweit, daß das Newtonsche Weltbild von Grund auf erschüttert wurde. Ein sechsundzwanzigjähriger Angestellter am Patentamt in Bern mit dem Namen Albert Einstein veröffentlichte 1905 seine neuen Ideen zur inneren Struktur von Raum und Zeit, die einer revolutionären Umgestaltung der Grundlagen der Mechanik gleichkamen. Es erwies sich allerdings, daß Newtons Physik nicht etwa falsch war, sondern eine in vielen Fällen sogar recht gute Approximation der Wirklichkeit: Newtons Mechanik entpuppte sich als eine erste Näherung der Einsteinschen Mechanik.

Abb. 1–4 Sir Isaac Newton, der wohl bekannteste Münzaufseher in England, auf der alten britischen Ein-Pfund-Banknote. Newton ist mit dem von ihm entwickelten Fernrohr zu sehen, einem Prisma, mit dem er als erster das Licht analysierte, und mit einer Darstellung der elliptischen Planetenbahnen, in deren Zentrum die Sonne steht. Man erkennt auch die Zweige eines Apfelbaums. Nach einer wahrscheinlich nicht zutreffenden Überlieferung soll Newton auf die Idee der universellen Gravitation gekommen sein, als er zufällig einen vom Baume fallenden Apfel beobachtete. (Abdruck mit Genehmigung der Bank von England.)

Nach der Veröffentlichung der »Principia« verbreitete sich der Ruhm Newtons in ganz Europa. Bald galt er als der größte lebende Wissenschaftler. Im Jahre 1696 wurde er vom König zum Aufseher der Münze berufen, ein Amt von hoher Bedeutung (Newton war verantwortlich für eine in jener Zeit vorgenommene Änderung des Münzwesens in England). Später wurde Newton Direktor des Münzwesens. Als solcher ist er auf der Ein-Pfund-Banknote abgebildet, und zwar als Sir Isaac Newton (er wurde wegen seiner Verdienste um das Münzwesen im Jahre 1705 von Königin Anna geadelt).

In den letzten 24 Jahren seines Lebens amtierte Newton als Präsident der Royal Society. Diese heute noch existierende, älteste wissenschaftliche Gesellschaft Englands begann ihre informellen Treffen im Jahre 1645 in Gestalt wöchentlicher Sitzungen von interessierten und allgemein anerkannten Philosophen und Naturforschern. 1660 wurde die Gesellschaft formal von König Karl II. als die königliche wissenschaftliche Gesellschaft Englands anerkannt. Newton regierte die Royal Society und damit das wissenschaftliche Leben Englands mit starker Hand. Die Wahl der neuen Mitglieder der Gesellschaft erfolgte nur mit seiner Zustimmung.

Isaac Newton starb am 20.3.1727 in London. Er wurde in der Westminster Abbey beigesetzt.

2

Newton und der absolute Raum

Da wir uns später mit Einsteins Ideen zur Relativität von Raum und Zeit auseinandersetzen möchten, ist es unumgänglich, daß wir uns zunächst mit Newtons Vorstellungen beschäftigen. Dies soll jetzt geschehen, bevor an späterer Stelle Newton und Einstein selbst Stellung nehmen werden.

In den »Principia« legte Newton als erstes die Grundbegriffe seiner Mechanik fest. Der erste Begriff, den er dabei einführte, ist die Masse eines Körpers oder Teilchens. Er erklärte die Masse eines Körpers als das Produkt aus Dichte und Volumen – eine Definition, die zunächst als Tautologie erscheint, solange man den Begriff der Dichte nicht hinreichend erklärt hat. Viele Kritiker des Newtonschen Werkes haben denn auch seine Definition der Masse als eine »Scheindefinition« zurückgewiesen. Der Vorwurf ist nicht ganz unberechtigt, verkennt aber, daß Newton von atomistischen Vorstellungen über die Struktur der Materie ausging.

Nach seiner Meinung bestand die Materie aus kleinsten Materieteilchen, den Atomen, und die Dichte der Materie war weiter nichts als ein Maß für die Anzahl der Materieteilchen pro Volumeneinheit – eine Vorstellung, die im wesentlichen durch die Entwicklung der Atomtheorie im 19. Jahrhundert bestätigt wurde.

Offensichtlich hat Newton lange und ausdauernd über den Begriff der Masse nachgedacht. Heute erscheint dies mehr als berechtigt, denn trotz der Fülle neuer Einsichten, die man im Verlauf der vergangenen dreihundert Jahre gewonnen hat, ist noch immer nicht klar, was Masse und Materie im Grunde darstellen.

Newton erkannte als erster die Bedeutung des Produkts aus Masse und Geschwindigkeit eines Körpers, der Bewegungsgröße oder des Impulses. Diese Größe ändert sich nicht, bleibt also konstant, wenn auf einen Körper keine Kräfte einwirken. Da sich die Masse eines Körpers unter solchen Umständen im allgemeinen nicht ändert, bedeutet dies, daß sich seine Geschwindigkeit nicht ändert.

In seinem Buch formulierte Newton diesen Sachverhalt so: »Jeder Körper verharrt im Zustand der Ruhe oder der gleichförmigen und geradlinigen Bewegung, solange keine äußeren Kräfte auf ihn einwirken.«

In der heutigen Zeit, in der jeder ständig Erfahrungen mit Bewegungen relativ hoher Geschwindigkeit sammelt, ist diese Aussage ohne weiteres verständlich. Zur Zeit Newtons war sie es jedoch nicht. Lange Zeit glaubte man, daß alle Bewegungen mit Kräften verknüpft seien.

Die Welt, unsere Umgebung, die wir mit eigenen Augen täglich beobachten, ist sehr vielgestaltig. Ständig sehen wir um uns herum eine Vielzahl von Naturvorgängen, sei es das Herabfallen von Blättern im herbstlichen Laubwald oder der Flug eines Vogels über den Dächern der Stadt. Alle diese Vorgänge haben eines gemeinsam: Sie vollziehen sich durch das Zusammenwirken vieler Prozesse. So fallen die Blätter von den Bäumen, weil ein leichter Wind weht. Die Blätter fallen langsam von den Bäumen, jedenfalls nicht so schnell wie ein Apfel, der sich vom Ast löst, weil sich die Luft der Bewegung der Blätter entgegensetzt. Zwar ist der Luftwiderstand auch beim Fall des Apfels vom Baum vorhanden, nur ist er hier viel weniger wichtig.

Wie kommen die vielgestaltigen Bewegungen, die wir ständig in der Natur beobachten, überhaupt zustande? Was ist Bewegung? Intuitiv glaubt man, Bewegung habe etwas mit Kräften zu tun. Betrachten wir einen Körper, zum Beispiel ein Auto, in Ruhe. Um das Auto in Bewegung zu setzen, müssen wir eine Kraft ausüben, zum Beispiel: es von hinten anschieben. Um es längerfristig in Bewegung zu halten, müssen wir das Auto ständig schieben oder den Motor starten, der dann diese Arbeit übernimmt. Man gewinnt den Eindruck, daß Bewegung ein Zustand ist, der ständig den Einsatz von Kräften, von Energie, erfordert. Dieses Prinzip wurde von Aristoteles vor mehr als zweitausend Jahren formuliert. Er schrieb sinngemäß: Jeder bewegte Körper kommt zur Ruhe, wenn die Kraft, die die Bewegung verursacht, aufhört zu wirken.

Das Prinzip des Aristoteles ist zweifellos richtig – wir beobachten das Aufhören von Bewegungen ständig. Sein Prinzip hat allerdings einen entscheidenden Nachteil – es ist in der angegebenen Form kaum zu gebrauchen. Aristoteles meinte natürlich Bewegungen von Körpern auf der Erde, wo jeder Körper mit anderen in ständigem Kontakt mit seiner Umgebung existiert. Das Prinzip von Aristoteles gilt sicher nicht für Himmelskörper, die sich im Weltall bewegen. Ein Raumschiff, das sich weitab von jedem Stern oder Planeten durch den Weltraum bewegt, benötigt für seine Bewegung keine Kraft. Es wird nie zur Ruhe kommen, sondern im Zustand seiner Bewegung verharren.

Galileo Galilei, der große italienische Naturforscher, der im Geburtsjahr Newtons in der Nähe von Florenz starb, wies als erster darauf hin, daß das Prinzip von Aristoteles durch ein neues Prinzip ersetzt werden sollte. Durch viele Experimente entdeckte Galilei, daß ein Körper, der sich nicht unter dem Einfluß von äußeren Kräften befindet, seinen Bewegungszustand beibehält und sich gleichförmig auf einer geraden Linie weiterbewegt.

In keiner Weise ist die Geschwindigkeit ein Maß für die auf einen Körper wirkende Kraft. Ein Auto, das sich mit 100 Kilometern in der Stunde auf einer geraden Strecke der Autobahn bewegt, wird also in diesem Bewegungszustand verharren, wenn auf das Auto keine äußeren Kräfte einwirken.

In Wirklichkeit ist dies natürlich nicht der Fall, denn das Auto wird beim Ausfall des Motors nach einigen Minuten zum Stillstand kommen, als Folge der ständigen Energieverluste vor allem durch die Reibung der Reifen auf der Straßenoberfläche und durch den Luftwiderstand. In diesem Sinne genügt das Auto also dem Prinzip von Aristoteles. Man kann deshalb nicht sagen, daß das Prinzip von Aristoteles falsch ist und im Widerspruch zum Prinzip von Galilei steht. In der von Aristoteles diskutierten Weise ist das Prinzip nicht klar und eindeutig genug formuliert und deshalb für direkte Anwendungen, etwa in der Technik, nicht zu gebrauchen.

In Newtons »Principia« spielt das Prinzip von Galilei eine grundlegende Rolle. Newton erhob es zum ersten seiner Naturgesetze der Bewegungen von Körpern. Das Bestreben aller Körper, in ihrem jeweils vorliegenden Bewegungszustand zu verharren, nannte Newton das Trägheitsprinzip.

Ganz wesentlich für die Durchführung seines Programms einer Formulierung der Grundgesetze der Mechanik waren Newtons Festlegungen der Begriffe von Raum und Zeit. Die Bewegungen aller Dinge in der Welt finden im Raum und in der Zeit statt. Aber was sind Raum und Zeit? Ist der Weltraum unendlich groß, oder sind dem All Grenzen gesetzt? Was verursacht das gleichmäßige Dahinfließen der Zeit? Was ist Zeit überhaupt?

Der heilige Augustinus antwortete auf diese Frage: »Werde ich danach gefragt, so weiß ich es. Will ich es aber dem Frager erklären, so weiß ich es nicht.« Thomas Mann schrieb in seinem Roman »Der Zauberberg«: »Was ist die Zeit? Ein Geheimnis – wesenlos und allmächtig. Eine Bedingung der Erscheinungswelt, eine Bewegung, verkoppelt und vermengt dem Dasein der Körper im Raum und ihrer Bewegung. Wäre aber keine Zeit, wenn keine Bewegung wäre? Keine Bewegung, wenn keine Zeit? Frage nur! Ist die Zeit eine Funktion des Raumes? Oder umgekehrt? Oder sind beide identisch? Nur zu gefragt! Die Zeit ist tätig, sie hat verbale Beschaffenheit, sie ›zeitigt‹. Was zeitigt sie denn? Veränderung! Jetzt ist nicht Damals, Hier nicht Dort, denn zwischen beiden liegt Bewegung. Da aber die Bewegung, an der man die Zeit mißt, kreisläufig ist, in sich selber beschlossen, so ist das eine Bewegung und Veränderung, die man fast ebensogut als Ruhe und Stillstand bezeichnen könnte; denn das Damals wiederholt sich beständig im Jetzt, das Dort im Hier.«

Fürwahr, es ist nicht leicht, das innere Wesen des Phänomens »Zeit« zu ergründen, und bis heute ist dies den Physikern nicht vollständig gelungen. So ist es denn für einen Physiker auch viel leichter zu erklären, wie man die Zeit mißt: mit einer Uhr natürlich. Wesentlich ist die Tatsache, daß es in der Natur periodische, also stets wiederkehrende Bewegungen gibt, etwa das gleichmäßige Hin und Her eines Pendels oder die Schwingungen eines

Quarzkristalls. Alles, was man braucht, ist eine Vorrichtung, um diese Bewegungen abzuzählen, und schon hat man eine Uhr. Die Anzahl der verflossenen Perioden ist ein Maß für die verflossene Zeit.

Offensichtlich hat sich Newton viel Mühe gegeben, die Begriffe von Raum und Zeit möglichst genau festzulegen. Nach ihm existieren Raum und Zeit unabhängig voneinander und auch unabhängig von der Materie. Er betont die Unterscheidung von einem »relativen Raum« und einer »relativen Zeit« von dem »absoluten Raum« und der »absoluten Zeit«. In den »Principia« schreibt er: »Die absolute, wahre mathematische Zeit verfließt an sich und vermöge ihrer Natur gleichförmig und ohne Beziehung auf einen äußeren Gegenstand. Sie wird auch mit dem Namen Dauer belegt. Die relative, scheinbare und gewöhnliche Zeit ist ein fühlbares und äußerliches, entweder genaues oder ungleiches Maß der Dauer, dessen man sich gewöhnlich statt der wahren Zeit bedient, wie Stunde, Tag, Monat, Jahr. Der absolute Raum bleibt vermöge seiner Natur und ohne Beziehung auf einen äußeren Gegenstand stets gleich und unbeweglich. Der relative Raum ist ein Maß oder ein beweglicher Teil des ersteren, welcher von unseren Sinnen durch seine Lage gegen andere Körper bezeichnet und gewöhnlich für den unbeweglichen Raum genommen wird.«

Es ist interessant, daß Newton es für notwendig hielt, eine klare Unterscheidung zwischen dem »relativen« und dem »absoluten« Raum zu machen. Wir alle wissen, was Newton unter dem »relativen« Raum meinte. Es ist der Raum, der uns umgibt, in welchem wir uns bewegen und der uns drei verschiedene Möglichkeiten der Bewegung, nämlich nach oben bzw. unten, vor- oder rückwärts und nach rechts oder links erlaubt. Dies bedeutet: Unser Raum hat drei Dimensionen. Jede Position im Raum läßt sich durch drei voneinander unabhängige Zahlen, durch drei Koordinaten, charakterisieren. Hierzu gehört ein Koordinatensystem, das man willkürlich festlegen kann. Oft verwendet man ein System, das durch drei senkrecht aufeinanderstehende Achsen festgelegt wird. [siehe Abb. 21].

Die Koordinaten eines Punktes im Raum haben natürlich keine

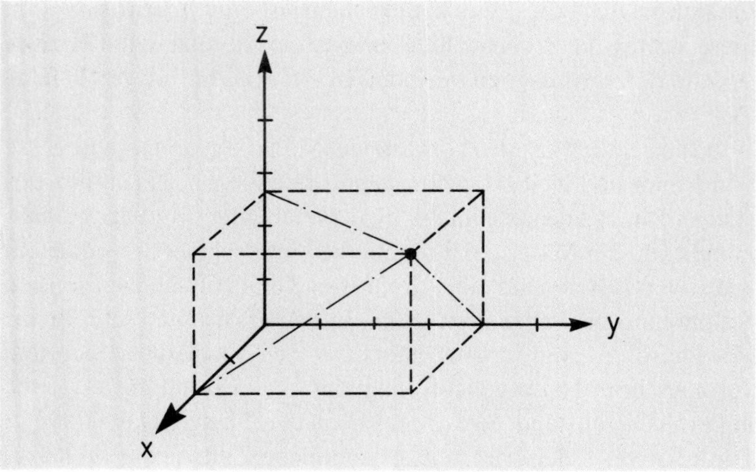

Abb. 2–1 Ein rechtwinkliges System von drei Koordinatenachsen, genannt x, y und z. Die Position jedes Punktes im Raum läßt sich durch drei Zahlen, die drei Koordinaten, eindeutig beschreiben. Die Koordinaten sind jeweils gegeben durch die Projektion des Punktes auf die jeweilige Koordinatenachse, wobei der Projektionsstrahl (markiert durch die Punkt-Strich-Linien) auf der jeweiligen Achse senkrecht stehen muß.

absolute Bedeutung, da sie nicht nur von der Lage des Punktes abhängig sind, sondern auch von der willkürlichen Wahl des Nullpunktes des Koordinatenkreuzes und der ebenso willkürlichen Wahl der jeweiligen Richtungen der Koordinatenachsen. Was letztlich zählt, sind die Koordinaten des Punktes im Vergleich zu den Koordinaten anderer Punkte.

In Abbildung 2–2 sind drei Punkte A, B und C zu sehen, die auf einer Geraden liegen, wobei sich der Punkt B genau in der Mitte zwischen den äußeren Punkten A und C befindet. Diese Eigenschaft des Punktes B, den Mittelpunkt der Strecke von A nach C darzustellen, ist eine wichtige Eigenschaft dieses Punktes, die unabhängig von der Wahl des jeweiligen Koordinatensystems ist.

Wenn man die Koordinaten dieser Punkte angibt, wird es sich herausstellen, daß die Differenzen der B-Koordinaten und der

A-Koordinaten gleich den Differenzen der C-Koordinaten und der B-Koordinaten sind. Hat beispielsweise der Punkt C die y-Koordinate 7 und der Punkt A die y-Koordinate 3, so muß der Punkt B die y-Koordinate 5 haben, d. h. den Wert genau in der Mitte zwischen 3 und 7. Analoges gilt für die x- und die z-Koordinaten.

In der Abbildung ist auch gezeigt, was passiert, wenn man den Nullpunkt des Koordinatenkreuzes verschiebt, wobei der Einfachheit halber die neuen Koordinatenachsen zu den alten parallel laufen. An den drei Punkten A, B und C ändert sich bei der Verschiebung der Koordinatenachsen natürlich überhaupt nichts, lediglich deren Beschreibungsweise im neuen Koordinatensystem ist anders. Die y-Koordinaten der Punkte A, B und C sind jetzt

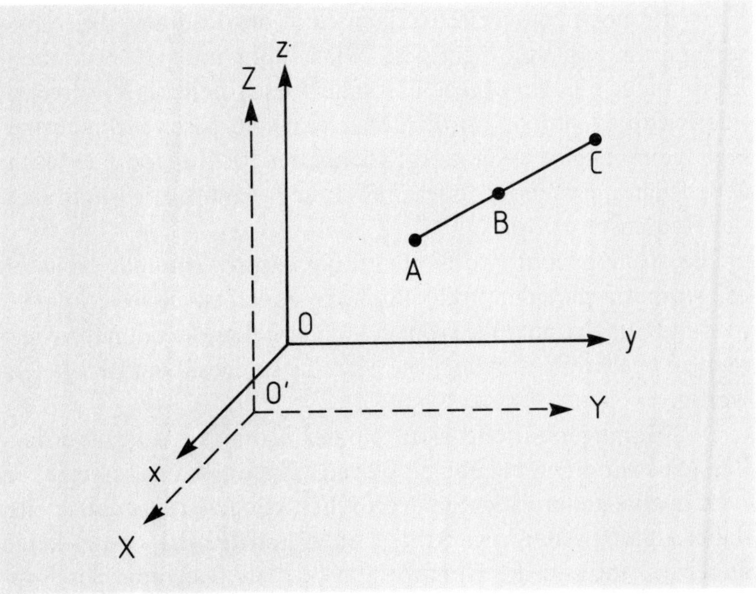

Abb. 2–2 Drei Punkte A, B und C, dargestellt im dreidimensionalen Raum mittels eines rechtwinkligen Koordinatensystems. Die Beschreibung der drei Punkte durch die beiden gegeneinander verschobenen Koordinatensysteme ist vollkommen gleichwertig – eine Folge der Homogenität des Raumes.

nicht mehr 3, 5 und 7, sondern beispielsweise 4, 6 und 8. Wiederum ist die Koordinate des Punktes B genau in der Mitte zwischen den entsprechenden Werten der Punkte A und C.

Die Eigenschaft von B, genau in der Mitte zwischen A und C zu liegen, ist unabhängig vom Koordinatensystem – man sagt, sie ist invariant bezüglich Änderungen des Koordinatenkreuzes.

Es spielt natürlich auch keine Rolle, wo wir die drei Punkte im Raum anordnen. Sie können in der Nähe des Koordinaten-Nullpunktes sein oder auch sehr weit entfernt. Es gibt keine ausgezeichneten Punkte oder Gebiete im Raum – alle Punkte sind gleichberechtigt. Diese demokratische Eigenschaft des Raumes bezeichnet man als die Homogenität des Raumes. Entsprechend der Newtonschen Vorstellung ist unser Raum überall homogen und unendlich ausgedehnt.

Es gibt noch eine weitere Eigenschaft des Raumes, die in diesem Zusammenhang wichtig ist. Wir können unser Koordinatenkreuz nicht nur verschieben, sondern auch beliebig verdrehen. Die Richtungen der Koordinatenachsen sind durch nichts festgelegt, denn es gibt keine ausgezeichneten Richtungen im Raum. Jede Richtung ist jeder anderen Richtung gleichwertig – man sagt, der Raum ist isotrop.

Die Homogenität und die Isotropie unseres Raumes erlauben es, geometrische oder physikalische Systeme, etwa Dreiecke oder massive Kugeln, mit Hilfe von unendlich vielen Koordinatensystemen zu beschreiben. Alle diese Systeme sind vollkommen gleichwertig.

Der Homogenität und Isotropie des Raumes ist es zu verdanken, daß wir einen beliebigen Gegenstand im Raum verschieben oder in eine andere Richtung verdrehen können, ohne daß er sich dabei ändert. Allerdings ist dies eben nur der Fall, wenn keine äußeren Einflüsse die Homogenität oder die Isotropie des Raumes stören. Streng genommen ist dies nur im Weltraum der Fall, fern von den störenden Schwerefeldern der Planeten oder der Sonne. So ist der Raum, in dem wir uns täglich bewegen, nicht isotrop, denn es gibt eine ausgezeichnete Richtung, diejenige der zum Boden zeigenden Schwerkraft.

Bislang haben wir nur den Raum betrachtet. Alle Prozesse in der Natur spielen sich aber im Raum und in der Zeit ab. Betrachten wir einmal den einfachsten dynamischen Prozeß in der Natur, den man sich vorstellen kann, die freie Bewegung eines Körpers, etwa eines Raumschiffs, durch den Weltraum. Wir wollen der Einfachheit halber annehmen, daß man die Abmessungen des Raumschiffs vernachlässigen kann, so daß wir es praktisch als punktförmiges Objekt ansehen können – als Punkt, der allerdings mit einer Masse, nämlich der Masse des Raumschiffs, versehen ist. Wir können ein solches idealisiertes, in Wirklichkeit natürlich nicht existierendes Objekt einen Massenpunkt nennen.

Wir betrachten also ein solches als Massenpunkt idealisiertes Raumschiff, das sich frei durch den Weltraum bewegt. Entsprechend dem Newtonschen Trägheitsprinzip bewegt sich das Raumschiff mit gleichbleibender Geschwindigkeit auf einer Geraden, oder es ist zufällig in Ruhe. Im letzteren Fall läßt sich die Angelegenheit sehr leicht im Koordinatensystem beschreiben. Zu allen Zeiten befindet sich das Raumschiff an einem bestimmten Punkt, nämlich am Ort seines Aufenthalts. Wir können das Koordinatensystem so verschieben, daß der Nullpunkt des Systems mit dem Ort des Raumschiffs übereinstimmt. Dann wird die Beschreibungsweise besonders leicht – die Koordinaten des Raumschiffs sind für alle Zeiten Null.

Schwieriger wird die Angelegenheit, wenn das Raumschiff sich durch den Raum bewegt. Zu jedem Zeitpunkt können wir die Koordinaten des Raumschiffs angeben, nur ändern sich diese ständig. Sie sind von der Zeit abhängig. Betrachtet man die Gesamtheit der Koordinaten, die das Raumschiff bei seiner Bewegung durch den Raum annimmt, so erhält man eine Gerade.

Zu jedem Zeitpunkt befindet sich das Raumschiff an einem bestimmten Ort auf der Geraden. Letztere kann in einer beliebigen Richtung durch den Raum laufen, und der Nullpunkt kann beliebig weit von der Geraden entfernt sein. Da der Raum jedoch homogen ist, können wir den Nullpunkt ohne weiteres so wählen, daß er auf der Geraden des sich bewegenden Raumschiffes liegt.

Die Angabe der Bahngeraden des Raumschiffs bestimmt den dynamischen Ablauf der Bewegung nicht eindeutig. So kann sich das Raumschiff sehr schnell entlang der Geraden bewegen oder sehr langsam. Zur eindeutigen Festlegung der Bewegung gehört noch die Angabe der Zeiten, zu denen sich das Raumschiff an den jeweiligen Orten befindet. Wir können dies leicht durchführen, indem wir jedem Punkt der Bahngeraden noch die entsprechende Zeit mitteilen, zu der das Raumschiff gerade am betreffenden Ort vorbeizieht.

In der Abbildung sind diese Zeiten für eine bestimmte Bewegung angegeben (in Sekunden). Mit Hilfe der angegebenen Zeiten

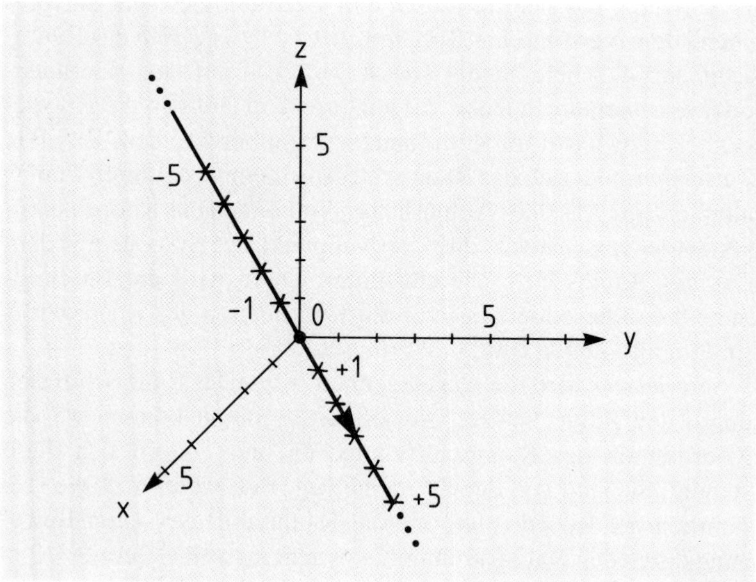

Abb. 2–3 Ein bewegter Massenpunkt beschreibt im dreidimensionalen Raum eine Gerade. Hier verläuft diese Gerade zufällig durch den Nullpunkt des Koordinatensystems. Die auf der Geraden angegebenen Zahlen geben die Zeiten in Sekunden an, zu denen sich der Massenpunkt am betreffenden Ort befindet, die Angaben auf den Koordinaten beziehen sich z. B. auf km. Der Zeitnullpunkt ist willkürlich so gewählt, daß zur Zeit 0 der Massenpunkt im Nullpunkt des Koordinatensystems ist.

kann man leicht die Geschwindigkeit des Raumschiffs bestimmen. Der Zeit-Nullpunkt wurde willkürlich so gewählt, daß zum Zeitpunkt Null das Raumschiff gerade den Nullpunkt des Koordinatensystems passiert.

Dem aufmerksamen Leser wird aufgefallen sein, daß wir nicht nur den Nullpunkt des Raumkoordinatensystems willkürlich gewählt haben, sondern auch den Nullpunkt der Zeitmessung. In dieser Willkür drückt sich eine weitere Freiheit aus, die wir bei der Beschreibung einer einfachen Bewegung, hier bei der Bewegung des Raumschiffs, haben.

Wie Newton in seinen »Principia« betont, ist nicht nur der Raum homogen in seiner Struktur, sondern auch der Zeitablauf. Ebenso wie es für die Bewegung des Raumschiffs keine Rolle spielt, wo sich der Nullpunkt des Koordinatensystems befindet, spielt es keine Rolle, welchen Zeitpunkt man als Nullpunkt für die Zeitbeschreibung wählt und ob man die Zeit in Sekunden oder in einer anderen Einheit mißt. Die willkürliche Festsetzung des Zeitnullpunkts durch den Beobachter der Bewegung ist natürlich nur dann sinnvoll, wenn es keine ausgezeichneten Zeitpunkte gibt, mithin alle Zeitpunkte gleichberechtigt sind.

Wenn wir die Bewegung eines Raumschiffs im Weltraum beschreiben, ist dies erfüllt. Es spielt keine Rolle, ob das Raumschiff heute oder erst nach Jahren auf seiner Bahngeraden vorbeizieht. In beiden Fällen wird die Bewegung die gleiche sein, falls die Geschwindigkeit übereinstimmt und sich das Raumschiff auf derselben Geraden bewegt.

Es wird deutlich, daß es zwischen Raum und Zeit Gemeinsamkeiten gibt. Zumindest sind beide homogen. Die Zeit verläuft gleichmäßig, kein Zeitpunkt unterscheidet sich prinzipiell von jedem anderen Zeitpunkt. Analog kommt es beim Raum nicht auf die Wahl des Nullpunkts an. Allerdings gibt es offensichtlich auch beträchtliche Unterschiede zwischen Raum und Zeit. Im Raum kann man sich willkürlich an verschiedene Orte begeben. Bei der Zeit geht dies nicht, da sie gleichmäßig und ohne unseren Willen abläuft. Sie fließt nur in einer Richtung, nämlich in die Zukunft – eine Reise in die Vergangenheit ist nur in der Phantasie möglich.

Auch gibt es drei verschiedene Raumrichtungen, aber nur eine Zeit. Zudem wird die Zeit durch das Ticken einer Uhr angezeigt und in Sekunden, Minuten etc. gemessen, während man den Raum in Metern oder Kilometern mißt. Sekunden und Meter sind aber ganz verschiedene Einheiten, die in keiner direkten Beziehung zueinander stehen.

Newton hat der Verschiedenartigkeit von Raum und Zeit Rechnung getragen, indem er von einer absoluten Zeit sprach, die unabhängig von uns als ihren Beobachtern dahinfließt. Nichts, keine äußeren Umstände vermögen den Ablauf der Zeit zu beeinflussen. Nichts ist unbarmherziger und unerbittlicher als das gleichmäßige Ticken der Uhr.

Newtons Idee der absoluten Zeit ist unmittelbar einleuchtend, entspricht sie doch der täglichen Erfahrung, wenngleich natürlich unser psychologisches Erfassen der Zeit durchaus gleiche Zeiten ungleich bewertet. Eine Stunde, die man wartend auf dem Bahnsteig verbringt, kommt uns sehr lange vor, während eine Stunde, verbracht mit der Lektüre eines spannenden Buches, wie im Fluge vergeht.

Etwas weniger einleuchtend wird dem Leser die Idee des absoluten Raumes sein. Welchen Raum meint Newton, wenn er vom absoluten Raum spricht? »Der absolute Raum bleibt vermöge seiner Natur und ohne Beziehung auf einen äußeren Gegenstand stets gleich und unbeweglich«, schreibt Newton in den »Principia«. Diese Aussage überrascht, hat doch Newton mit der Aufstellung des Trägheitsprinzips klar erkannt, daß es keinen Unterschied macht, ob ein Körper in Ruhe ist oder sich gleichförmig und geradlinig mit einer bestimmten Geschwindigkeit bewegt. Wie aber soll man dann von einem absoluten Raum sprechen, der unbeweglich ist, wie Newton schreibt?

Wenn wir bisher von einem räumlichen Koordinatensystem sprachen, so meinten wir ein System, das sich bezüglich des Betreffenden, der das System für seine Zwecke einführt, in Ruhe befindet. Statt dessen könnten wir aber auch ein System einführen, das sich in bezug auf einen Beobachter bewegt.

Betrachten wir als Beispiel einmal zwei Raumschiffe, die sich zufällig im Weltraum begegnen. Beide bewegen sich gleichförmig und geradlinig durch den Raum. Beobachter in beiden Raumschiffen führen jeweils mitbewegte Koordinatensysteme ein, die wir kurz mit A und B bezeichnen wollen. Wir stellen uns jetzt vor, daß wir an Bord des einen Raumschiffes mit dem System A sind und daß wir dieses Raumschiff als ruhend betrachten.

Das andere Raumschiff fliegt mit einer Geschwindigkeit von, sagen wir, 100 Metern in der Sekunde vorbei. Welches System ist nun besser, das ruhende System A oder das bewegte System B?

Das Trägheitsprinzip Newtons gibt hier die Antwort: Beide sind gleich gut. Da sich eine absolute Bewegung nicht feststellen läßt, wird der Beobachter im Raumschiff B sein System zum ruhenden System erklären. In bezug auf sein System B bewegt sich das System A, und zwar mit genau derselben Geschwindigkeit wie das Raumschiff B im System A, also mit der von uns angenommenen Geschwindigkeit von 100 Metern pro Sekunde. Nur die Richtung der Geschwindigkeit ist genau umgekehrt.

Auch auf der Erde gibt es ähnliche Situationen, etwa wenn zwei Züge aneinander vorbeifahren oder wenn ein fahrender Zug einen am Bahnsteig haltenden Zug passiert. Der Leser wird sich an solche Situationen erinnern: Man sitzt im haltenden Zug, schaut aus dem Fenster und hat das Gefühl, der Zug bewege sich, während der in Wirklichkeit fahrende Zug stillzustehen scheint.

Auch auf der Erde ist es nicht möglich, eine absolute Bewegung festzustellen. Nur relative Bewegungen, also Bewegungen in bezug auf ein bestimmtes Koordinatensystem, lassen sich überhaupt definieren.

Betrachten wir das Beispiel eines Zuges, der mit 100 km/h unterwegs ist. Im Wagen an der Spitze des Zuges befindet sich der Passagier A, im letzten Wagen am Zugende der Passagier B. Beide sitzen und lesen die Zeitung, befinden sich also relativ zum Zug in Ruhe. Für einen Betrachter des Zuges, der auf einem Bahnsteig steht, sich also bezüglich der Erdoberfläche in Ruhe befindet, bewegen sich sowohl A als auch B mit der gleichbleibenden Geschwindigkeit von 100 km/h.

Um die Mittagszeit wird im Lautsprecher bekanntgegeben, daß

der Speisewagen in der Mitte des Zuges geöffnet ist. Beide Passagiere erheben sich, um in den Speisewagen zu gehen. Jeder geht also mit der Geschwindigkeit von ungefähr 4 km/h durch seine Zughälfte. Für jemanden, der im Zug mitfährt, bewegen sich sowohl A als auch B mit der gleichen Geschwindigkeit, nämlich mit 4 km/h. Nur sind beide Geschwindigkeiten entgegengesetzt gerichtet. A läuft entgegen der Fahrtrichtung, während B sich in Fahrtrichtung bewegt.

Etwas ganz anderes wird vom Betrachter auf dem Bahnsteig beobachtet. An ihm saust B mit der Geschwindigkeit von 104 km/h vorbei – die Geschwindigkeit des Zuges und die Schrittgeschwindigkeit von B addieren sich. Der Passagier A jedoch bewegt sich relativ zum Bahnsteig nur mit der Geschwindigkeit von 96 km/h, die entsprechenden Geschwindigkeiten subtrahieren sich.

Auf der Erde ist es nun leicht, ein besonderes System auszuzeichnen, nämlich ein Koordinatensystem, das in bezug zur Erde ruht. Wenn wir sagen, daß ein Gegenstand ruht, so meinen wir im allgemeinen damit, daß sich dieser Gegenstand in bezug zur Erdoberfläche, also bezüglich des Fußbodens oder eines Baumes, nicht bewegt.

Aber auch diese Ausdrucksweise ist relativ. Ein Fahrgast, der in einem fahrenden Zug sitzt und die Zeitung liest, erscheint in den Augen seines Nachbarn als jemand, der ruht, während der Körper des Schaffners, der gerade den Gang entlangläuft, sich bewegt – eine vom Bezugssystem abhängige Bezeichnungsweise, denn sowohl der Fahrgast als auch der Schaffner bewegen sich bezüglich der Erdoberfläche oder jedem anderen System – mit Ausnahme des Koordinatensystems, das vom Zuge mitgeführt wird.

Ein Koordinatensystem, das beispielsweise von Beobachtern an Bord eines frei im Weltraum sich bewegenden Raumschiffes festgelegt wird, hat einen besonderen Namen. Man nennt es ein Inertialsystem. Der Name leitet sich ab von dem lateinischen Wort »inertia« (Trägheit). Man könnte das System also ebenso als Trägheitssystem bezeichnen. Nur hat sich die lateinische Bezeichnung in der Physik eingebürgert, und wir wollen sie künftig verwenden.

In einem Inertialsystem läßt sich die freie Bewegung eines Körpers leicht beschreiben. Entsprechend dem Newtonschen Trägheitsgesetz bewegt sich ein solcher Körper stets auf einer Geraden, es sei denn, der Körper befindet sich zufällig in Ruhe. In letzterem Fall verharrt er an seinem Ort für alle Zeit.

Wie viele Begriffe in den Naturwissenschaften stellt auch der des Inertialsystems einen idealisierten Grenzfall dar. Ein Raumschiff, das sich frei im Universum bewegt und damit unabhängig und unbeeinflußt von anderen Körpern existiert, gibt es letztlich nicht, denn auch wenn es weitab von Planeten, Sternen und Galaxien durch das All fliegt, wird es dennoch durch die Massenanziehung der fernen Himmelskörper beeinflußt.

So gelingt es auch nur, ein Inertialsystem approximativ zu realisieren. Beispielsweise ist das Koordinatensystem, bei dem die Sonne den Nullpunkt definiert und in dem man die Bewegung der Planeten beschreiben kann, in sehr guter Näherung ein Inertialsystem. Zwar bewegt sich auch die Sonne nicht unbeeinflußt im All, sondern wird durch die Massenanziehung der Sterne in unserer Galaxie gezwungen, sich auf einer fast kreisförmigen Bahn um das Zentrum unserer Galaxie zu bewegen. Die Krümmung dieser Bahn ist jedoch so gering, daß man sie für die meisten Zwecke vernachlässigen und die Bahn der Sonne als eine Gerade betrachten kann. Mit diesem Vorbehalt ist das durch die Position der Sonne gegebene System ein Inertialsystem.

Etwas weniger günstig sieht es jedoch aus, wenn wir ein Koordinatensystem betrachten, das fest mit der Erdoberfläche verbunden ist. Unser Planet bewegt sich ja zum einen um die Sonne, bedingt durch die von der Sonne auf die Erde ausgeübte Massenanziehung, zum anderen dreht sich die Erde einmal in 24 Stunden um ihre Achse. Ein Koordinatensystem, das wir mit den Achsen auf der Erdoberfläche »festnageln«, wirbelt also, vom Weltraum aus betrachtet, auf recht komplizierte Weise durch den Raum. Jedenfalls bewegt es sich nicht gleichförmig und geradlinig, wie es sich für ein Inertialsystem gehört.

Streng genommen gibt es also auf der Erde überhaupt keine Inertialsysteme. Glücklicherweise kann man jedoch die Kapriolen eines »erdhaften« Systems wiederum für sehr viele Zwecke vernachlässigen. Wenn man zum Beispiel die Dynamik eines fahrenden Automobils untersuchen möchte, kann man die Tatsache, daß sich dieses Automobil wie alle Gegenstände auf der Erdoberfläche um die Sonne bewegt, ebenso außer Betracht lassen wie die Rotation des Autos um die Erdachse. Bewegt sich das Auto geradlinig und gleichförmig auf der Autobahn, kann man das durch das Auto definierte Koordinatensystem für die meisten Zwecke als Inertialsystem deuten.

Üblicherweise führt man auf der Erdoberfläche ein System ein, das bezüglich der Erde ruht. Auch dieses ist approximativ ein Inertialsystem, wie alle anderen Bezugssysteme, die sich relativ zum ruhenden System gleichförmig und geradlinig bewegen. Das ruhende System ist dasjenige, auf das wir unsere Geschwindigkeitsangaben normalerweise beziehen. Ein Autofahrer, der bei einer Geschwindigkeitsbegrenzung von 100 km/h mit 130 km/h auf der Autobahn angetroffen wird, darf nicht auf Gnade hoffen, wenn er dem Polizisten erklärt, daß die auferlegte Geschwindigkeitsbegrenzung nur einen Sinn macht, wenn auch das Bezugssystem eindeutig angegeben ist.

Die Angabe einer Geschwindigkeit macht also nur einen Sinn, wenn gleichzeitig das dazugehörige Bezugssystem spezifiziert wird – Geschwindigkeit ist immer relativ, also relativ zu einem Bezugssystem. Damit hängt auch zusammen, daß wir eine Geschwindigkeit nicht unmittelbar empfinden können. Wenn jemand mit geschlossenen Augen in einem fahrenden Auto sitzt, wird es ihm nicht möglich sein, etwa zwischen einer Geschwindigkeit von 100 km/h oder 150 km/h zu unterscheiden.

Aber nicht alle physikalischen Größen, die mit der Geschwindigkeit zusammenhängen, sind relativ. Beispielsweise haben wir durchaus ein Gefühl für die Beschleunigung. Der eben erwähnte Autopassagier wird genau feststellen können, wann das Auto seine Geschwindigkeit ändert, wann also eine Beschleunigung oder Verzögerung eintritt. Beschleunigt sich die Fahrt, so wird er stärker in den Sitz gedrückt – er verspürt als Folge der Beschleunigung eine Kraft. Diese Kraft tritt deshalb auf, weil jeder Körper zunächst einmal in seinem Zustand der Bewegung verharren möchte. Wird er gewaltsam daran gehindert, so setzt er der Beschleunigung eine Kraft entgegen, die üblicherweise als Trägheitskraft bezeichnet wird.

Wenn wir jetzt das fahrende und sich beschleunigende Auto als ein Bezugssystem festlegen, wird sich herausstellen, daß in diesem System anfangs ruhende Körper, zum Beispiel hinter der Windschutzscheibe liegende Bleistifte, nicht ohne weiteres in Ruhe verbleiben, sondern je nach der Stärke der Beschleunigung durch das Innere des Autos fliegen.

Das Auftreten von Trägheitskräften verdeutlicht, daß wir es nicht mit einem Inertialsystem zu tun haben. In sich beschleunigenden Bezugssystemen bewegen sich frei fliegende Körper keineswegs auf Geraden, sondern auf mehr oder weniger komplizierten krummen Bahnen.

Die infolge einer Beschleunigung auftretenden Trägheitskräfte sind meßbar, besitzen demnach eine absolute, vom Bezugssystem unabhängige Bedeutung. Die Beschleunigung eines Körpers ist also absolut, im Gegensatz zu seiner Geschwindigkeit, die relativ, also abhängig vom Bezugssystem ist.

Kehren wir zum Newtonschen Begriff des absoluten Raumes zurück. Wir haben gerade gesehen, daß es zu jedem Inertialsystem unendlich viele verschiedene andere gibt, die sich relativ zum ersten geradlinig und gleichförmig bewegen. Welches von diesen Systemen beschreibt nun den absoluten Raum im Sinne Newtons? Macht es überhaupt einen Sinn, von einem absoluten Raum, der ganz im Sinne Newtons unabhängig und unbeeinflußt von der Materie existiert, zu sprechen? Gibt es also einen Raum ohne Materie, oder ist es vielmehr so, daß die Materie letztlich verantwortlich dafür ist, daß es einen Raum gibt, der sich ja nicht zuletzt darin offenbart, wie man die vielgestaltigen Erscheinungsformen der Materie relativ zueinander anordnen und kombinieren kann?

Für Newton hatte die Idee des absoluten Raumes eine geradezu mystische, wenn nicht sogar religiöse Anziehungskraft. In ihr stellte sich Newton der alles erfüllende Geist schlechthin dar, vergleichbar mit Gott. Nur letzterem konnte man ähnliche Eigenschaften wie dem absoluten Raum zuschreiben. Der absolute Raum war ewig, unendlich, unbeweglich, unzerstörbar und unerschaffbar, allgegenwärtig, alles durchdringend und allumfassend. Newton vermutete denn auch einen in der Geometrie erfahrenen Schöpfer als Ursprung aller Dinge.

Natürlich sah Newton die Schwierigkeiten, mit denen man konfrontiert ist, wenn man die Idee des absoluten Raumes einführt, da dann einem der unendlich vielen Inertialsysteme eine besondere Bedeutung zukommen müßte, nämlich demjenigen System, das bezüglich des absoluten Raumes ruht. Andererseits läßt sich eine solche relative Ruhe experimentell nicht messen, und Newton gab dies offen zu.

Man könnte diese Schwierigkeit einfach umgehen, indem man auf den Begriff des absoluten Raumes ganz verzichtet oder als einen Kompromiß die Gesamtheit aller Inertialsysteme als den absoluten Raum schlechthin ansieht. Kennt man eines dieser Systeme, dann kann man alle übrigen sofort konstruieren, indem man alle möglichen gleichförmigen und geradlinigen Bewegungen gestattet. Offenbar wollte sich aber Newton auf einen solchen Kompromiß nicht einlassen, denn er hielt an seinem Begriff des absoluten Raumes fest. Wir wissen nicht, warum er dies getan hat, doch ist zu vermuten, daß hierbei Motive eine Rolle spielten, die außerhalb der Naturwissenschaft liegen.

Noch immer saß Adrian Haller gedankenverloren am Brunnen im Hof des Trinity College. »Seltsam, daß Newton so starr an der Idee des absoluten Raumes festgehalten hat«, dachte er. »Offenbar hatte sich Newton bei der Einführung der Hypothese des absoluten Raumes nicht an seinen eigenen Wahlspruch ›Hypothesen mache ich nicht‹ gehalten. Denn fürwahr, den absoluten Raum und ein damit absolut gegebenes Koordinatensystem – ein ausgezeichnetes Inertialsystem also – einzuführen, ohne anzugeben, wie man dieses System physikalisch festlegen kann, ist eine Hypothese, eine recht kühne dazu.«

In diesem Moment bedauerte er, Newton nicht direkt fragen zu können. Dabei war er hier nur wenige Meter von Newtons Wirkungsstätte entfernt, und doch war es unmöglich, einfach in Newtons Räume zu gehen und ihn zu fragen.

Haller gab sich mit der Realität zufrieden und verließ kurz darauf den Hof des Trinity College. Es war ein herrlicher Sommermorgen. Für englische Verhältnisse war es ungewöhnlich warm. Der anschließende Spaziergang durch das langsam erwachende Cambridge ermüdete Haller, so daß er es sich schließlich auf dem gepflegten Rasen des Parks hinter dem College bequem machte, um auszuruhen. Und so kam es, daß er bald in tiefen Schlaf versunken war.

Doch die eben am Trinity College gewonnenen Eindrücke ließen sich auch durch den Schlaf nicht verscheuchen – im Gegenteil: Isaac Newton sollte in ihm eine ganz besondere Rolle spielen. Als Professor Haller nach einigen Tagen den Verfasser auf der Tagung in Santa Barbara traf, hat er während eines Besuchs des »El Capitan State Park«, der nördlich von Santa Barbara am Pazifik liegt, davon erzählt. So gut es geht, ist die Schilderung seines Traumes in der Folge wiedergegeben.

3

Hallers Traum: Begegnung mit Newton

Nach einer kurzen Pause ging ich zurück zum Trinity College, richtiger, ich lief schnell, als hätte ich einen dringenden Termin im College. Etwas trieb mich zurück an Newtons Wirkungsstätte – nur wußte ich nicht, was. Atemlos erreichte ich das Große Tor des College. Erneut begegnete ich dort jenem Herrn im mittleren Alter, der es diesmal aber nicht eilig hatte, sondern stehenblieb und mich neugierig betrachtete.

»Ich sah Sie vorhin schon hier«, sagte er. »Suchen Sie etwas Bestimmtes? Kann ich Ihnen helfen?«

Ich lächelte unwillkürlich bei dem Gedanken, daß ich ja eigentlich Newton suchte und daß diese Suche natürlich vollkommen verrückt war – wer sucht schon einen Wissenschaftler, der vor mehr als 250 Jahren gestorben ist?

»Nein«, erwiderte ich hastig, »ich suche nichts Bestimmtes. Ich möchte mich hier nur einmal umsehen. Schon immer wollte ich mir mal Newtons Wirkungsstätte anschauen – heute habe ich endlich Gelegenheit dazu.«

»Wahrscheinlich sind Sie ein Physiker«, antwortete der Herr, mich aufmerksam betrachtend.

»Sie haben recht. Und Sie werden es nicht glauben – ich suche doch etwas hier, genauer gesagt: jemanden, nämlich Isaac Newton.«

Ich staunte selbst über meine Antwort, die ebenso ehrlich wie absurd war, und über die Tatsache, daß mein Gegenüber sie offensichtlich ganz selbstverständlich hinnahm, als hätte ich etwas völlig Alltägliches gesagt.

Der Fremde lächelte und bemerkte trocken: »Sie brauchen nicht mehr zu suchen. *Ich* bin Isaac Newton.«

In diesem Moment erkannte ich ihn. Vor mir stand tatsächlich Newton, und zwar der etwa vierzigjährige Newton zur Zeit der Niederschrift der »Principia«: der Newton, wie ich ihn von dem Gemälde Godfrey Knellers her kannte. Nur die Haare waren kürzer – er trug keine Perücke. Auch war er durchaus nach unserer Mode gekleidet – ein uneingeweihter Betrachter hätte Newton ohne weiteres für einen der heutigen Professoren des Trinity College gehalten.

In diesem Augenblick wunderte ich mich über mich selbst, vor allem darüber, daß ich das plötzliche Auftauchen eines der größten Naturwissenschaftler der Geschichte fast als eine selbstverständliche Begegnung hinnahm. Mehr noch, ich benahm mich so, als stände mir nicht Isaac Newton, sondern ein normaler College-Professor gegenüber; folgerichtig stellte ich mich vor: als Physikprofessor Adrian Haller von der Universität Bern.

Newton zeigte sich hocherfreut, einem Kollegen vom Festland zu begegnen, und fuhr dann fort: »Ich glaube, ich bin Ihnen eine Erklärung schuldig. Sie werden sich wundern, mich hier im Hof des College zu treffen. Schließlich sind fast dreihundert Jahre vergangen, seit ich an diesem College tätig war.«

Ich nickte und tat weiter so, als wäre es die natürlichste Sache der Welt, Isaac Newton hier in Cambridge zu treffen. Auch war ich überrascht, daß sich Newton mir gegenüber so jovial, ja geradezu zuvorkommend verhielt. Während seiner Zeit in Cambridge vor drei Jahrhunderten galt Newton als menschenscheu und überheblich, selbst für Kollegen kaum zugänglich. Offensichtlich hatte er sich seither verändert, und nicht zu seinem Nachteil.

»Vor einigen Tagen wurde mir gestattet, meine alte Wirkungsstätte wieder zu besuchen«, sprach Newton weiter. »Seither halte ich mich hier in Cambridge auf. Sie können sich vorstellen, daß vieles neu für mich war – der Verkehr auf den Straßen, das helle Licht in den Räumen des College – Ihr modernen Leute sagt, glaube ich, elektrisches Licht dazu –, die merkwürdigen Bildapparate mit den gewölbten Glasscheiben et cetera. Mittlerweile habe ich mich aber schon ganz gut eingewöhnt. Im übrigen verbringe ich die meiste Zeit in der Bücherei und versuche herauszufinden, was aus der Naturlehre, mit der ich mich damals beschäftigte, geworden ist. Ich muß gestehen, daß ich hierbei große Schwierigkeiten habe. Vieles in den Lehrbüchern der Physik, die ich im Moment anschaue, verstehe ich nicht.«

»Kein Wunder«, unterbrach ich Newton. »In den mehr als 300 Jahren seit dem Erscheinen Ihrer ›Principia‹ ist in den Wissenschaften viel passiert, und die Physik war hierin wahrlich keine Ausnahme. Die neuen Phänomene in der Atomphysik, die man gegen Ende des vergangenen Jahrhunderts entdeckte, konnte man nicht mehr mit Hilfe Ihrer Mechanik verstehen. Neue Theorien mußten entwickelt werden, etwa die Relativitätstheorie oder die Quantenmechanik.«

»Da ist er schon wieder – dieser Begriff ›Relativitätstheorie‹«, rief Newton aus. »Schon mehrmals bin ich beim Studium der Bücher darauf gestoßen. Was ist denn diese Theorie? Muß man sie ernst nehmen? Vielleicht können Sie mir Näheres dazu sagen. Erst gestern abend habe ich versucht, aus den paar Bemerkungen über diese Theorie in einem der Lehrbücher mir einen Reim zu machen, aber ich muß gestehen, es ist mir nicht gelungen. Nur eines wurde mir klar – es scheint, daß in dieser seltsamen Theorie meine These des absoluten Raumes nicht akzeptiert wird.«

Was sollte ich, ein Physiker, der täglich mit den Problemen seiner Wissenschaft heute, gegen Ende des 20. Jahrhunderts, beschäftigt ist, antworten? Wie konnte ich die Bitte Newtons ablehnen, da es doch wohl eine einmalige Gelegenheit wäre, mit der Gedankenwelt und den Fähigkeiten dieses in der Weltgeschichte einmaligen Genies vertraut zu werden?

»Abgemacht«, sagte ich. »Ich schlage vor, daß wir zusammen die wesentlichen Aspekte der Relativitätstheorie betrachten. Aber Sie müssen mir etwas zugestehen. Sie haben die Grundlagen der Mechanik erarbeitet, derjenigen Wissenschaft, die der Ausgangspunkt für die Entwicklung der Technik war, übrigens auch für die Entstehung der Relativitätstheorie. Ich wünsche mir, bei dieser Gelegenheit einen Einblick in Ihre Gedankenwelt zu haben und auf diese Weise von unserem Austausch zu profitieren. Zudem möchte ich in einigermaßen systematischer Weise vorgehen und dabei eine Reihe physikalischer Phänomene, die mit der Relativitätstheorie zusammenhängen und die im Verlauf des jetzigen, des 20. Jahrhunderts, entdeckt wurden, anschauen. Das allerdings bedeutet, daß wir einige Zeit in diese Unternehmung investieren sollten. Vielleicht werden wir sogar einige Tage brauchen. Wie lange hätten Sie denn Zeit?«

»An mir soll's nicht liegen«, erwiderte Newton. »Nur trage ich Bedenken, Ihre Zeit so lange in Anspruch zu nehmen. Als ich vor dreihundert Jahren hier in Cambridge forschte, hatte ich eine Menge Zeit. Ein paar Tage waren geradezu nichts. Mir scheint, heute ist das anders. Ich habe den Eindruck, daß heute fast niemand Zeit genug hat, über irgend etwas mehr als nur in oberflächlicher Weise nachzudenken.«

»Wissen Sie, ich bin gerade im Begriff, zu einer Konferenz nach Amerika zu reisen. Aber wenn ich die Gelegenheit habe, einige Tage mit Isaac Newton zu verbringen, dann vergesse ich, was ich tun sollte, überlasse die Konferenz meinen Kollegen und bleibe hier.«

Newton war sehr erfreut, nun bald mehr darüber zu erfahren, was er nicht unbescheiden als die Fortentwicklung seiner Naturlehre bezeichnet hatte, und willigte sofort ein, die nächsten Tage für die entsprechenden Diskussionen zu reservieren.

Da sowohl Newton als auch ich für den Rest des Vormittags keine bestimmten Pläne hatten, begannen wir sofort auf dem Hof des College mit unseren Gesprächen. Wir beschlossen, daß ich Newton zunächst unser heutiges Bild der Grundlagen der Mechanik erläutern sollte – ein Unterfangen, daß natürlich so etwas war, wie Eulen nach Athen zu tragen. Schließlich geht dieses Bild auch heute noch im wesentlichen auf Newtons eigene Beiträge zurück. Aus diesem Grunde konnte ich mich kurz fassen und brachte bald das Gespräch auf die Problematik des absoluten Raumes. Bei passender Gelegenheit übernahm Sir Isaac das Wort, um meine Ausführungen wie folgt zu resümieren.

Newton: Wenn ich Sie recht verstanden habe, war Ihre Behauptung, daß man an irgendeinem Punkt im Weltraum jederzeit ein

Koordinatensystem als ein Inertialsystem einführen kann. Das Wesentliche eines solchen Systems ist die Tatsache, daß sich in ihm ein massiver Körper auf einer geraden Linie bewegt, wie es sich für einen Körper gehört, der keinerlei Kräften unterworfen ist. Hat man ein solches System konstruiert, kennt man gleichzeitig auch unendlich viele andere solche Systeme, die sich zum ersten geradlinig und gleichförmig mit einer beliebigen Geschwindigkeit bewegen.

Ein Koordinatensystem, das sich im Vergleich zum ersten System in einer Drehbewegung befindet, ist allerdings kein Inertialsystem, d. h. ein freier Körper bewegt sich in diesem System nicht auf einer geraden Linie, sondern auf einer krummen Kurve. Diese wird durch die Drehbewegung des Systems »erzeugt«. Damit ergibt sich ein grundlegender Unterschied zwischen den Inertialsystemen und den sich drehenden Systemen. Darauf habe ich ja schon im Detail in den »Principia« hingewiesen. Ähnliches gilt für Bezugssysteme, deren Bewegung in irgendeiner Richtung beschleunigt erfolgt.

Ich war immer der Ansicht, daß die Trägheitskraft, die man beispielsweise beim schnellen Abbremsen einer Kutsche oder, wenn Sie wollen, eines Automobils erfährt, ihren Ursprung in der Struktur des Raumes haben muß. Geschwindigkeiten sind ja immer relativ, aber Beschleunigungen sind absolut, unabhängig vom Bezugssystem. Wie aber kann die Beschleunigung eines Körpers absolut feststellbar sein, wenn es keinen Raum gibt, der diese Absolutheit garantiert?

Ebenso muß es irgend etwas geben, was ein drehendes System von einem Inertialsystem auszeichnet. Meiner Ansicht nach ist es die Struktur des Raumes selbst, die den Unterschied hervorruft. Raum und übrigens auch die Zeit sind ja die Dinge, die übrigbleiben, wenn man die Materie aus dem Weltall entfernt.

Haller: Sind Sie sicher, daß überhaupt etwas übrigbleibt, wenn die Materie aus der Welt entfernt wird?

Newton: Selbstverständlich bleiben mindestens zwei Dinge übrig, Raum und Zeit. [Offensichtlich wollte Newton bezüglich seiner Ideen über Raum und Zeit keinen Widerspruch dulden.] Die Welt wurde am Anfang von Gott geschaffen, und zwar in Raum und Zeit, genauer im absoluten Raum und in der absoluten Zeit. Für mich sind dieser Raum und diese Zeit etwas absolut Vollkommenes, gewissermaßen Teile von Gott. Sie sind genauso absolut wie Gott. Wir selbst, die wir noch dazu nicht im freien Weltraum, sondern nur auf diesem rotierenden Planeten Erde existieren, erfahren den absoluten Raum, dessen Koordinatensysteme dann auch eine absolute Ruhe definiert, niemals vollständig, sondern immer nur angenähert.

Auch die Zeiten, die von unseren mehr oder weniger gut gehenden Uhren gemessen werden, sind keineswegs mit der absoluten Zeit identisch, sondern beschreiben sie nur unvollständig. In den »Principia« schrieb ich seinerzeit: »Der absolute Raum bleibt vermöge seiner Natur und ohne Beziehung auf einen äußeren Gegenstand stets gleich und unbeweglich. Der relative Raum ist ein Maß oder ein beweglicher Teil des ersteren, welcher von unseren Sinnen durch seine Lage gegen andere Körper bezeichnet und gewöhnlich für den unbeweglichen Raum genommen wird.« Meiner Ansicht nach ist bereits die Tatsache, daß sich alle Körper im Raum bewegen, der jedoch von letzteren offensichtlich in keiner Weise beeinflußt oder verändert wird, Hinweis genug auf einen absoluten Raum, der wie ein Gerüst Gottes wirkt, in das die Materie eingebettet ist.

Ähnliches läßt sich über die Zeit sagen. Zwar erlebt jeder von uns den Ablauf der Zeit verschieden schnell – manchmal fliegt sie behende dahin wie der Pfeil eines Indianers, manchmal kriecht sie langsam wie ein Wurm. Solche Fluktuationen können zum Glück mit einer Uhr vermieden werden. Wie immer wir aber die Zeit messen, man erhält immer nur eine recht dürftige Kopie der wahren, der absoluten Zeit. Die absolute Zeit verfließt an sich und vermöge ihrer Natur gleichförmig und ohne Beziehung auf einen äußeren Gegenstand, ohne jegliche Beziehung zur Materie im Weltall.

Die Zeit ist wie das dahinströmende Wasser eines Flusses, in dem die einzelnen Ereignisse wie kleine Holzstückchen schwimmen. Kaum ist eines erschienen, wird es schon durch die starke

Strömung hinweggerissen. Unaufhaltsam fließt dieser Fluß der absoluten Zeit dahin, verwandelt die Zukunft in die Gegenwart und gleich darauf in die Vergangenheit.

In meiner Jugend habe ich lange und gründlich über die Zeit nachgedacht. Es gibt nichts, was einfacher und zugleich komplizierter wäre als die Zeit. Jeder von uns durchlebt die Zeit, fühlt, wie sie zerrinnt – unsere Existenz ist nur in ihr denkbar. Aber wenn jemand gefragt wird, was nun die Zeit eigentlich ist, so weiß niemand eine letztlich befriedigende Antwort. Vielleicht wird es eine solche Antwort auch niemals geben.

Ich glaube, die Zeit ist wie der Raum ein von Gott gegebenes Gerüst, in dem die Materie eingebettet ist. Sterne und Planeten vergehen, aber die Zeit bleibt – sie hat keinen Anfang und kein Ende. Überall im Weltraum, ob hier auf der Erde oder in einem fernen Sternensystem, ist die absolute Zeit gleich. Sie ist ein von Gott gegebenes Bindeglied, das uns gleichsam mit den fernen Weltgegenden verbindet.

Newton hatte die letzten Worte mit einem beschwörend erscheinenden Tonfall gesprochen, und ich hatte den Eindruck, daß er weniger die Absicht hatte, mich zu überzeugen, sondern sich selbst. Dabei waren wir auf dem Innenhof des College hin und her gewandert, um uns schließlich auf den Stufen des Brunnens niederzulassen. Mein Gegenüber hatte sehr wohl bemerkt, daß ich seinen Ausführungen mit Skepsis begegnete.

Newton, in fast gereiztem Tonfall: Mir scheint, Sie haben da einige Zweifel? Ich muß gestehen, ich habe selbst lange mit mir gerungen, bis ich schließlich darauf verfallen bin, Raum und Zeit einfach durch den Hinweis auf den absoluten Raum und die absolute Zeit zu definieren. Hierbei umgeht man eine ganze Reihe von Schwierigkeiten. Ich muß allerdings zugeben, daß es sich um eine Hypothese handelt, die ich nicht beweisen kann. Aber mir scheint, der Erfolg hat mir letztlich recht gegeben.

Haller: Ja und nein. Was mich betrifft, so gestehe ich, daß ich ganz gut mit Ihrer Mechanik leben kann, ohne so etwas wie einen absoluten Raum zu postulieren.

Newton: Aber wie wollen Sie dann verstehen, wieso es einen Unterschied zwischen einem Inertialsystem und einem rotierenden Bezugssystem gibt?
Haller: Das kann man sehr wohl. Meinen Studenten in Bern erkläre ich das wie folgt: Wenn sich jemand in einem rotierenden Bezugssystem befindet, zum Beispiel auf einer rotierenden Scheibe steht, so kann er die Rotation leicht feststellen, da er seine Umwelt gewissermaßen um sich herum rotieren sieht.

Jemand, der in seinem Raumschiff weitab von der Erde durch das All fliegt, kann dies auf ähnliche Weise tun. Falls sich sein Raumschiff in einer Rotationsbewegung befinden sollte, würde der Raumfahrer beobachten, daß sich der Fixsternhimmel um ihn herum dreht. Er weiß dann: »Aha, mein Bezugssystem rotiert, ich befinde mich also nicht in einem Inertialsystem.« In diesem Beispiel ist es letztlich der Fixsternhimmel, der einem Beobachter erlaubt, zwischen Rotation und Nichtrotation zu unterscheiden. Auf analoge Weise stellen wir auf der Erde ja auch die Rotation der Erdkugel fest, übrigens ohne den Begriff eines absoluten Raumes überhaupt zu erwähnen.
Newton: Ich stimme Ihnen im wesentlichen zu. Es könnte ja sein, daß der absolute Raum etwas mit den Fixsternen und den fernen Massen im Kosmos zu tun hat.

Ist es nicht eigentümlich, daß die Fixsterne eben fix, also scheinbar unbeweglich, am Himmel stehen? Warum eigentlich? Im Grunde bewegen sich ja die Sterne manchmal sogar relativ schnell, nur bemerken wir dies nicht, weil sie so weit weg von uns sind. Aber auch wenn ein Stern sehr weit weg ist, so würden wir seine Bewegung auch mit dem bloßen Auge am Nachthimmel verfolgen können, wenn nur seine Geschwindigkeit groß genug wäre. Die scheinbare Unbeweglichkeit der Sterne könnte man demnach verstehen, wenn es ein Prinzip gäbe, das fordert, daß die Sterne, so weit sie auch von uns entfernt sind, sich nie mehr als mit einer bestimmten maximalen Geschwindigkeit bewegen können. Nur dann wäre sichergestellt, daß die fernen Sternensysteme scheinbar unbeweglich am Nachthimmel erscheinen.

Gibt es ein solches Prinzip? Wenn ja, dann wäre ich bereit, den

Abb. 3–1 Ein Blick auf das Zentrum des Comahaufens von Galaxien. Man sieht hier nur einen kleinen Teil der mehr als zweitausend Galaxien des Comahaufens, die von der Erde aus in Richtung des Sternbilds Coma Berenices zu finden sind (Entfernung etwa 500 Millionen Lichtjahre).

Im Prinzip könnten sich diese Galaxien mit sehr großen Geschwindigkeiten wild durcheinander bewegen, wie die Mücken in einem Mückenschwarm. Sie tun dies jedoch nicht, sondern bewegen sich relativ zueinander mit moderaten Geschwindigkeiten. Man kann ohne weiteres ein Koordinatensystem einführen, in dem sich die Galaxien im Mittel in Ruhe befinden. Dieses System wäre natürlich ein Inertialsystem. Newton würde wahrscheinlich dieses ausgezeichnete System als seinen absoluten Raum interpretieren, wenn er auf einem Planeten in einer der Galaxien des Comahaufens leben würde.

absoluten Raum ad acta zu legen und statt dessen das Prinzip der approximativen Ruhe der Sterne einzuführen.

Ich war verblüfft, daß Newton nach seiner langen Rede sogleich bereit war, die Idee des absoluten Raumes aufzugeben, und antwortete: »Sie haben recht. Es muß verwundern, daß die Sterne, genauer die fernen Sternsysteme ...«

»Sie meinen die Galaxien?« unterbrach mich Newton lächelnd. »Sie sehen, ich habe meine Zeit hier in Cambridge intensiv genutzt, um in den Büchern etwas über die heutige Astronomie und Astrophysik zu erfahren.«

»... die Galaxien, ich meine, es verwundert, daß letztere sich nicht irgendwie wild und schnell durch den Weltraum bewegen. Die Galaxien bewegen sich, wie man heute weiß, sehr zivilisiert, ja fast majestätisch langsam durch das All. Beispielsweise fliegen unsere Galaxie und die unserer Galaxie am nächsten gelegene, die Andromeda-Galaxie, aufeinander zu, aber mit einer vergleichsweise geringen Geschwindigkeit von einigen Kilometern in der Sekunde.«

»Meiner Ansicht nach kann die Regularität der kosmischen Bewegungen, die hier zum Ausdruck kommt, kein Zufall sein«, meinte Newton. »Ich könnte mir vorstellen, daß sie auf irgendeine Weise mit dem absoluten Raum zusammenhängt. Vielleicht ist sie sogar identisch mit dem absoluten Raum.«

Ich wollte vermeiden, daß wir uns jetzt auf das sterile Terrain einer Grundsatzdiskussion bezüglich des absoluten Raumes begaben: »Mit Ihrer letzten Vermutung bin ich im Grunde einverstanden. Wir beobachten nun einmal im Kosmos, daß sich die Galaxien in sehr regulärer Weise bewegen und nicht auf irgendwelchen chaotischen Bahnen wild durch den Weltraum reisen. Im Weltraum herrscht mehr Ordnung, als ein unvoreingenommener Beobachter von vornherein annehmen würde. Es ist deshalb vernünftig, ein Koordinatensystem zu benutzen, das diese Bewegungen möglichst einfach beschreibt. Zum Beispiel würde es nicht viel Sinn machen, ein System zu benutzen, in dem alle Galaxien sich um einen Mittelpunkt, den Nullpunkt unseres Systems, drehen,

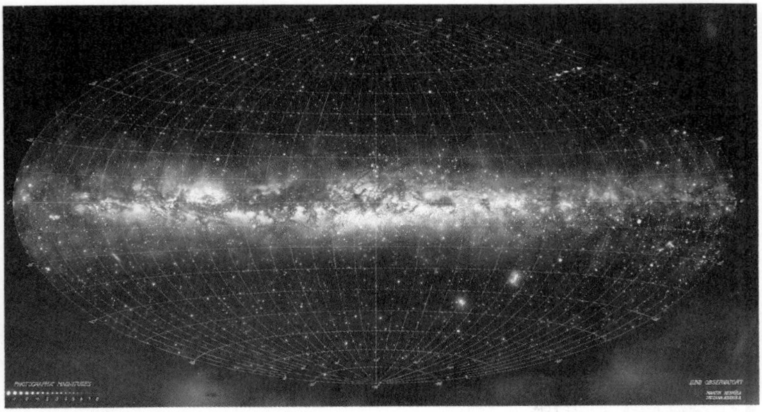

Abb. 3–2 Ein Panorama unserer Milchstraße, unserer Galaxie, konstruiert von K. Lundmark auf der Grundlage von Fotografien der Milchstraße. Auf der linken Seite sieht man den Teil der Galaxie, der sich in den Sternbildern Auriga, Perseus, Cassiopeia und Cygnus befindet. Das Zentrum der Galaxie liegt, von der Erde aus gesehen, im Bereich des Sternbilds Sagittarius. Auf der rechten Seite erstreckt sich die Milchstraße durch die Sternbilder Centaurus, Crux, Carina, Puppis und Canis Major, die nur auf der Südhalbkugel zu sehen sind. Im unteren rechten Teil erkennt man die beiden Magellanschen Wolken, kleine Galaxien, die gewissermaßen Satelliten unserer Galaxie darstellen. Im Februar des Jahres 1987 leuchtete eine Supernova in der Großen Magellanschen Wolke auf.

Das galaktische System von Koordinaten ist ein System, dessen Mittelpunkt mit dem Zentrum der Galaxie zusammenfällt. (Abgedruckt mit Erlaubnis des Lund-Observatoriums, Schweden.)

etwa das System, das durch unseren sich drehenden Planeten Erde definiert wird.

Für uns, die wir auf der Erde leben, vollführen alle Galaxien ebenso wie die Sonne eine Drehbewegung mit der Periode von 24 Stunden. Letztere hat selbstverständlich nichts mit den Galaxien zu tun, sondern ausschließlich mit unserem bescheidenen Planeten. Die Astronomen wissen dies seit langem und beziehen sich deshalb bei ihren Studien der galaktischen Bewegungen auf ein Koordinatensystem, das durch unsere Galaxie bestimmt wird und dessen Nullpunkt durch den Mittelpunkt der Galaxie gegeben ist. Von mir aus könnten wir dieses System als den absoluten Raum festlegen, zumal es sich herausstellt, daß sich in einem solchen System auch die Bewegungen der anderen Galaxien auf eine einfache Weise beschreiben lassen, da letztere sich bezüglich unseres galaktischen Systems nur mit geringen Geschwindigkeiten bewegen.

Einigen wir uns doch zuerst einmal auf diese Definition eines ›absoluten‹ Raumes, auch wenn sie Ihnen vielleicht etwas zu phänomenologisch erscheinen mag und nicht gerade von philosophischer Tiefe strotzt, von religiösen Aspekten ganz zu schweigen. Wir werden nämlich bald sehen, daß in der Relativitätstheorie Fragen ganz anderer Art auftauchen, so daß wir uns sowieso bald wieder mit der Problematik des Raumes beschäftigen müssen.«

Mir war bewußt, daß ich hiermit Newton einiges zumutete, stellte ich doch wesentliche Aspekte seines Weltbildes der Mechanik in Frage. Aber Newton schien begierig, möglichst bald mehr über die Relativitätstheorie zu erfahren, so daß er auf eine Polemik zu diesem Zeitpunkt ganz verzichtete und selbst vorschlug, ohne Umschweife auf die neue Theorie zu sprechen zu kommen.

Mittlerweile war die Zeit fortgeschritten, und wir beschlossen, die Physik erst einmal beiseite zu lassen und in einer nahegelegenen Wirtschaft ein einfaches, aber kräftiges Mittagsmahl einzunehmen.

Beim Mittagessen sprachen wir über eine ganze Reihe von Dingen, die Newton interessierten. Meine Erzählung über die erste Mondlandung hatte ihn neugierig gemacht, und er wollte beispielsweise viel über den Stand der modernen Weltraumforschung erfahren. Nach dem Essen verließen wir das Gasthaus in ausgezeichneter Stimmung. Weder Newton noch ich hatten aber Lust, unseren Dialog über die Physik sofort fortzusetzen. Statt dessen spazierten wir eine Weile vergnügt durch das sonntäglich heitere Cambridge.

4

Dialog über das Licht

Zufällig kamen wir an dem Park hinter dem Trinity College vorbei, in dem ich mich am Morgen ausgeruht hatte. Wir setzten uns an einer ruhigen Stelle auf den Rasen, und mein Begleiter ergriff das Wort.

Newton: In einem der Physikbücher, in die ich bislang hineingeschaut habe, wurde erwähnt, daß die Probleme der Relativitätstheorie eng mit den Eigenschaften des Lichtes verknüpft sind. Lassen Sie uns deshalb zunächst einmal kurz über das Licht sprechen.

Ich habe zu meiner Zeit die Meinung vertreten, daß Licht aus kleinen Teilchen besteht, die sich normalerweise mit sehr großer Geschwindigkeit durch den Raum bewegen. Durch das genaue Studium der Bewegung der Jupitermonde hat man diese Geschwindigkeit, genauer die Geschwindigkeit der Lichtteilchen gegenüber dem absoluten Raum, zu ungefähr 300000 km/s bestimmt. Ich sage bewußt ungefähr, denn es handelt sich hier nur um eine grobe Abschätzung der Lichtgeschwindigkeit, die in jedem Fall sehr groß ist, aber im Einzelfall noch von der Geschwindigkeit der Lichtquelle und von anderen Gegebenheiten abhängen würde.

Haller: Moment mal. Heutzutage ist die Lichtgeschwindigkeit sehr genau bestimmt. In einer Sekunde legt ein Lichtstrahl die Entfernung von 299792458 m zurück – man kennt heute diese Geschwindigkeit bis auf etwa einen Meter in der Sekunde.

Newton: Das ist ja eine phantastische, kaum faßbare Genauigkeit. Bei Gelegenheit müssen Sie mir unbedingt erklären, mit welchen raffinierten Meßmethoden man das geschafft hat. Zunächst aber interessiert mich folgendes: Nehmen wir einmal an, ich leuchte mit einer Taschenlampe in die Richtung des Turmes, den Sie da drüben sehen. Die Lichtteilchen bewegen sich also mit einer Geschwindigkeit, die wir c nennen wollen, von hier zum Turm. Auf jeden Fall wird diese Geschwindigkeit in der Nähe von 300000 km/s sein. Jetzt nehme ich die Lampe und laufe schnell davon, also vom Turm weg.

Da die Lichtteilchen mit der Geschwindigkeit c von der Lampe wegfliegen, sich letztere aber mit einer Geschwindigkeit von, sagen wir, 5 Metern in der Sekunde bewegt, sehen Sie die Lichtteilchen nicht mit der Geschwindigkeit c an sich vorüberfliegen, sondern mit der Geschwindigkeit c minus 5 m/s.

Umgekehrt verhält es sich, wenn ich zum Turm hin laufe. Da ist die Geschwindigkeit der Lichtteilchen relativ zu einem ruhenden Beobachter sogar größer als c, nämlich c plus 5 m/s.

Zu meiner Zeit ist es mir nie in den Sinn gekommen, daß es je möglich sein würde, die Geschwindigkeit des Lichtes bis auf einen Meter in der Sekunde zu bestimmen. Vorhin aber gaben Sie die Lichtgeschwindigkeit bis auf einen Meter in der Sekunde an. Man wäre also heute in der Lage, geringe Unterschiede in den Lichtgeschwindigkeiten von der Größenordnung von ein paar Metern in der Sekunde festzustellen.

Welche Geschwindigkeit meinten Sie denn vorhin: die Geschwindigkeit der Lichtteilchen bezüglich der Lampe oder bezüglich eines bestimmten Beobachters?

Haller: Ich meine damit immer die eben erwähnte Geschwindigkeit des Lichtes, die wir ja stets mit dem Buchstaben c bezeichnen. Wenn immer man die Geschwindigkeit des Lichtes mißt, findet man die Geschwindigkeit c, die ich vorhin genau angab. Niemals findet man eine andere Geschwindigkeit. Die Lichtgeschwindigkeit ist gewissermaßen eine Naturkonstante.

Newton: Aber das ist doch absurd, völlig undenkbar. Als Physiker sollten Sie wissen, daß eine Geschwindigkeit niemals eine Naturkonstante sein kann, da jede Geschwindigkeit vom Beobachter abhängt. Die Geschwindigkeit des Lichtes, das von einem fahrenden Schiff oder von einem dieser schnell fahrenden Autos auf den

Straßen abgestrahlt wird, kann deshalb nicht gleich der Geschwindigkeit der Lichtteilchen sein, die von einer ruhenden Lampe abgestrahlt werden.

Wenn Sie behaupten, die Lichtteilchen würden überall gleich schnell fliegen, so ist das genauso absurd wie die Behauptung, alle Kanonenkugeln würden gleich schnell fliegen, unabhängig vom Beobachter. Das würde nicht nur den Gesetzen widersprechen, die ich in meinen »Principia« formuliert habe, sondern auch dem gesunden Menschenverstand.

Haller: Ich stimme mit Ihnen überein – meine Behauptung steht in der Tat im Widerspruch zu Ihren Gesetzen und auch zu dem, was Sie gerade als den gesunden Menschenverstand bezeichnet haben. Trotzdem ist meine Behauptung wahr – das Licht bewegt sich überall gleich schnell. Was ich Ihnen hiermit sage, entspringt nicht meiner Phantasie, sondern ist eine experimentelle Tatsache.

Newton: Wann wurden diese Experimente gemacht und von wem?

– Newton, der sehr erregt gesprochen hatte, konnte es kaum erwarten, mehr Einzelheiten zu hören, denn er wußte: Es bestand die Gefahr, daß sein Gedankengebäude der Mechanik nicht in der Lage wäre, derartige experimentelle Befunde unterzubringen. Ich ließ mir einige Augenblicke Zeit mit der Antwort.

Haller: Bevor ich zu den Experimenten komme, möchte ich noch einiges bezüglich der Natur des Lichtes nachtragen. Vorhin sprachen Sie von den Lichtteilchen, die es übrigens wirklich gibt und die neuerdings Photonen genannt werden.

Newton: Was heißt hier »wirklich gibt« – ich habe bereits in meinen »Principia« von diesen Teilchen, den Photonen, gesprochen. Allerdings muß ich gestehen – aber das sage ich Ihnen vertraulich –, daß ich mir nicht absolut sicher war. Gewisse Erscheinungen des Lichtes, zum Beispiel Beugungserscheinungen des Lichtes an einem engen Spalt, konnte ich mit meiner Lichthypothese nicht verstehen.

Einige Naturforscher auf dem Kontinent, vor allem in Holland und in Frankreich, konnten sich ja mit meiner Theorie überhaupt nicht anfreunden und behaupteten sogar, das Licht würde nicht aus Teilchen bestehen, sondern aus Wellen, die sich dann in irgendeinem Medium ausbreiten müßten, eine Art Äther, der den ganzen Weltraum erfüllt. Diese Wellentheorie hatte durchaus gewisse sympathische Züge, abgesehen von der Vorstellung eines Äthers, mit der ich mich nicht anfreunden konnte. Eventuell hätte ich letzteren sogar akzeptiert, wenn ich irgendeine Möglichkeit gesehen hätte, die Wellentheorie und meine Teilchentheorie zu vereinen – eine Art Kompromiß. Ich habe lange nach einem solchen gesucht, die Sache aber dann aufgegeben, mit Recht, wie mir scheint, denn Sie sagten ja vorhin selbst, daß sich in der Folge meine Theorie der Lichtteilchen als richtig erwiesen hat.

Haller: Nicht so hitzig, Sir Isaac! Zwar weiß man heute aufgrund vieler experimenteller Untersuchungen, daß das Licht in der Tat aus kleinsten Teilchen besteht, also den Photonen, aber das bedeutet noch längst nicht, daß Sie mit Ihrer Lichttheorie wirklich recht behalten haben. Der Kompromiß, von dem Sie sprachen, fand in der Tat statt. Er wurde im Jahre 1905 von einem jungen Physiker geschlossen, der in Bern, also in meiner Heimatstadt, am Patentamt arbeitete – übrigens derselbe Physiker, der ebenfalls 1905 die Grundlagen der Relativitätstheorie schuf.

Newton: Meine Hochachtung. Wie heißt dieser Mann?

Haller: Albert Einstein. Wir werden in der Folge noch viel von ihm hören. Einstein war der wohl bedeutendste Naturforscher des 20. Jahrhunderts – er starb 1955 in Amerika.

Newton: Dieser Einstein interessiert mich – aber erzählen Sie mir ein anderes Mal, vielleicht morgen, mehr über ihn. Im Moment möchte ich gern wissen, wie denn Einstein den Welle-Teilchen-Kompromiß, den wir erwähnten, im Detail geschlossen hat.

Haller: Ich fürchte, so ganz im Detail kann ich das jetzt nicht darlegen, zumal die damit zusammenhängenden Probleme nicht direkt mit der Relativitätstheorie zu tun haben, die wir ja zunächst ins Visier nehmen wollen. Aber lassen Sie mich die Angelegenheit kurz folgendermaßen beschreiben: Im Verlauf des 18. und 19. Jahrhunderts hatte sich langsam die Wellentheorie des Lichtes durchgesetzt.

Newton: Also doch, ich dachte es mir fast.

– Newton schaute mich gespannt an. Er war in keiner Weise enttäuscht, sondern schien meine Worte ruhig und gelassen hinzunehmen.
Haller: Wenn man annimmt, daß das Licht sich wellenförmig ausbreitet, etwa wie eine Schallwelle oder eine Wasserwelle auf einem See, kann man eine ganze Menge der Erscheinungen des Lichtes verstehen, insbesondere auch die Beugungserscheinungen, von denen Sie bereits sprachen. Mehr noch, man kann zum Beispiel auch Details der Lichtführung durch ein kompliziertes Teleskop berechnen. Auf diese Weise ist es gelungen, Teleskope mit sehr großer Auflösung zu bauen, die sich vor allem in der Astronomie bewährt haben. Kurzum, gegen Ende des 19. Jahrhunderts zweifelte niemand mehr daran, daß das Licht eine Wellenerscheinung ist. Dann aber entdeckte man merkwürdige Phänomene, insbesondere beim Studium der Atome.
Newton: Über Atome brauchen wir jetzt nicht zu reden. In den letzten Tagen habe ich mich eine ganze Weile mit der Atomtheorie befaßt. Großartig, wie die Leute immer tiefer in die Materie eingedrungen sind und letztlich die Atome als kleinste Bausteine der chemischen Elemente identifiziert haben.

Sind Sie etwa überrascht, daß ich mich mittlerweile ein bißchen mit den Atomen auskenne? Ich weiß, daß ein Atom aus kleineren Bestandteilen besteht, dem Kern und der Hülle, die von speziellen Teilchen, den Elektronen, aufgebaut wird. Auch habe ich mich schon ein wenig mit den elektrischen Kräften befaßt, die ja letztlich dafür sorgen, daß die Bausteine eines Atoms überhaupt zusammenhalten.

Allerdings verstehe ich noch eine ganze Menge bei den Atomen nicht, zum Beispiel die Tatsache, daß manche Atomkerne so schwer sind. Meiner Ansicht nach müßten die Kerne auch wieder aus kleineren Teilchen aufgebaut sein. Dann allerdings stellt sich die Frage, welche Kräfte es sind, die diese Teilchen zusammenhalten, denn ich glaube nicht, daß das elektrische Anziehungskräfte sein können. Dafür sind die Kerne zu stabil. Ich würde vermuten, daß es da noch eine weitere Kraft gibt, eine Art Atomkernkraft, die nichts mit elektrischen Kräften zu tun hat.

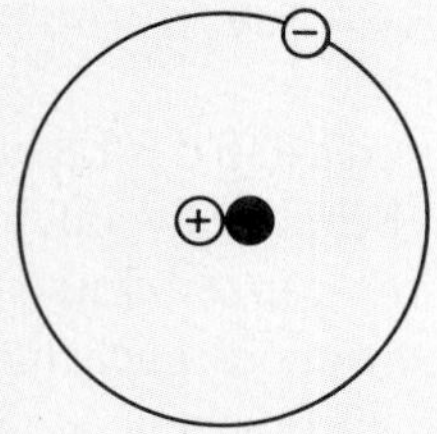

Abb. 4–1 Das schematische Bild eines Atoms, hier des Atoms des schweren Wasserstoffs. Es besteht aus einem Atomkern, der positiv elektrisch geladen ist und hier aus einem Proton mit positiver Ladung und einem elektrisch neutralen Neutron (schwarzer Kreis) besteht, und einer Hülle, die sich in diesem Fall aus einem Elektron zusammensetzt. Das Elektron bewegt sich um den Kern. Der Zusammenhalt des Atomverbandes wird durch die elektrischen Anziehungskräfte zwischen Hüllenelektron und Kern gewährleistet.

Kompliziertere Atome enthalten mehrere Elektronen und Atomkerne, die aus einer Reihe von Protonen und Neutronen bestehen. Der Kern des einfachsten Atoms, des normalen Wasserstoffatoms, besteht aus nur einem Proton.

Haller: Mit Ihrer Vermutung, daß die Kerne aus noch kleineren Bausteinen bestehen, haben Sie völlig recht. Es gibt diese Kernbauteilchen, genannt Nukleonen, tatsächlich. Übrigens werden diese Teilchen nicht durch elektrische Kräfte zusammengehalten, sondern, wie von Ihnen ebenfalls richtig vermutet, durch neue Kräfte, die viel stärker als die elektrischen Kräfte sind und deshalb auch als starke Kernkräfte oder manchmal als starke Wechselwirkung bezeichnet werden.

– Newton, der sehr interessiert zuhörte, genoß es sichtlich, daß ich seine Vermutungen eine nach der anderen bestätigte.

Haller: Kommen wir aber zurück zum Licht, speziell zu der Frage, wie man heute die Lichterscheinungen mit Hilfe des Dualismus von Teilchen und Wellen beschreibt. Vor einiger Zeit schrieb ein Freund von mir über diese Fragen einen kleinen Artikel in einer

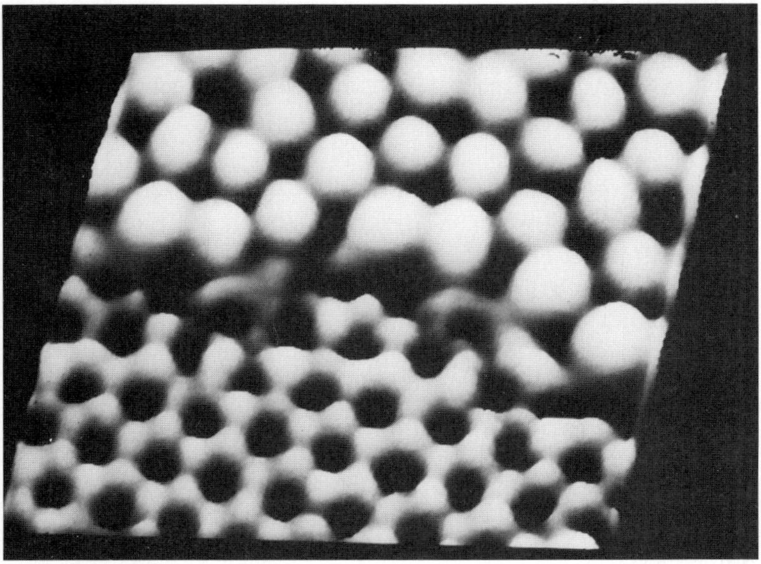

Abb. 4–2 Mit modernen Meßmethoden ist man heute in der Lage, die Atome »sichtbar« zu machen. In der Abbildung ist eine Aufnahme zu sehen, die mit dem Rastertunnelmikroskop angefertigt wurde. Deutlich sind die Atomstrukturen zu erkennen – es handelt sich um Silizium- und Silberatome. In Wirklichkeit »sieht« man die Atome nicht, sondern man ertastet die Atomstrukturen, genauer die Kraftfelder der aus Elektronen aufgebauten Atomhüllen, mit einer feinen Sonde, wobei ein Effekt der Quantenphysik, der Tunneleffekt, ausgenutzt wird. (Aufnahme: R. Wilson, IBM-Almaden Research Laboratory, San José, Kalifornien)

populären Zeitschrift. Ich würde vorschlagen, daß Sie zunächst einmal einen Blick auf diesen Artikel werfen. Vielleicht finden wir die Zeitschrift in der Bibliothek hier im College.

Newton: Einverstanden. Ich sehe, Sie sind offensichtlich der Meinung, daß ich diesen Artikel ohne weiteres verstehen kann, trotz der drei Jahrhunderte, die uns voneinander trennen.

Haller: Darüber mache ich mir überhaupt keine Sorgen, denn der Artikel wurde für Laien auf dem Gebiet der Physik geschrieben, und ein Laie des 20. Jahrhunderts dürfte immer noch weitaus grö-

ßere Schwierigkeiten haben, ihn zu verstehen, als der führende Physiker des 17. und 18. Jahrhunderts.
Newton: Also gut, machen wir uns auf die Suche nach Ihrem Artikel.

In der gut organisierten Bibliothek des College hatten wir Glück, denn bereits nach wenigen Minuten hielt ich das Exemplar der Zeitschrift in der Hand. Newton machte sich sogleich an die Lektüre, während ich die Zeit zu einem kleinen Gang durch die Stadt nutzen wollte. Ich vereinbarte mit Newton, daß wir uns nach etwa zwei Stunden am Brunnen im Hof wieder treffen würden.

[Auf keinen Fall möchte der Verfasser riskieren, daß der Leser den Faden in unserer Geschichte verliert, weil er vielleicht nicht in der Lage ist, die Zeitschrift mit dem fraglichen Artikel aufzufinden. Aus diesem Grunde sei der Artikel hier wiedergegeben. Der Leser möge Nachsicht üben, wenn er in ihm einiges antrifft, was schon vorher in der Diskussion mit Newton zur Sprache kam.]

Newtons Lektüre: »Was ist Licht?«

Wir schreiben das Jahr 1904. In Bern, der Hauptstadt der Schweiz, arbeitet am staatlichen Patentamt ein junger, fünfundzwanzigjähriger Beamter namens Albert Einstein an der Überprüfung neuer Patentanmeldungen.

Trotz zahlreicher Dienstaufgaben fand Einstein noch Zeit und Muße, um über diejenigen physikalischen Probleme nachzudenken, die ihn schon seit seiner Studentenzeit in Zürich beschäftigten, darunter auch über die Fragen des Lichtes.

Seit Jahrzehnten beobachtete man in den Experimenten ungewöhnliche Effekte, die niemand verstand, auch Einstein nicht. Aber er spürte, daß er einer Lösung der Probleme zustrebte – einer Idee, die zum Ausgangspunkt einer tiefgreifenden Veränderung unseres physikalischen Weltbilds werden sollte.

Schon seit langem beschäftigten sich die Physiker mit dem Licht. Und das aus gutem Grund: Neben den Stoffen unserer Um-

Abb. 4–3 Albert Einstein an seinem Arbeitsplatz im Berner Patentamt (Aufnahme wahrscheinlich aus dem Jahre 1905). (Foto: Einstein-Archiv, mit Erlaubnis der AIP Niels Bohr Library)

gebung, also der Materie, ist Licht die auffälligste Erscheinung, die uns täglich begegnet.

Was ist Licht? Ist es eine besondere Art von Materie? Ist es ein Stoff? Einer der ersten Physiker, die tiefer über das Licht nachdachten, war der Engländer Sir Isaac Newton. In seinem gegen Ende des 18. Jahrhunderts veröffentlichten Hauptwerk vertrat Newton die Meinung, Licht bestehe aus kleinen materiellen Teilchen. Überzeugend war Newtons Theorie jedoch nicht. Was wird zum Beispiel aus den Lichtteilchen, wenn Licht von einem Körper absorbiert wird? Werden die Lichtteilchen von der Materie »verschluckt«?

Eine andere Auffassung vom Licht hatte einer von Newtons Zeitgenossen, der Holländer Christiaan Huygens. Er glaubte, Licht sei wie der Schall eine Wellenerscheinung, wobei sich die Lichtwellen in einem besonderen, den ganzen Raum durchdringenden Medium, dem Äther, ausbreiten.

In der Tat kann man auf diese Weise viele Eigenschaften des Lichtes, zum Beispiel die Brechung von Licht beim Eintritt in Wasser oder Glas, verstehen – ein Phänomen, das beim Fernrohr ausgenutzt wird. So setzte sich die Huygenssche Idee letztlich im vergangenen Jahrhundert durch.

Wahre Triumphe feierte die Wellentheorie des Lichtes, als man nachwies, daß Licht nichts anderes ist als der Sonderfall einer elektromagnetischen Welle. Dieser Beweis gelang gegen Ende des vergangenen Jahrhunderts dem deutschen Physiker Heinrich Hertz. Elektromagnetische Wellen, zum Beispiel die von einem Sender abgestrahlten Radiowellen, unterschieden sich vom sichtbaren Licht nur in der entsprechenden Wellenlänge. Damit gelang es, zwei große Teilgebiete der Naturwissenschaft, die Elektrizitätslehre und die Optik, zu vereinigen.

Das menschliche Auge registriert nur einen sehr kleinen Bereich von elektromagnetischen Wellen, nämlich jene mit einer Wellenlänge im Bereich zwischen 0,38 und 0,78 eines Tausendstels eines Millimeters, wobei das langwellige Ende dieses Bereichs dem roten Licht entspricht und das kurzwellige Ende dem blauen Licht. Alle anderen elektromagnetischen Wellen sind unsichtbar, zum Beispiel Röntgenstrahlen, deren Wellenlänge etwa nur ein Tausendstel der Wellenlänge des sichtbaren Lichts ist, oder Radiowellen mit einer Wellenlänge zwischen einem Meter und einigen Kilometern.

Ausgangspunkt von Einsteins Überlegungen im Jahre 1905 war die Atomphysik. Materie besteht aus kleinsten Bausteinen, den Atomen, die ihrerseits aus noch kleineren Teilchen, den Elektronen und den Atomkernteilchen, zusammengesetzt sind. Elektronen sind die Träger elektrischer Ladungen. Ein in einem Draht fließender elektrischer Strom ist zum Beispiel nichts anderes als ein Strom von Elektronen, die sich durch den Draht bewegen, gewissermaßen von Atom zu Atom hüpfend.

Einstein fand es unbefriedigend, daß Materie einerseits aus Atomen besteht, also eine körnige Struktur aufweist, während man andererseits annahm, daß Licht als elektromagnetische Welle eine stetige Erscheinung war. Wie sollte man sich dann die Wechselwirkung zwischen Atomen und Licht vorstellen?

Heinrich Hertz, der Entdecker der elektromagnetischen Wellen, beobachtete als erster den seltsamen Effekt, über den Einstein sich Jahrzehnte später zu wundern begann. Wenn Licht auf eine Metallplatte fällt, so kann es passieren, daß Elektronen aus dem Metall herausgeschlagen werden. Man nennt dieses Phänomen den Photoeffekt. Er hat in der Technik ein breites Anwendungsfeld gefunden, zum Beispiel beim Belichtungsmesser einer Kamera. Das einfallende Licht löst aus einer Metalloberfläche Elektronen heraus. Der Strom dieser Elektronen wird gemessen. Je stärker das einfallende Licht ist, um so größer ist der angezeigte Strom, und um so kürzer kann die Belichtungszeit beim Fotografieren sein.

Mittels Lichteinfall kann man Atome auch »anregen«, so daß sie noch nach längerer Zeit »leuchten«, z. B. die Leuchtziffern einer Uhr.

Warum werden überhaupt Elektronen aus dem Metall herausgelöst? Wie jede elektromagnetische Welle enthält auch eine Lichtwelle Energie. Diese Energie wird gewissermaßen vom Metall »verschluckt«. In der Natur geht Energie allerdings nie verloren, auch nicht beim Photoeffekt. Die Energie findet sich wieder in den schnell bewegten Elektronen, die aus der Metalloberfläche

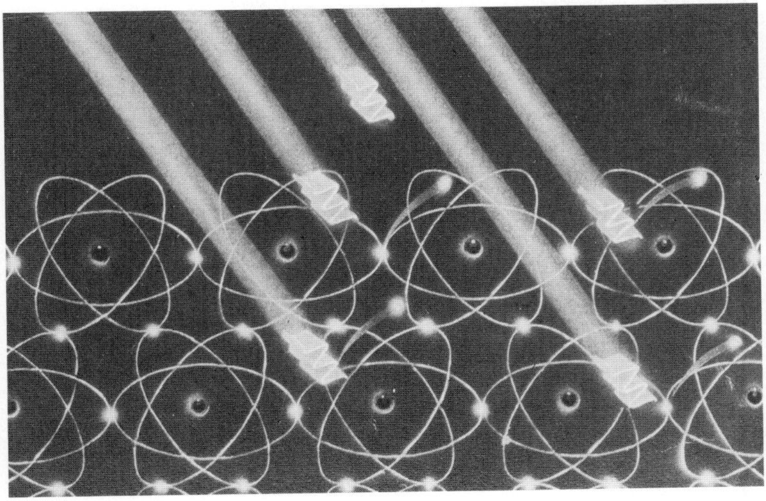

Abb. 4–4 Der Photoeffekt: Die Photonen treffen auf eine Metalloberfläche und schlagen aus den Atomen Elektronen heraus, die bei einer angelegten Spannung als Strom fließen. Auf diese Weise funktioniert der Belichtungsmesser einer Kamera.

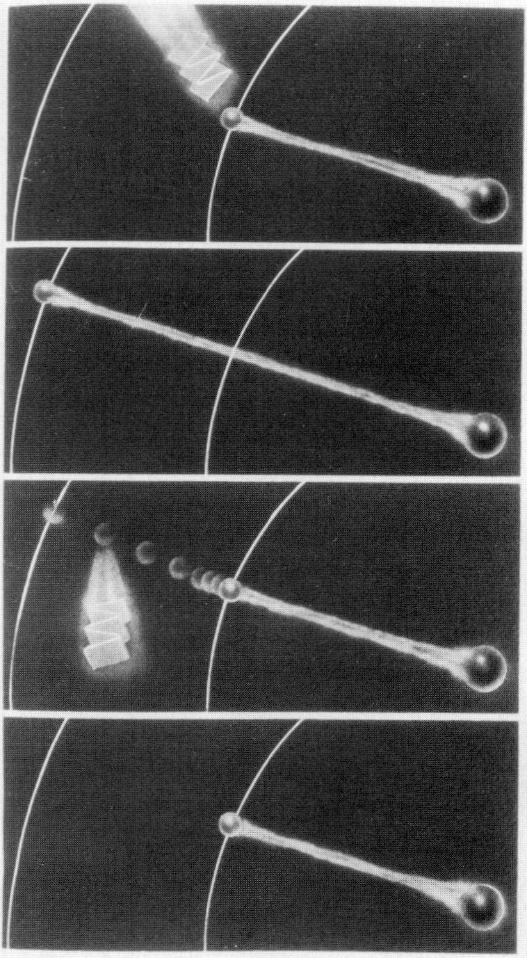

So bringen Photonen Atome zum Leuchten: Ein Photon trifft auf ein Elektron, das den Atomkern auf einer inneren Bahn umkreist.

Dieses Elektron »schluckt« das Photon und benutzt den Energiezuwachs, um auf eine »höhere« Umlaufbahn zu springen.

Auf dieser höheren Bahn bleibt es jedoch nicht lange, sondern fällt wieder auf die alte, energieärmere Bahn zurück.

Beim Zurückfallen gibt es die Energiedifferenz zwischen innerer und äußerer Bahn als Photon ab.

Abb. 4–5

sofort nach dem »Lichtbombardement« herausgeschleudert werden.

Man könnte erwarten, daß die Elektronen das Metall sehr schnell verlassen, also eine große Energie haben, wenn das einfallende Licht sehr intensiv ist, und andererseits recht langsam, wenn das einfallende Licht nur schwach ist, denn je stärker das Licht scheint, um so größer ist die zur Verfügung stehende Energie.

Die Beobachtungen der Physiker ergaben ein unerwartetes Resultat. Man fand, daß sich die Geschwindigkeit der ausgesandten Elektronen in keiner Weise ändert, wenn man die Intensität der Lichtstrahlung erhöht, wohl aber die Zahl der Elektronen. Bestrahlen wir das Metall mit Licht, das hundertmal so intensiv ist wie zuvor, so erhalten wir hundertmal soviel abgestrahlte Elektronen wie vor der Erhöhung. An der Energie oder der Geschwindigkeit der Elektronen ändert sich jedoch nichts.

Wohl aber kann man die Geschwindigkeit der Elektronen verändern, wenn man die Wellenlänge des einfallenden Lichtes ändert. Wenn man zum Beispiel blaues Licht statt rotem Licht benutzt, so werden die Elektronen mit höherer Geschwindigkeit aus dem Metall herauskatapultiert als bei rotem Licht, selbst wenn hierbei die Intensität des Lichtes verringert wird. Die Physiker standen vor einem Rätsel.

Offensichtlich überträgt das auf eine Metalloberfläche auftreffende Licht seine Energie auf die herausgeschleuderten Elektronen in ganz spezifischer Weise. Jedes Elektron erhält eine wohlbestimmte Menge von Energie, die überhaupt nicht von der Intensität des Lichtes abhängt, wohl aber von der Wellenlänge. Es sieht so aus, als würde sich die Energie eines Lichtstrahls aus vielen kleinsten »Lichtatomen« zusammensetzen. Genau diese Vorstellung war es, die Albert Einstein im Jahre 1905 der erstaunten Fachwelt vorschlug und für die er im Jahre 1921 den Nobelpreis für Physik erhielt.

Einsteins Theorie des Lichtes besagt, daß das Licht eine Wellenerscheinung ist, bei der jedoch die Energie immer nur in wohldefinierten Bündeln transportiert wird. Einstein selbst sprach von kleinsten »Lichtatomen«, kleinsten »Lichterbsen«, die er als

Photonen, die Teilchen des Lichtes, bezeichnete. Nicht nur die normale Materie besteht also aus kleinsten Elementarteilchen, sondern auch das Licht.

Besorgt mag man sich jetzt die Frage stellen: Ist nun Licht eine Wellenerscheinung oder ein Teilchenphänomen? Wie soll man sich ein Photon vorstellen? Wer hat letztlich recht: Huygens oder Newton? Einsteins Antwort hierauf war: sowohl als auch. Die Ausbreitung des Lichtes ist sowohl ein Wellenprozeß als auch ein Teilchenprozeß. Man kann sich diesen Sachverhalt zum Beispiel dadurch verdeutlichen, daß man die Wellen einer Lichtwelle aufteilt in kurze Wellenzüge, die den Photonen entsprechen, in kleine Wellen- und Energiepakete, die mit Lichtgeschwindigkeit unermüdlich durch den Raum eilen.

Die Energie eines Photons ist nur von der Wellenlänge des Lichtes abhängig. Je kürzer die Wellenlänge, um so größer die Photonenenergie. Die Photonen des roten Lichts sind also energieärmer als die Photonen des blauen Lichts.

Die Energie eines »blauen« Photons ist etwa drei Elektronenvolt. (Ein Elektronenvolt, abgekürzt eV, ist die Energie, die ein Elektron aufnimmt, wenn es sich zum Beispiel vom Minuspol einer 1-Volt-Taschenlampenbatterie zum Pluspol bewegt. Wegen der Kleinheit der Elektronenmasse ist diese Energie äußerst gering.) Die Energie eines »roten« Photons ist nur etwa halb so groß: 1,5 eV. Unser Auge kann nur Photonen im Energiebereich zwischen 1,5 und 3 eV registrieren.

Die Photonen von Radiowellen sind entsprechend energieärmer. Zum Beispiel können wir die Energie der Photonen bestimmen, die von einer Sendestation ausgestrahlt werden, die im 41 m Band der Kurzwelle sendet. Die Wellenlänge (41 m) ist etwa hundertmillionenmal größer als die Wellenlänge des blauen Lichtes. Demzufolge ist die Photonenenergie hundertmillionenmal kleiner als die Energie der »blauen« Photonen (etwa 3 eV).

Die Photonen der Röntgenstrahlung haben eine Energie, die etwa 1000mal so groß ist wie die Energie der sichtbaren Photonen. Deshalb sind sie in der Lage, die menschlichen Körper zu durchdringen, eine Eigenschaft, die in weiten Bereichen der Medizin ausgenutzt wird. Die Photonen der Röntgenstrahlung können auch Schäden im menschlichen Zellgewebe verursachen.

Die Energie von Photonen kann beliebig hoch sein. Photonen mit einer Energie von mehr als 10000 eV nennt man Gamma-Quanten. Sie sind die »Bausteine« der Gammastrahlung, die man oft bei Experimenten in der Kernphysik beobachtet. Auch ein Atomreaktor sendet eine intensive Gammastrahlung aus, die man mit Hilfe starker Wände aus Blei und Beton abschirmen muß. Die verheerende Wirkung einer Atom- oder Wasserstoffbombe erklärt sich nicht zuletzt als Folge der intensiven Gammastrahlung, die bei der Explosion der Bombe durch Reaktionen der Atomkernteilchen miteinander erzeugt wird.

Einsteins Idee erklärt sehr einfach, warum die Energie der Elektronen beim Photoeffekt nicht mit wachsender Lichtintensität zunimmt. Wenn ein Photon auf die Metalloberfläche aufprallt, wird seine Energie von einem Elektron aufgenommen. Hierbei wird das Elektron beschleunigt und aus dem Metall herausgeschleudert. Die Geschwindigkeit des wegfliegenden Elektrons ist durch die Energie des Photons festgelegt.

Erhöhen wir die Lichtintensität, so bedeutet dies einfach, daß mehr Photonen auf das Metall auftreffen. Als Folge erhöht sich nur die Anzahl der herausgerissenen Elektronen, nicht aber deren Geschwindigkeit. Verringern wir jedoch die Wellenlänge des einfallenden Lichtes, indem wir zum Beispiel blaues statt rotes Licht verwenden, so erhöhen wir die Energie der Photonen und somit die Energie der abgestrahlten Elektronen. Einsteins Idee klärt damit das Rätsel des Photoeffekts.

Als Einstein seine Hypothese der Lichtatome, also der Photonen, vorschlug, fand er nur wenig Gegenliebe bei seinen Fachkollegen. Bei der Wahl Einsteins in die Preußische Akademie der Wissenschaften ließ zum Beispiel Max Planck, der den Antrag formulierte, seine Kritik erkennen, indem er um Nachsicht dafür bat, daß Einstein, obwohl ein sehr bedeutender Physiker, »in seinen Spekulationen gelegentlich auch einmal über das Ziel hinausgeschossen haben mag«. Als Beispiel nannte Planck die Hypothese der Photonen.

Heute besteht nicht der geringste Zweifel mehr an der Existenz der Photonen. Sie sind Elementarteilchen ebenso wie die Elektronen oder die Teilchen der Atomkerne. Mit modernen Meßmethoden kann man einzelne Photonen ohne weiteres nachweisen. Man hat festgestellt, daß sogar die Netzhaut des menschlichen Auges, die im Grunde nichts weiter ist als ein Nachweisgerät für Photonen, in der Lage ist, einzelne Photonen des sichtbaren Lichts zu registrieren, also die sehr kleine Energiemenge von mehreren Elektronenvolt.

Ein überzeugender Beweis für Einsteins Hypothese wurde von dem amerikanischen Physiker Arthur Compton erbracht. Compton nahm Einsteins Idee sehr ernst und interessierte sich insbesondere für die Reaktionen von Photonen mit Elektronen. Wenn Photonen in der Tat Elementarteilchen sind, wie die Elektronen, so müßte man auch Zusammenstöße von Photonen mit Elektronen beobachten. Diese Zusammenstöße würden den Zusammenstößen der Kugeln auf einem Billardtisch ähneln. Nehmen wir an, wir spielen Billard mit zwei verschiedenen Arten von Kugeln – kleinen weißen Kugeln und größeren schwarzen Kugeln.

Eine der weißen Kugeln trifft seitwärts auf eine ruhende schwarze Kugel. Das Resultat wird sein: Die kleine weiße Kugel wird seitlich abgelenkt und rollt mit etwas verringerter Geschwindigkeit zur Seite. Gleichzeitig setzt sich die schwarze Kugel in Bewegung und rollt davon. Die Geschwindigkeit und damit die Energie der weißen Kugel ist nach der Kollision kleiner als vorher, da ein Teil der Energie auf die schwarze Kugel übertragen wird.

Arthur Compton, im übrigen ein überaus realistisch veranlagter Physiker, verglich die weißen Kugeln mit den Photonen und die schwarzen Kugeln mit den Elektronen. Elektronen, die Bausteine der Atomhüllen, gibt es in jedem Stück Materie in großen Mengen. In guter Näherung kann man annehmen, daß die Elektronen in den Atomen ruhen.

Wenn wir ein Stück Materie mit Photonen möglichst hoher Energie bestrahlen, so kann es passieren, daß ein Photon mit einem Elektron zusammentrifft und dabei in seiner Bewegungsrichtung abgelenkt wird. Gleichzeitig erhält das getroffene Elektron einen Stoß, so daß es mit ansehnlicher Geschwindigkeit aus dem Stück Materie herausgeschleudert wird und durch einen Teilchenzähler nachgewiesen werden kann. Beim Zusammenprall mit dem Elektron verliert das Photon einen Teil seiner Energie. Seine Wellenlänge ändert sich also.

Diese Änderung der Wellenlänge und der Energieverlust der Photonen wurden von Compton im Experiment festgestellt. Für seine Experimente benutzte er Photonen der Röntgenstrahlung. Compton bestrahlte mit seinem »Röntgenlicht« normale Materie, zum Beispiel ein Stück Aluminium. Durch die Zusammenstöße mit den Elektronen wurden die »Röntgenphotonen« zur Seite abgelenkt und verloren hierbei ihre Energie. Sowohl die Ablenkung der Röntgenphotonen als auch ihren Energieverlust hat Compton genau gemessen. Die Resultate waren eine glänzende Bestätigung der Theorie Einsteins.

Die von Compton erforschten Kollisionen von Photonen mit Elektronen zeigen in überzeugender Weise auf, daß die Photonen ebenso wie die Elektronen kleinste Teilchen sind, und die Frage drängt sich auf: Was ist überhaupt der Unterschied zwischen den Photonen einerseits und den Materieteilchen wie Elektronen oder Atomkernen andererseits?

Ein wichtiger Unterschied findet sich in den Geschwindigkeiten, mit denen sich die Teilchen in der Natur bewegen. Ein normales Stück Materie, etwa ein Stein, kann sich entweder in Ruhe befinden oder sich mit einer bestimmten Geschwindigkeit auf uns zu oder von uns weg bewegen. Diese Geschwindigkeit kann allerdings nicht beliebig groß sein. Die Gesetze der Physik legen fest, daß Materie sich niemals mit einer Geschwindigkeit bewegen kann, die die Geschwindigkeit des Lichtes übertrifft.

Im leeren Raum bewegt sich das Licht mit einer Geschwindigkeit von ziemlich genau 300000 km in der Sekunde. Die Photonen bewegen sich mit derselben Geschwindigkeit, unabhängig von der Energie. Ein Photon des sichtbaren Lichts und ein Röntgenphoton bewegen sich also beide mit Lichtgeschwindigkeit, obwohl das Röntgenphoton eine viel höhere Energie besitzt. Ein Photon, das durch eine Atomkernreaktion auf der Sonne erzeugt wird, braucht etwa acht Minuten, um von der Sonne zur Erde zu gelangen.

Die Lichtgeschwindigkeit ist damit eine universelle Größe in der Natur. Sowohl hier auf der Erde, im Raum zwischen Sonne und Erde und in den weiten Räumen zwischen den Galaxien bewegen sich Photonen stets mit etwa 300000 km in der Sekunde. Dies ist eine spezielle Eigenschaft der Photonen.

Bei den anderen Elementarteilchen, zum Beispiel beim Elektron, ist es anders. Sie verhalten sich ebenso wie ein größeres Stück Materie. Wie ein Stein kann ein Elektron sich in Ruhe befinden oder sich mit ganz verschiedenen Geschwindigkeiten durch den Raum bewegen, nur muß diese Geschwindigkeit kleiner als die Lichtgeschwindigkeit sein. In den modernen Laboratorien der Elementarteilchenphysiker kann man Elektronen mit Hilfe komplizierter elektrischer und magnetischer Felder fast auf Lichtgeschwindigkeit beschleunigen, etwa auf 99,9 % der Lichtgeschwindigkeit. Die Geschwindigkeit des Lichtes erreicht man jedoch nie. Ein solcher Beschleuniger, das Stanford Linear Accelerator Center in Kalifornien, ist in der Abbildung zu sehen.

Die universelle Bedeutung der Lichtgeschwindigkeit hat zuerst Albert Einstein im Jahre 1905 erkannt. Seine Theorie der Relativität ist ebenso wie die Photonentheorie ein Produkt des für die Physik sehr ertragreichen Jahres 1905.

Was ist der tiefere Grund für den eben erläuterten Unterschied zwischen Photonen und Elektronen? Er findet sich in der Masse dieser Teilchen. Das Elektron ist ein Elementarteilchen, dessen sehr winzige Masse etwa 10^{-27} Gramm beträgt. Seiner Masse hat das Elektron zu verdanken, daß es überhaupt in Ruhe existieren kann.

Photonen hingegen sind masselose Teilchen. Sie tragen zwar Energie, können aber nicht in Ruhe existieren. Ein Photon ist aufgrund seiner Masselosigkeit gezwungen, sich ständig mit Lichtgeschwindigkeit durch den Raum zu bewegen.

Damit erhält die Masse eines Elementarteilchens eine wichtige Bedeutung. Sie legt sozusagen fest, wie schnell sich das Teilchen bewegen muß, um eine bestimmte Energie zu tragen. Damit ist

Abb. 4–6 Luftbild des Stanford Linear Accelerator Center (SLAC) der amerikanischen Stanford-Universität südlich von San Francisco. Die lineare Beschleunigungsstrecke (Länge ca. 4 km) beginnt am Fußende der kalifornischen Küstenberge und führt zum SLAC-Forschungsgebäude. Mit Hilfe elektromagnetischer Felder werden mit diesem Beschleuniger die Elektronen faktisch auf Lichtgeschwindigkeit beschleunigt. (Foto: SLAC)

jedoch noch längst nicht klar, warum es Teilchen wie die Photonen gibt, die masselos sind, während andere Teilchen eine Masse haben. Bis heute kennen die Physiker nicht die Antwort auf diese Frage.

In der Natur spielen die Photonen vor allem die Rolle von Energieträgern. Die Energie der Sonne wird in Form von Photonen ausgestrahlt. Ein Teil dieser Energie wird von der Erdoberfläche absorbiert und in andere Energieformen, zum Beispiel in Wärme, umgewandelt. All dies ist nur möglich, weil die Photonen mit der Materie eine Wechselwirkung eingehen. Photonen können Materie nicht ohne weiteres durchdringen, sondern sie übertragen da-

Abb. 4–7 Die amerikanischen Astrophysiker Arno Penzias (rechts) und Robert Wilson zusammen mit ihrem »Photonendetektor«, das einem großen Hörrohr gleicht. Im Jahre 1965 wiesen sie nach, daß der Weltraum mit einer homogenen und isotropen elektromagnetischen Strahlung angefüllt ist. Ein Kubikzentimeter des Raumes enthält im Mittel etwa 400 Photonen. Damit erwiesen sich die Photonen als die häufigsten Elementarteilchen des Universums. (Foto: Bell Telephone Laboratories, Murray Hill, USA)

bei Energie auf alle elektrisch geladenen Teilchen, zum Beispiel beim Compton-Effekt auf die Elektronen.

Wichtig hierbei ist die Tatsache, daß nur die elektrisch geladenen Teilchen von den Photonen »behelligt« werden. Mit Teilchen, die keine elektrische Ladung tragen, findet keine Wechselwirkung statt. Elektrizität ist also unmittelbar mit dem Licht, also mit den Photonen, verknüpft.

Die Photonen sind nicht nur sehr wichtige Teilchen in der Natur, sie sind auch die in unserer Welt am häufigsten vorkommenden.

Im Jahre 1965 entdeckten die Astrophysiker Arno Penzias und Robert Wilson eine seltsame Strahlung, die von allen Richtungen des Weltraums gleichmäßig auf die Erdoberfläche einfällt. Es handelte sich um Photonen mit einer Energie von nur etwa 0,00002 eV. Heute weiß man, daß diese Strahlung überall im Weltraum, auch im Raum zwischen den Galaxien, vorhanden ist. Die Galaxien, Sterne und Planeten schwimmen gewissermaßen in einem See von Photonen. Etwa 400 Photonen gibt es im Mittel pro Kubikzentimeter. Die Anzahl der Photonen im Universum ist damit viel größer als die Anzahl der anderen Elementarteilchen (Elektronen, Atomkernteilchen). Es gibt etwa eine Milliarde mal mehr Photonen als Elektronen oder Kernteilchen.

Die Astrophysiker nehmen an, daß es sich bei dem Photonensee im Kosmos um das Überbleibsel des Urknalls handelt, also jener Urexplosion, die vor etwa zwanzig Milliarden Jahren stattfand und bei der nicht nur die Materie entstand, gewissermaßen als Asche des Urknalls, sondern auch die den gesamten Kosmos ausfüllende Strahlung. Die Photonen sind also nicht nur unentbehrlich in ihrer Rolle als Träger und Überträger von Energie; sie sind die wichtigsten und am häufigsten vorkommenden Elementarteilchen überhaupt.

5
Newton trifft Einstein

Zur vereinbarten Zeit war ich an unserem Treffpunkt. Gespannt wartete ich auf Newton, um zu erfahren, wie er mit dem Artikel zurechtgekommen war. Nach einer Weile sah ich ihn kommen. Newtons Miene verriet in keiner Weise, ob die Lektüre ihn befriedigt hatte oder nicht, so daß ich ungeduldig fragte: »Nun, hat der Artikel Ihre Neugierde bezüglich des Lichtes gestillt?«

»Im Gegenteil, sie ist noch größer geworden, und eigentlich habe ich so viele Fragen im Kopf, daß ich fürchte, wir werden noch einige Zeit für deren Beantwortung brauchen, bis wir endlich zur Relativitätstheorie kommen.«

»Das glaube ich nicht«, erwiderte ich, »denn ich denke, daß die meisten dieser Fragen, zumindest diejenigen, die sich auf das Licht beziehen, doch mehr oder weniger direkt auch mit der Relativitätstheorie zu tun haben.«

Newton entgegnete: »Mag sein – zum jetzigen Zeitpunkt kann ich das jedenfalls nicht beurteilen. Mir ist natürlich bei der Lektüre klargeworden, daß von meiner ursprünglichen Teilchentheorie des Lichtes nicht so sehr viel übriggeblieben ist. Dieser Kompromiß zwischen der Wellenauffassung und meiner Theorie, der von Einstein vorgeschlagen wurde, ist schon eine beeindruckende Leistung. Als ich seinerzeit die ›Principia‹ schrieb, schwebte mir im Grunde so ein Kompromiß vor, denn mir war klar, daß die Wellentheorie des Lichtes doch einiges für sich verbuchen konnte, insbesondere eine plausible Erklärung der Interferenz- und Beugungsphänomene. Wenn ich nur mehr über die elektrischen Erscheinungen und über die Atomphysik gewußt hätte und über die Erklärung des Lichtes als ein elektromagnetisches Phänomen...«

»Lieber Herr Newton, niemand wird Ihnen einen Vorwurf machen können, daß Sie Einsteins Lichtquantenhypothese nicht schon in Ihren ›Principia‹ veröffentlicht haben. Sie müssen bedenken, daß Einstein auf seine Theorie nicht ausschließlich durch Nachdenken gekommen ist. Sein Erfolg war nur möglich, weil vor ihm Hunderte von Experimentalphysikern und Technikern, darunter geniale Forscher wie Ihr Landsmann Michael Faraday oder der deutsche Physiker Heinrich Hertz, eine Unmenge von experimentellen Fakten zusammengetragen hatten. Aber auch die Experimente, etwa jene zum Studium der elektrischen und magnetischen Erscheinungen, konnten nur durchgeführt werden, weil mittlerweile die Beobachtungstechnik einen entsprechend hohen Stand erreicht hatte. Zu Ihrer Zeit wäre es gar nicht möglich gewesen, diese Experimente durchzuführen.«

Newton lenkte ein: »Gut, ich gebe zu, daß es zu meiner Zeit mit der Experimentiertechnik noch nicht so gut bestellt war. Wahrscheinlich haben Sie recht – beim Schreiben der ›Principia‹ war die Zeit noch nicht reif für eine allumfassende Theorie des Lichtes.

Übrigens, die Lektüre des Artikels Ihres Freundes hat mich doch sehr neugierig auf Einstein gemacht. Erzählen Sie mir kurz etwas mehr von ihm.«

In den folgenden Minuten gab ich Newton, der sehr interessiert und ohne mich zu unterbrechen zuhörte, einen kurzen Überblick über die Biographie des großen Physikers.

Albert Einstein wurde am 14. März 1879 in Ulm geboren. Ein Jahr danach zog die Familie nach München. Hier gründete der Vater Hermann Einstein zusammen mit seinem Bruder eine kleine elektrotechnische Handelsfirma.

Das Interesse Einsteins für Mathematik, die Naturwissenschaften und Philosophie erwachte bereits während seiner Gymnasialzeit, die er vor allem am Luitpold-Gymnasium in München verbrachte. Im Alter von 15 Jahren verließ Einstein München, um seinen Eltern nach Italien zu folgen. Sein Vater hatte im Jahre 1894 die Firma nach Mailand verlegt. Nach einem einjährigen Aufenthalt an der Kantonalschule in Aarau (Schweiz) – hier er-

Abb. 5–1 Die elterliche Familie Einsteins lebte in München in der Adelzreiterstraße 12. Das Haus ist erhalten geblieben. Im Hinterhof des Hauses befand sich die Werkstatt von Einsteins Vater.

warb Einstein das für den Universitätsbesuch erforderliche Abitur – begann er mit dem Studium der Mathematik und Physik an der Eidgenössischen Technischen Hochschule (ETH) in Zürich. Im Jahre 1900 schloß er das Studium mit dem Diplom eines »Fachlehrers für Mathematik« ab.

Einsteins Bewerbung um eine Assistentenstelle an der ETH hatte keinen Erfolg. Nach fast zweijähriger Aushilfstätigkeit an verschiedenen Schulen wurde Einstein im Jahre 1902 Beamter am Eidgenössischen Patentamt in Bern.

Einstein, der gegen Ende seines Lebens seine Zeit am Patentamt als die schönste Zeit seines Lebens bezeichnen sollte, blieb bis 1909 Beamter des Patentamts.

Es war für ihn eine Zeit wichtiger Entdeckungen, die eine neue Epoche in den Naturwissenschaften einleiteten. Im Jahre 1905 veröffentlichte Einstein eine Reihe von Arbeiten in der Zeitschrift »Annalen der Physik«, die seinen Weltruhm begründeten. Die Arbeit »Über einen die Erzeugung und Verwandlung des Lichtes betreffenden heuristischen Gesichtspunkt« ist trotz des sehr bescheidenen Titels die Begründung der Photonentheorie, für die Einstein den Nobelpreis des Jahres 1921 erhalten sollte.

Die beiden Arbeiten mit den Titeln »Zur Elektrodynamik bewegter Körper« und »Ist die Trägheit eines Körpers von seinem Energieinhalt abhängig?« stellen die Geburtsurkunden der Speziellen Relativitätstheorie dar.

1909 erhielt Einstein in Anerkennung seiner Leistungen eine Professur für Theoretische Physik an der Universität Zürich. In den Jahren 1911 und 1912 hatte er Professuren an der Universität Prag und an der ETH inne.

Einsteins Universitätskarriere wurde durch das ehrenvolle Angebot einer Forschungsprofessur an der neuen Kaiser-Wilhelm-Gesellschaft zu Berlin gekrönt – ein Amt, das Einstein im Jahre 1914 antrat und bis zu seiner Emigration in die USA innehatte.

Nach dem Machtantritt Hitlers in Deutschland Anfang 1933 entschied Einstein, der sich zu jener Zeit nicht in Deutschland befand, seine Position in Berlin aufzugeben und nicht nach Deutschland zurückzukehren, eine Entscheidung, die er bis zu seinem Tode (18.4.1955, Princeton) aufrechterhielt. Die letzten zwei Jahrzehnte seines Lebens verbrachte Einstein in den USA, am Institute for Advanced Study in Princeton im Bundesstaat New Jersey.

In meinem Gespräch mit Newton erwähnte ich auch die große Leistung Einsteins während seiner ersten Berliner Jahre, nämlich die Schaffung der Allgemeinen Relativitätstheorie, einer Theorie der Gravitation, die eine wesentliche Erweiterung der Newtonschen Vorstellungen über die Gravitation war.

Wie zu erwarten, war Newton natürlich begierig, mehr hierüber zu wissen, gab sich aber dann mit meinem Hinweis zufrieden, daß wir zunächst einmal die Grundlagen der »alten« Relativitätstheorie, die von Einstein 1905 publiziert worden war, also der Speziellen Relativitätstheorie, anschauen sollten.

Nach einigen Minuten des Schweigens meinte Newton unvermittelt: »Ich wünschte, ich könnte jetzt mit Einstein selbst reden.«

Ich antwortete belustigt: »Es gibt nichts, was ich selbst lieber tun würde, da ich Einstein nie persönlich kennengelernt habe. Aber Einstein starb schon 1955.«

Newton lächelte: »Sie vergessen, mein lieber Freund, daß ich selbst ja offiziell auch nicht mehr am Leben bin. Natürlich sehe ich Ihr Argument. Zumindest würde es mich aber interessieren, Einsteins Wirkungsstätte in Bern einen Besuch abzustatten. Ich möchte die Stadt kennenlernen, in der Einstein damals lebte, als er seine Theorie schuf. Das sollte doch möglich sein. Immerhin ist Bern ja auch Ihre Heimatstadt. Ich weiß, das kommt etwas überraschend für Sie. Eine ernsthafte Frage: Könnten wir nicht zusammen nach Bern fahren, genauer – hm – fliegen? Seit ich wieder hier in Cambridge bin und mich an das moderne Leben zu gewöhnen beginne, habe ich mir vorgenommen, bald eine Flugreise zu unternehmen. Warum also keine Reise nach Bern? Sie sagten heute, daß Sie sich einige Tage Zeit nehmen könnten. Deshalb bitte ich Sie, den Flug mit mir zusammen zu machen.«

Newtons Vorschlag leuchtete mir ein. Es reizte mich auch, ihn auf seiner Reise in meine Heimatstadt zu begleiten.

»Also gut, fliegen wir in die Schweiz. Ich schlage vor, daß wir von London direkt nach Genf fliegen und dann mit dem Zug nach Bern weiterfahren. Bei dieser Gelegenheit könnten wir übrigens auch dem Europäischen Zentrum für Teilchenforschung CERN bei Genf einen Besuch abstatten.«

Und so geschah es dann auch. Noch am selben Abend fuhren wir nach London. Newton blieb in einem Hotel in Chelsea, während ich zu meinen Freunden zurückfuhr, um ihnen meinen plötzlichen Entschluß mitzuteilen, doch nicht in die USA zu fliegen, sondern zurück in die Schweiz. Verwundert hörten sie mich an. Von meiner Begegnung mit Newton erwähnte ich aus verständlichen Gründen nichts.

Am nächsten Morgen traf ich Newton am Schalter der Swissair des Londoner Flughafens Heathrow. Hocherfreut erzählte er mir, daß er schon seit mehr als zwei Stunden auf dem Flughafen sei, um den Flugverkehr und den Flughafen zu studieren. Man sah ihm an, daß er sich auf den bevorstehenden Flug nach Genf freute wie ein

Abb. 5–2 Luftbild des Europäischen Forschungszentrums für Teilchenphysik CERN bei Genf. Das Hauptgelände des CERN befindet sich links neben dem SPS-Ring, dem großen Beschleuniger für Protonen und Antiprotonen. Der Ring ist schematisch angedeutet – der Beschleuniger selbst ist in einem unterirdischen Tunnel untergebracht. Ebenfalls unterirdisch verläuft der Elektron-Positron-Beschleuniger LEP, dessen Ring durch den gestrichelten Kreis markiert ist.

Kind – für einen Naturforscher des 17. Jahrhunderts, der noch nie in einem Flugzeug gesessen hatte, nur zu begreiflich.

Zwei Stunden später, gegen elf Uhr, befand sich die Swissair-Maschine im Landeanflug auf Genf-Cointrin. Newton saß am

Fenster und schaute fasziniert auf das sich entfaltende Panorama der Alpen, das vom Gipfel des Montblanc dominiert wurde. Ich zeigte ihm den schmalen Durchbruch der Rhone durch die Bergkette des Jura, über den wir hinwegflogen. Kurz darauf befanden wir uns über den südwestlichen Vororten von Genf. Ich hatte gerade noch Zeit, Newtons Aufmerksamkeit auf das Gelände des CERN vor den Bergen des Jura zu richten, dann landete das Flugzeug wohlbehalten auf Schweizer Boden.

Obwohl sich das CERN-Forschungszentrum nicht weit vom Flughafen entfernt befindet, wollten wir den Besuch des CERN aufschieben und unverzüglich mit dem Zug nach Bern weiterfahren. Am frühen Nachmittag erreichten wir schließlich den Hauptbahnhof der Schweizer Bundeshauptstadt.

Die Universität von Bern befindet sich in der unmittelbaren Nähe des Bahnhofs. Das Physikalische Institut, an dem ich arbeite, kann man sogar direkt vom Bahnhof aus über einen Aufzug erreichen, ohne ins Freie zu gelangen. Mit dem Aufzug fuhren Newton und ich hinauf zu dem vor dem großen Universitätsgebäude befindlichen Platz, von dem man einen herrlichen Ausblick über die Stadt Bern und darüber hinaus bis zu den Bergen des Berner Oberlandes hat. Es war ein schöner, sonniger Tag, und die schneebedeckten Gipfel des Finsteraarhorns und der Jungfrau leuchteten hell in der Nachmittagssonne. Staunend betrachtete Newton dieses einzigartige Bergpanorama und nahm interessiert zur Kenntnis, daß es vor allem seine Landsleute gewesen waren, die vor mehr als hundert Jahren das Berner Oberland »entdeckt« und damit den modernen Alpentourismus in die Wege geleitet hatten.

Wir statteten noch kurz dem Universitätsviertel einen Besuch ab. Bei dieser Gelegenheit führte ich Newton auch am Institut für Naturwissenschaften vorbei, meiner Arbeitsstätte. Studenten sah man kaum, da zur Zeit Semesterferien waren. Schließlich gelangten wir über eine Treppe hinab zur Aarbergergasse. In einem der Hotels gleich neben dem Bahnhof quartierte sich Newton ein.

Da ich noch kurz einen Kollegen am Physikalischen Institut aufsuchen wollte, verabschiedete ich mich von Newton, und wir ka-

IN DIESEM HAVSE SCHVF
ALBERT EINSTEIN
IN DEN JAHREN 1903-1905
SEINE GRVNDLEGENDE
ABHANDLVNG VBER DIE
RELATIVITATSTHEORIE

Abb. 5–3 Das Haus Kramgasse Nr. 49 in Bern (links oben), in dem Einstein mit seiner Familie wohnte. Hier schuf Einstein seine grundlegenden Arbeiten über die Spezielle Relativitätstheorie und zur Natur des Lichtes (siehe die am Haus angebrachte Plakette; links unten). Die ehemalige Wohnung Einsteins ist heute eine kleine Gedenkstätte. (Fotos: Albert-Einstein-Gesellschaft Bern)

men überein, uns am Abend im »Aarbergerhof«, einem bei Studenten und Universitätsangestellten beliebten Restaurant in der Aarbergergasse, zu treffen. Einige Stunden später verließen Newton und ich den »Aarbergerhof« in ausgelassener Stimmung, zu der sowohl das ausgezeichnete Essen als auch der gute italienische Wein beigetragen haben mochten.

Newton wünschte noch am selben Abend das Haus zu sehen, in dem Einstein gelebt hatte. Ich führte ihn zum Bärenplatz, dem Zentrum der Berner Altstadt, und dann entlang der eindrucksvollen Marktgasse, über den Theaterplatz, vorbei am weltberühmten Zytgloggenturm zur Kramgasse. Bald standen wir vor dem gesuchten Haus Nr. 49. Hier hatte Einstein zusammen mit seiner kleinen Familie kurz nach Beginn des Jahrhunderts gewohnt. Wir waren am Geburtsort der Relativitätstheorie angelangt.

Der Eingang zu Einsteins Haus, wohlgeschützt durch die steinernen Arkaden, dem Markenzeichen der Berner Innenstadt, ist leicht zu finden. An der Säule gegenüber dem Eingang findet man eine Plakette mit der Inschrift: »In diesem Hause schuf Albert Einstein in den Jahren 1903–1905 seine grundlegende Abhandlung über die Relativitätstheorie.«

Einsteins ehemalige Wohnung befindet sich im zweiten Stock des Hauses. Sie wurde in den siebziger Jahren von der Berner Einstein-Gesellschaft gemietet und in eine kleine Gedenkstätte umgestaltet.

Newton äußerte das Verlangen, die Räume sogleich zu besichtigen. Da sie nur tagsüber geöffnet sind, wäre dieser Wunsch nicht zu erfüllen gewesen, wenn ich nicht schon damit gerechnet und entsprechende Vorkehrungen getroffen hätte. Bei einem Freund und Kollegen am Berner Institut, der zugleich ein aktives Mitglied der Einstein-Gesellschaft war, hatte ich mir den Schlüssel zu Einsteins Räumen ausgeliehen; weil die Gedenkstätte gerade für einige Wochen geschlossen worden war, konnte er mir den Schlüssel ohne weiteres für ein paar Tage überlassen. So kam es, daß wir uns nach wenigen Minuten in der Wohnung befanden.

Da Einsteins Möbel aus seiner Berner Zeit nicht erhalten sind, findet man in der Wohnung neben einem kargen Mobiliar vor allem Bilder, Zeichnungen und Dokumente, die an Einstein erinnern. Newton machte sich sogleich daran, sie zu studieren – nachdem er mir bedeutet hatte, durchaus keine Einwände dagegen zu haben, wenn ich, der dies ja alles schon kannte, einen kleinen Spaziergang durch die Stadt machen wollte.

Ich hatte volles Verständnis für seinen Wunsch, jetzt allein zu sein, und verließ das Haus, um entlang der Aare zum Bundeshaus und danach etwas durch die Stadt zu schlendern.

Nach einer knappen Stunde befand ich mich wieder in der Kramgasse Nr. 49 und stieg die schmale Treppe zu Einsteins Wohnung hinauf. Zu meiner Verblüffung hörte ich, daß Newton nicht mehr allein in der Wohnung war. Er sprach angeregt auf englisch mit einem Mann, den ich sofort aufgrund seines unüberhörbaren deutschen Akzents als Deutschen oder Deutschschweizer identifizierte.

Als Newton mich erblickte, grinste er und meinte: »Wahrscheinlich erinnern Sie sich noch an meinen Wunsch in Cambridge, mir die Relativitätstheorie nicht von Ihnen, sondern von Einstein selbst erklären zu lassen. Nun, wir sind nicht umsonst nach Bern gefahren. Darf ich vorstellen? Unser abendlicher Besucher hier ist der Hausherr selbst, Mr. Einstein.«

Verblüfft schaute ich unseren Besucher zum ersten Mal genauer an. In der Tat, vor mir stand das lebendige Ebenbild des Mannes, der auf einem Foto an der gegenüberliegenden Wand zu sehen war, am Stehpult seines Büros im Patentamt. Es gab keinen Zweifel – vor mir stand der etwa dreißigjährige Albert Einstein. Er war mittelgroß, hatte kräftige Schultern und einen breiten Kopf mit dichtem, dunklem Haar und einem schmalen Schnurrbart. Mir fielen sofort seine braunen, leuchtenden Augen auf. Im Unterschied zu dem Mann auf dem Foto an der Wand trug er jedoch einen modernen, schon ein wenig abgetragenen grauen Anzug.

Newton machte uns bekannt, und wir gaben uns die Hand, wobei Einstein ironisch bemerkte, daß es ihm eine Freude sei, auf diese Weise mit einem Berner Physikprofessor bekannt zu werden. (Dies war offensichtlich eine Anspielung auf die Tatsache, daß es zu seiner Berner Zeit einige Spannungen zwischen Einstein und den Professoren an der Universität gegeben hatte.) Ansonsten verhielten sich Newton und Einstein so zu mir, als wäre es die normalste Sache der Welt, daß wir hier zu dritt in Einsteins Wohnung zusammengekommen waren. Da ich erst vor kurzem in Cambridge Newton kennengelernt hatte, war es für mich auch nicht mehr sonderlich überraschend, in Bern Einstein zu begegnen. Zudem hatte ich das Gefühl, Newton habe bereits in Cambridge gewußt, daß es zu einem solchen Treffen kommen werde. Auch konnte ich nun verstehen, warum er so zu der Reise nach Bern gedrängt hatte.

Einstein meinte schalkhaft: »Als ich hier in Bern war, gründete ich mit einigen Freunden eine Akademie, die wir ›Akademie Olympia‹ tauften und die im Gegensatz zu den meisten anderen Akademien sogar eine nützliche Einrichtung gewesen ist, zumindest für ihre Mitglieder. Als ich unlängst erfuhr, daß ich für einige Zeit nach Bern zurückkehren könne, hatte ich keine Ahnung, daß ich in meiner Wohnung Isaac Newton vorfinden würde. Wie wäre es denn, lieber Newton, wenn auch Sie nunmehr Mitglied dieser Akademie werden würden?«

»Nichts wäre mir lieber«, antwortete dieser, »vorausgesetzt, ich kann dann von Ihnen etwas über die Relativitätstheorie hören. Da ich vermute, daß wir die nächsten Tage meistens zu dritt hier in Bern verbringen werden, schlage ich vor, daß wir zu dritt eine Neuauflage Ihrer ehemaligen ›Akademie Olympia‹ gründen – dann haben wir auch gleich eine offizielle Bezeichnung für unsere Treffen.«

Auch ich hatte natürlich nichts dagegen einzuwenden, obwohl es mir schon etwas seltsam vorkam, zusammen mit diesen beiden Giganten der Physik in einer engen Gemeinschaft zu sein, und so kam es zur nächtlichen Stunde in der Berner Kramgasse auf recht inoffizielle Art zur Neugründung der Akademie »Olympia«. Mit einer Flasche Montepulciano, die Einstein irgendwo hervorholte, wurde der Gründungsakt gefeiert.

Mittlerweile war der Abend schon recht fortgeschritten; wir kamen überein, uns zur Ruhe zu begeben und am nächsten Tag morgens in Einsteins Wohnung wieder zusammenzukommen. Ich begleitete Newton zurück zum Hotel. Einstein leistete uns noch ein Weilchen Gesellschaft und ging dann seiner Wege. Offensichtlich übernachtete er nicht in der eigenen Wohnung, was wegen des Fehlens einer Schlafgelegenheit sowieso nicht ohne weiteres möglich gewesen wäre.

Am nächsten Morgen gegen zehn Uhr trafen Newton und ich in der Kramgasse 49 ein. Einstein wartete bereits, und die erste Sitzung unserer Akademie konnte beginnen. Zunächst wandte sich Einstein an mich: »Sowohl Newton als auch ich sind in einer ähnlichen Lage – beide wurden wir plötzlich in die heutige Zeit hineinversetzt. Auch mir ist vieles, was ich täglich sehe, unverständlich, obwohl ich gegenüber Newton den Vorteil habe, daß der zeitliche Abstand zwischen meiner Berner Zeit und der heutigen nicht so

Abb. 5–4 Die Gründer und Mitglieder der Berner Akademie »Olympia« Conrad Habicht, Maurice Solovine und Albert Einstein (von links nach rechts). (Foto: Albert-Einstein-Gesellschaft Bern)

groß ist wie der entsprechende Zeitabstand bei Newton. In den vergangenen Tagen habe ich versucht, mich über all das, was in der Zwischenzeit geschehen ist, aufzuklären, auch auf dem Gebiet der Physik, für das ich mich natürlich in erster Linie interessiere, übrigens mittels der intensiven Nutzung der Bücherei des Physikalischen Instituts. Ich muß aber gestehen, daß ich noch nicht sehr weit gekommen bin. Ich betone dies schon jetzt, denn es ist, glaube ich, zu erwarten, daß demnächst bei unseren Gesprächen, speziell bei der Beantwortung der Fragen von Newton, Probleme aufkommen werden, über die ich nicht viel zu sagen habe. Es wird dann ganz entscheidend auf Ihre Mitwirkung ankommen.«

Selbstverständlich sagte ich zu, in jeder Weise behilflich zu sein: »Zunächst ist es aber der Wunsch Newtons, etwas über die Relativitätstheorie zu erfahren. Ich denke, daß es dabei in erster Linie auf Ihre Antworten ankommen wird. Um anzufangen, sollten wir jetzt erst einmal Sir Isaac zu Wort kommen lassen.«

6

Die Lichtgeschwindigkeit als Naturkonstante

Newton ergriff das Wort und beschrieb zunächst die Probleme, die ihm die konstante Lichtgeschwindigkeit machte und über die er offensichtlich seit unserer Abreise aus Cambridge nachgedacht hatte, wobei er sich direkt an Einstein wandte.

Newton: Wie kann es sein, daß sich das Licht immer mit derselben Geschwindigkeit ausbreitet? In meiner Mechanik ist das jedenfalls nicht möglich. Die Geschwindigkeit eines Objekts hängt, wie jedermann und insbesondere Sie beide wissen, immer vom Beobachter ab. Verändert der Beobachter seine eigene Geschwindigkeit, so ändert sich damit die Geschwindigkeit des beobachteten Objekts. Jede Angabe einer Geschwindigkeit ist eben relativ, das heißt, sie hängt nicht nur von dem betrachteten Objekt ab, sondern auch vom Bewegungszustand des Beobachters. Wie kann es sein, daß das beim Licht anders ist?

Aber abgesehen von diesem Problem habe ich noch andere Bedenken bezüglich des Lichtes. In Cambridge haben wir schon über Ihre Lichtquantentheorie gesprochen, die ja in gewisser Weise eine Art Synthese zwischen meiner eigenen Teilcheninterpretation des Lichtes und der Welleninterpretation darstellt – übrigens eine Leistung, Mr. Einstein, zu der ich Sie sehr beglückwünschen möchte. Wenn das Licht nun aber doch, wenigstens zum Teil, eine Wellenerscheinung ist, so frage ich mich, in welchem Medium sich das Licht eigentlich ausbreitet. Die Wellen des Meeres benutzen die Wasseroberfläche als Medium, eine Schallwelle die Luft. Aber was ist das Medium des Lichtes?

Darüber hinaus habe ich mittlerweile gelernt, daß das Licht ein elektromagnetisches Phänomen darstellt und es zwischen einem

Lichtstrahl, einem Röntgenstrahl oder einer Rundfunkwelle letztlich keinen qualitativen Unterschied gibt – alles sind elektromagnetische Wellen, die sich nur durch ihre Wellenlänge unterscheiden.

Wenn es nun ein Medium gibt, in dem sich die elektromagnetischen Erscheinungen ausbreiten, einen Äther, wie das wohl manchmal genannt wird, dann kommt es sicher darauf an, wie man sich bezüglich des Äthers bewegt. Man kann ja wohl nur dann von einer konstanten Lichtgeschwindigkeit sprechen, wenn man die Lichtausbreitung in einem Bezugssystem mißt, das sich relativ zum Äther nicht bewegt. Ein solches System wäre mir im übrigen nicht unwillkommen, weil ich es mit meiner Idee des absoluten Raumes, der ja dann durch den elektromagnetischen Äther bestimmt wäre, verbinden würde. Deshalb meine Frage: Gibt es den Äther?

– Einstein hatte Newton aufmerksam zugehört. Bevor er antwortete, legte er eine kurze Gedankenpause ein.

Einstein: Ich verstehe sofort Ihre Bedenken, Sir Isaac. Dieselben Fragen habe ich jahrelang selbst im Kopf herumgewälzt, dazu noch eine Reihe anderer, zum Beispiel folgende, die mich schon seit meinem 16. Lebensjahr beschäftigte und auf die ich erst im Jahre 1905 die rechte Antwort fand: Was geschieht, wenn ein Beobachter einer Lichtwelle folgt, sich also mit Lichtgeschwindigkeit hinter ihr her macht?

Bei einer Meereswelle ist dies, wie wir wissen, kein Problem. Erst vorgestern sah ich im Kino jemanden, der eine dieser modernen Sportarten, das Surfen, betrieb und mit einem Brett auf einer Welle »ritt«, sich also genau mit der Geschwindigkeit der Welle bewegte. Nehmen wir an, jemand wäre in der Lage, auf einer Lichtwelle zu »surfen«. Was würde er in seinem Bezugssystem beobachten? Bestenfalls könnte er »seinen« und die benachbarten Wellenberge beobachten, allerdings in Ruhe. Er hätte ein statisches Bild vor sich, also ein Bild, das sich radikal von dem Bild unterscheidet, das ein ruhender Beobachter, der die Lichtwellen mit Lichtgeschwindigkeit davoneilen sieht, haben würde.

Newton: Mir erscheint dies sehr seltsam. Soweit ich weiß, kann man die elektromagnetischen Erscheinungen mathematisch sehr gut beschreiben, wobei es wie in meiner Mechanik nicht auf das Bezugssystem ankommen kann. Qualitativ betrachtet sollte deshalb eine Lichtwelle in allen Bezugssystemen gleich aussehen. Jedenfalls erscheint es mir merkwürdig, daß man in dem einen Fall ein dynamisches Bild – die schnell davoneilende Lichtwelle –, in dem anderen Fall ein statisches Bild, das sich wie ein Gemälde im Laufe der Zeit nicht ändert, erhält. Ich habe das Gefühl, hier stimmt etwas nicht. Vielleicht kann es solch einen »Lichtsurfer« aus irgendeinem Grund, den wir noch herausfinden müssen, nicht geben.

– Bei dieser Bemerkung Newtons mußte ich unwillkürlich lächeln, und ich bemerkte auch, daß Einstein mir mit vergnügter Miene zuzwinkerte, hatten wir doch beide sofort gemerkt, daß Newton zumindest auf der richtigen Spur war.

Einstein: Was Sie gerade sagten, hat mit der Wahrheit, genauer: mit meiner Relativitätstheorie, sehr viel zu tun. Wir werden bald sehen, daß es einen »Lichtsurfer« in der Tat überhaupt nicht geben kann. Zunächst aber zum Problem des Äthers, das gegen Ende des 19. Jahrhunderts viele Physiker bewegte, aus einer Reihe von Gründen.

Haller: Sie meinen wahrscheinlich besonders das Ergebnis des Experiments von Michelson und Morley?

Einstein: Nicht nur, aber sicher auch jenes. Vielleicht ist es am besten, wenn wir zuerst über dieses Experiment sprechen. Die Idee, die diesem Experiment zugrunde lag, ist sehr einfach. Wenn es in der Tat einen Äther gibt, dann würde man erwarten, daß sich die Erde bei ihrem Umlauf um die Sonne durch diesen Äther hindurchbewegt. Immerhin schwebt die Erde mit der stattlichen Geschwindigkeit von etwa 30 km pro Sekunde durch den Raum, genauer gesagt, man beobachtet diese Geschwindigkeit in einem Bezugssystem, in dem die Sonne ruht.

Würde sich der Äther in bezug auf die Sonne in Ruhe befinden, hätten wir es also mit einer relativen Geschwindigkeit der Erde bezüglich des Äthers von 30 km in der Sekunde zu tun. Einem

Beobachter auf der Erde würde also ein ganz stattlicher »Ätherwind« ins Gesicht blasen. Er merkt natürlich nichts davon, denn wir wollen annehmen, daß sich die Erde faktisch reibungslos durch den Äther hindurchbewegt. Andernfalls hätte der Ätherwind den Umlauf der Erde um die Sonne schon vor langer Zeit gestoppt.

Wir haben angenommen, daß die Sonne in bezug auf den Äther ruht. Aber auch wenn dies nicht der Fall sein sollte, müßten wir mit einem Ätherwind rechnen, da sich die Richtung der Geschwindigkeit der Erde im Laufe des Jahres ständig ändert. Die Richtungen jeweils zum Sommeranfang und zum Winteranfang sind beispielsweise entgegengesetzt. Der Ätherwind kann also niemals während des ganzen Jahres gleich Null sein, da sich der Äther unmöglich gemeinsam mit der Erde um die Sonne drehen kann.

Newton: Damit ist klar, daß man die relative Geschwindigkeit des Äthers bezüglich der Erde messen kann. Man braucht nur die Geschwindigkeit des Lichtes hier auf der Erde in verschiedenen Richtungen und zu verschiedenen Jahreszeiten zu messen.

Einstein: Gratuliere, Sie haben gerade das Grundprinzip des Michelson-Morley-Experiments nacherfunden. Aber lassen Sie mich kurz etwas zur Geschichte dieses wichtigen Experiments sagen: Albert Abraham Michelson war ein amerikanischer Physiker, der sich schon während seines Studiums die Aufgabe gestellt hatte, den Ätherwind nachzuweisen. Den ersten Versuch hierzu machte er in Berlin während eines Studienaufenthaltes 1881 am Institut von Hermann von Helmholtz. Allerdings war dieses Experiment noch recht grob, und die Resultate, die Michelson erhielt, ließen noch keinen eindeutigen Schluß zu.

Später erhielt Michelson eine Professur in den USA, und zwar in Cleveland. Dort führte er zusammen mit seinem Kollegen, dem Chemiker Edward Williams Morley, ein weitaus besseres Experiment durch, dessen Ergebnis nunmehr keine weiteren Zweifel gestattete. Dieses Experiment wurde von 1887 an durchgeführt. Die beiden amerikanischen Wissenschaftler konstruierten einen Apparat, mit dessen Hilfe man äußerst kleine Unterschiede in den

Geschwindigkeiten von Lichtstrahlen in Abhängigkeit von deren Richtungen messen konnte.
Newton: Wie sah denn dieser Apparat etwa aus?
– Statt zu antworten, nahm Einstein ein Stück Papier und fing an, eine kleine Skizze zu entwerfen. [Siehe Abb. 6–2.]

Einstein: Die Idee des Experiments besteht darin, die Geschwindigkeit des Lichtes zweier Lichtstrahlen, die sich in verschiedenen Richtungen ausbreiten, zu vergleichen. Nehmen wir einmal an, wir erzeugen das Licht, am besten monochromatisches Licht, also Licht einer bestimmten Farbe, etwa blaues Licht, in einer Lichtquelle. Der Strahl breitet sich nach rechts aus und wird durch ein verspiegeltes Glas in zwei Hälften aufgespaltet. Die eine Hälfte

Abb. 6–1 Der amerikanische Physiker Albert Abraham Michelson (1852–1931), links, zusammen mit Einstein (Mitte). Das Foto wurde gegen Ende der zwanziger Jahre aufgenommen, als Einstein als Gastprofessor am California Institute of Technology in Pasadena weilte. Rechts der Präsident des Caltech, Robert A. Millikan. (Foto: California Institute of Technology)

des Lichtes durchdringt das Glas und breitet sich in der ursprünglichen Richtung weiter aus, während die andere Hälfte um genau 90 Grad abgelenkt wird und sich demzufolge senkrecht zur ursprünglichen Richtung weiter ausbreitet. Beide Lichtstrahlen werden nach dem Durchlaufen einer Strecke von einigen Metern mittels zweier Spiegel reflektiert. Die zurücklaufenden Strahlen treffen sich dann wieder bei der versilberten Glasfläche, wobei ein Teil des Lichtes seitwärts abgelenkt wird und in ein Beobachtungsteleskop eintritt.
Newton: Aha, wenn die Geschwindigkeiten der Lichtteilchen der beiden aufeinander senkrecht stehenden Lichtstrahlen verschieden sind, müßte man also bei der Ankunft des Lichtes am Beobachtungspunkt einen kleinen Unterschied in den Laufzeiten feststellen können. Ein Teil des Lichtes käme früher an als der andere Teil. Wieso braucht man aber zum Beobachten ein spezielles Teleskop? Eine genaue Uhr müßte doch ausreichen.
Einstein: Im Prinzip haben Sie recht. Aber leider gibt es hier ein kleines Problem. Sie müssen bedenken, daß wir es mit einer Lichtgeschwindigkeit von etwa 300 000 km/s zu tun haben, während der zu erwartende Unterschied in den Lichtgeschwindigkeiten nur von der Größenordnung von 30 km/s sein sollte. Die möglichen Unterschiede in den Laufzeiten würden deswegen äußerst klein und mit einer Uhr nicht meßbar sein.

Man behilft sich hier aber mit einem Trick, und zwar unter Ausnutzung der Welleneigenschaften des Lichtes. Wenn zwei Lichtwellen zusammenkommen, so können sie sich verstärken, aber auch gegenseitig auslöschen, je nachdem, ob zwei Wellentäler oder ein Wellental und ein Wellenberg zusammenkommen. Mit anderen Worten: Es gibt Interferenzerscheinungen. Letztere beobachtet man in einem kleinen Teleskop. Auf Details will ich nicht eingehen, denn im Grunde macht man letztlich genau das, was Sie, Newton, bereits erwähnten. Man prüft nach, ob es kleine Unterschiede in den Laufzeiten der Lichtstrahlen gibt.
Newton: Sie spannen mich auf die Folter, Mr. Einstein. Also heraus mit der Sprache. Wie groß waren die Unterschiede in den Lichtgeschwindigkeiten, die Michelson und Morley gemessen ha-

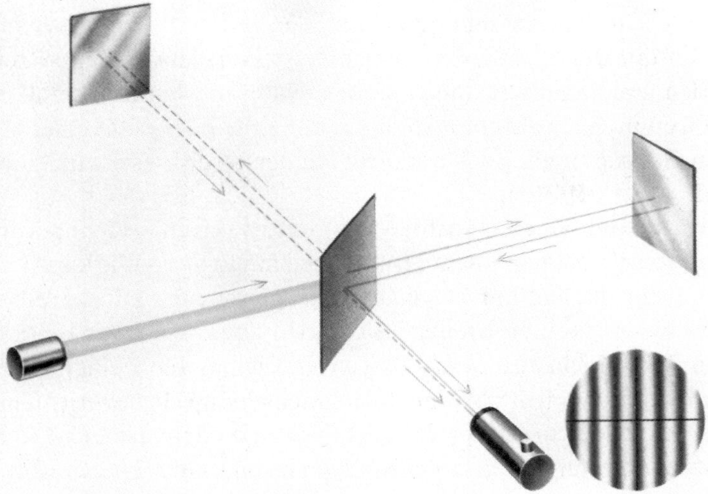

Abb. 6–2 Das Prinzip des Experiments von Michelson und Morley. Der von einer Lichtquelle (links) austretende monochromatische Lichtstrahl wird durch eine versilberte Glasplatte in zwei aufeinander senkrecht stehende Strahlen zerlegt. Letztere werden durch zwei Spiegel reflektiert und dann wieder vereinigt. Der so erhaltene Lichtstrahl wird in einem Beobachtungsteleskop analysiert. Durch Ausnutzung von Interferenzeffekten (vgl. die Interferenzstrukturen im Kreis) wäre man in der Lage, auch nur kleinste Unterschiede in den Ausbreitungsgeschwindigkeiten der beiden Lichtstrahlen festzustellen.

ben? Stimmten sie vielleicht mit der Bahngeschwindigkeit der Erde überein?

Einstein, mit schalkhafter Miene jedes seiner Worte betonend: Der Effekt war Null. Man beobachtete keinerlei Unterschied in den Laufzeiten. Dabei war das Experiment so genau, daß man einen Effekt hätte sehen müssen, selbst wenn sich die Erde nicht mit einer Geschwindigkeit von 30 km/s, sondern nur mit 5 km/s durch den Weltraum bewegen würde.

Newton: Also ist die Lichtgeschwindigkeit doch konstant...

– Newton hatte ganz leise gesprochen und dabei vergeblich versucht, seine Enttäuschung zu verbergen.

Einstein: Die Lichtgeschwindigkeit ist in jedem Bezugssystem gleich und damit eine fundamentale Naturkonstante. Überall im Weltraum, ganz gleich, ob hier auf der Erde oder ob in einer fernen Galaxie, breitet sich das Licht mit derselben Geschwindigkeit aus.

Newton, mit fahlen Gesicht: Mein Gott, was ist das Licht nur für ein verrücktes Phänomen. Das ist doch unmöglich. Wie kann sich das Licht in allen nur möglichen Bezugssystemen mit derselben Geschwindigkeit ausbreiten? Sie haben doch selbst das Beispiel von dem »Lichtsurfer« erwähnt. Wenn jemand auf einer Lichtwelle »reitet«, sich also mit Lichtgeschwindigkeit bewegt, dann kann sich doch in dem betreffenden Bezugssystem das Licht nicht mit der ursprünglichen Geschwindigkeit von 300 000 km/s ausbreiten. Übrigens, was passiert denn, wenn sich der Beobachter einer Lichtwelle mit einer Geschwindigkeit bewegt, die die Lichtgeschwindigkeit übertrifft? Dann müßte er praktisch das Licht überholen – in seinem Bezugssystem müßte also das Licht in entgegengesetzter Richtung davoneilen. Wenn ich Sie aber recht verstehe, ist das alles unmöglich, in direktem Widerspruch zu meinen Gesetzen der Mechanik. Ich muß gestehen, Mr. Einstein, mir kommt das alles total verrückt, wenn nicht sogar unlogisch vor. Bitte entschuldigen Sie meine etwas vorlaute Redeweise...

– Einstein hatte lächelnd und mit verständnisvoller Miene zugehört. Da er nicht sogleich antwortete, ergriff ich das Wort.

Haller: Herr Newton, Sie erwähnten gerade, wie verrückt sich Ihrer Meinung nach das Licht verhält. Ich möchte jedoch betonen, daß von dieser sogenannten »Verrücktheit« in keiner Weise nur das Licht betroffen ist, sondern auch die Bewegung normaler Körper. Auch hier fand man heraus, daß die von Ihnen formulierten Gesetze der Mechanik nicht exakt, sondern nur approximativ gelten. Die Abweichungen werden um so größer, je schneller sich ein Körper bewegt. Allerdings werden sie erst signifikant, wenn seine Geschwindigkeit vergleichbar mit der Lichtgeschwindigkeit c wird, und letztere ist, wie wir heute wissen, 299 792 458 m/s.

Newton: Mit anderen Worten, nicht nur das Licht ist verrückt, sondern die gesamte Natur?
Einstein: Lieber Newton, ich kann Sie gut verstehen, daß Sie enttäuscht sind, wenn Ihre Gesetze der Mechanik in Frage gestellt werden. Aber ich bitte Sie, jetzt einen kühlen Kopf zu bewahren. Gut, experimentell hat es sich herausgestellt, daß die Geschwindigkeit des Lichtes eine universelle Naturkonstante ist. Dies müssen wir heute akzeptieren.
Newton: Das ist gerade mein Problem. Bitte sagen Sie mir, wie ich das akzeptieren kann. Wohl bin ich bereit, bei meinen Gesetzen der Mechanik entsprechende Abänderungen durchzuführen, falls sich das als absolut notwendig erweist. Das kann ich noch akzeptieren. Wenn Sie aber behaupten, daß es eine universelle Lichtgeschwindigkeit gibt, dann widerspricht dies meiner Meinung nach nicht nur meinen Gesetzen der Mechanik, sondern – und dies ist viel schlimmer – den fundamentalen Gesetzen von Raum und Zeit.
Haller: Nicht den fundamentalen Gesetzen von Raum und Zeit, sondern Ihren Gesetzen von Raum und Zeit.
Newton, sarkastisch: Mein Herr, wollen Sie damit vielleicht sagen, daß sich das verrückte Verhalten des Lichtes nur verstehen läßt, wenn man die Struktur von Raum und Zeit verändert?
Einstein: Genau das will er sagen, Sir Isaac. Und genau das ist es, was ich 1905 vorgeschlagen habe und was man in der Folge als »Relativitätstheorie« bezeichnet hat. Man kann das Licht nur verstehen, wenn man die Begriffe von Raum und Zeit neu bestimmt.

Bei diesen Worten Einsteins war die letzte Farbe aus Newtons Gesicht gewichen. Seine Miene drückte fassungsloses Staunen aus, eine verständliche Reaktion, wenn man bedenkt, wie geradezu ungeheuerlich Einsteins Worte auf Newton gewirkt haben mochten.

Eine Weile saßen wir schweigend im Raum. Einstein malte geistesabwesend abstrakte Figuren auf ein Blatt Papier und machte es sich in seinem Sessel bequem. Schließlich meinte Newton, indem er kurz auf die Uhr sah: »Gentlemen, ich glaube, ich brauche ein wenig Zeit, um das eben Gehörte etwas besser zu verdauen. Die Mittagsstunde ist nicht mehr weit. Lassen Sie uns jetzt eine Pause machen. Ich möchte am Fluß spazierengehen und schlage vor, wir treffen uns zu Mittag im ›Aarbergerhof‹.«

Wir waren einverstanden, und Newton verließ kurz darauf Einsteins Wohnung.

7
Ereignisse, Weltlinien und ein Paradoxon

Während des Mittagessens sprachen wir nicht über Physik, obwohl man Newton förmlich ansehen konnte, daß er sich mittlerweile eine ganze Reihe von Fragen bezüglich der konstanten Lichtgeschwindigkeit und den sich hieraus ergebenden Folgen überlegt hatte. Statt dessen unterhielt uns Einstein, der ausnehmend gut gelaunt war, mit einer Reihe von unterhaltsamen Geschichten aus seiner Berner Zeit. Wiederholt kam er auf die alte Akademie »Olympia« zu sprechen, deren Mitglieder offensichtlich nicht jene offizielle Würde besessen hatten, die Mitglieder einer Akademie sonst auszustrahlen pflegen. Er erzählte auch von den vielen Ausflügen und Exkursionen, die sie unternommen hatten, zum Beispiel an den Thuner See. Daraufhin machte ich den Vorschlag, das schöne Wetter bei der nächsten Gelegenheit auch einmal zu einem solchen Ausflug zu nutzen, ein Vorschlag, dem Einstein sofort zustimmte und dem Newton zumindest nicht widersprach.

Nach dem Essen gingen wir zusammen über Aarbergergasse und Bärenplatz direkt zurück zu Einsteins Wohnung, um die Nachmittagssitzung unserer Akademie zu beginnen. Nur mit Mühe gelang es mir, Newton zurückzuhalten, der am liebsten Einstein mit einer langen Reihe von Fragen und Problemen überhäuft hätte. Ich hatte in der Zwischenzeit schon mit Einstein ausgemacht, daß wir Newton erst noch mit einer Reihe von Begriffen und Ideen, die insbesondere in der Relativitätstheorie eine Rolle spielen, bekanntmachen sollten.

Einstein übernahm die Rolle des Dozenten:

»Meine Herren! Bevor ich auf die Relativitätstheorie zu sprechen komme, möchte ich einige Begriffe näher erläutern, die zwar später in der Relativitätstheorie eine besondere Rolle spielen werden, die aber genausogut auch schon im Rahmen der klassischen Mechanik, also in Ihrer Mechanik, Herr Newton, diskutiert werden können.

Betrachten wir erneut einmal Raum und Zeit. Wie Sie wissen, ist der Raum in unserem Universum dreidimensional. Dies ist eine Tatsache, die man direkt aus der Beobachtung gewinnt. Mathematisch bedeutet dies, daß sich unser Raum durch ein dreidimensionales Koordinatensystem beschreiben läßt – jeder Punkt im Raum ist durch die Angabe von drei Zahlen, den drei Koordinaten, eindeutig charakterisiert. Wir wissen nicht, warum der Raum dreidimensional ist – jedenfalls ist mir kein zwingender Grund hierfür bekannt. Oder hat die neuere Physik einen solchen Grund entdeckt?«

Mit dem letzten Satz hatte sich Einstein an mich gewandt, so daß ich mich zu einer Antwort verpflichtet fühlte:

»Nein, bis heute nicht. Nach allem, was wir heute wissen, könnte der Raum auch mehr als drei Dimensionen haben, ohne daß die physikalischen Gesetze sinnlos würden. Ich glaube aber trotzdem, daß Ihre Frage irgendwann eine konkrete Antwort erhalten wird. Die Struktur unserer Welt und damit auch die Struktur des Raumes ist wahrscheinlich durch die Struktur der fundamentalen Grundgesetze der Physik eindeutig bestimmt. Nur kennen wir diese Gesetze bis heute nicht vollständig. Ich sage allerdings bewußt ›wahrscheinlich‹, denn sicher ist das nicht. So könnte es beispielsweise sein, daß sich die Dreidimensionalität unseres Raumes während der Entwicklung des Kosmos kurz nach dem Urknall, also jener Explosion, die am Anfang der kosmologischen Entwicklung stand, mehr oder weniger zufällig herausgebildet hat. Ich habe selbst einmal mit einer solchen Idee gespielt, ohne allerdings zu konkreten Ergebnissen zu kommen.«

»Newton, was sagen Sie dazu?« fragte Einstein, sichtlich belustigt. »Ich glaube, wir können mit Genugtuung registrieren, daß auch die heutigen Physiker noch nicht wissen, warum unser Raum dreidimensional ist. Man sieht, die Physiker kochen auch heute nur mit Wasser. Aber Spaß beiseite. Wir nehmen es als gegeben hin, daß unser Raum drei Dimensionen besitzt. Andererseits ist die Zeit eindimensional, denn eine einzige Zahl reicht aus, um die Uhrzeit eindeutig festzulegen.«

Newton warf ein: »Ganz bewußt habe ich in den ›Principia‹ nicht nur von einem absoluten Raum gesprochen, sondern auch von einer absoluten Zeit. Ich stellte mir vor, daß ich ohne weiteres, zumindest in Gedanken, an jedem Punkt des Raumes eine Uhr anbringen kann. Ich kann auch annehmen, daß alle diese Uhren im selben Augenblick dieselbe Zeit anzeigen. Die Gesamtheit aller Uhren beschreibt also dann eine universelle Zeit, die überall im Universum in derselben Weise ›tickt‹ und die ich dann mit der absoluten Zeit des Weltalls gleichsetzen würde. Dabei ist es natürlich vollkommen gleichgültig, welche Zeiteinheiten man zur Beschreibung dieser Zeit benutzt, etwa Minuten, Stunden oder auch beliebige Bruchteile der letzteren.«

Einstein unterbrach: »Genug, genug, Newton, wir alle kennen Ihre absolute Zeit. Worauf ich aber hinaus möchte, ist eine Art Vereinigung von Raum und Zeit. Betrachten wir einmal die Zeit als eine neue, unabhängige Koordinate, und stellen wir jene gleichwertig neben die drei Koordinaten des Raumes.«

»Moment, Mr. Einstein, was soll das bedeuten?« rief Newton dazwischen. »Sie wollen doch nicht etwa behaupten, die Zeit sei ein Teil des Raumes. Dem möchte ich energisch widersprechen. Raum ist Raum, und Zeit ist Zeit. Sie können beides nicht vermischen. Sie sind unvereinbar wie Äpfel und Birnen.«

»Gemach – niemand sprach von einer Vermischung von Raum und Zeit, jedenfalls bis jetzt nicht.«

»Ich hoffe, auch in Zukunft nicht«, meinte Newton ärgerlich.

»Hm, lieber Herr Newton, ich fürchte, wir werden bald über eine solche Vermischung zu reden haben«, warf ich ein.

»Nicht so hitzig, verehrte Kollegen«, sagte jetzt Einstein in einem ruhigen, bestimmenden Tonfall. »Ich sprach ja nicht davon, daß jetzt die Zeitkoordinate praktisch eine vierte Koordinate des Raumes werden soll. Wir führen einfach die Zeitkoordinate neben den drei Raumkoordinaten ein. Es handelt sich dann aber keineswegs um einen Raum von vier Dimensionen, sondern um ein Raum-Zeit-Kontinuum, kurz, um die Raum-Zeit, also um ein Gebilde mit, wie man sagt, drei plus ein (3+1) Dimensionen. Ausnahmsweise ist es hier nun nicht gestattet, drei plus eins zu vier zu addieren.

Ich möchte ein einfaches Beispiel eines solchen Raum-Zeit-Kontinuums geben. Nehmen wir einmal an, wir beschreiben die Bewegung eines Raumschiffs entlang der x-Achse unseres Raum-Koordinatensystems. Dies ist natürlich überhaupt keine Einschränkung, denn durch eine geeignete Verdrehung und Verschiebung des Koordinatensystems läßt sich dies selbstverständlich stets erreichen, da das Raumschiff sich sowieso auf einer Geraden bewegt. Der Vorteil hierbei ist nur, daß wir jetzt die Möglichkeit haben, die beiden anderen Koordinaten, also die y- und die z-Koordinate, einfach wegzulassen, da beide entlang der Bahngeraden des Raumschiffs sowieso Null sind, also für die Beschreibung des jeweiligen Ortes des Raumschiffs nicht benötigt werden.«

»Damit haben Sie also das Problem auf ein einfaches eindimensionales Problem reduziert«, meinte Newton.

»Genau. Es wird gleich klarwerden, warum dies nützlich ist. Wir haben jetzt die Möglichkeit, die Bewegung des Raumschiffs so zu beschreiben, daß wir jeden Punkt der x-Achse, also der Bahngeraden, mit dem entsprechenden Zeitpunkt versehen, an dem das Raumschiff vorüberzieht – mit anderen Worten, wir stellen einen Fahrplan auf, ganz analog den Fahrplänen bei der Eisenbahn.

Es gibt aber auch eine andere Methode, bei der wir die Zeit als eine besondere Koordinate extra einführen. Hierzu benötigen wir nur ein etwas ungewöhnliches Koordinatensystem, zusammengesetzt aus einer Raumachse, nämlich der bereits betrachteten x-Achse, und einer Zeitachse.«

Mit diesen Worten begann Einstein, auf einem Stück Papier ein Koordinatenkreuz zu zeichnen.

Einstein: Die Bewegung des Raumschiffs beschreibe ich nun, indem ich jedem Raumpunkt den entsprechenden Zeitpunkt, bei dem das Raumschiff am Ort x vorbeifliegt, zuordne. Das Resultat

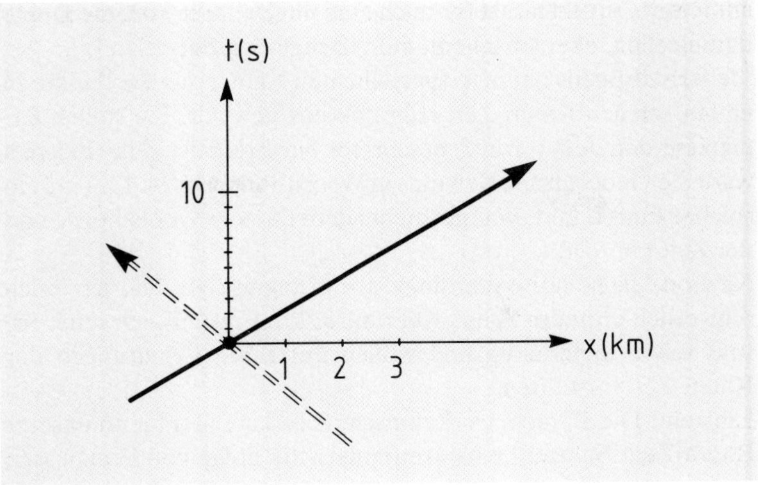

Abb. 7–1 Ein zweidimensionales Raum-Zeit-Kontinuum. Aufgetragen ist eine Raumachse (x-Achse, Einheit km) und die Zeitachse (Einheit s).

Die Bewegung eines Raumschiffs, das sich zum Zeitpunkt Null am Nullpunkt der Raumachse befindet und sich in die Richtung der x-Achse bewegt, wird durch die Gerade angegeben. Die gestrichelte Gerade beschreibt eine analoge Bewegung in die entgegengesetzte Richtung.

ist eine Gerade in unserem zweidimensionalen, genauer gesagt, in unserem 1 + 1-dimensionalen Achsenkreuz. Der Vorteil dieser Beschreibung der Bewegung des Raumschiffs ist offensichtlich. Um den Ort des Raumschiffs zu einer bestimmten Zeit herauszufinden, braucht man sich nicht mehr der Mühe zu unterwerfen, die Zahlenangaben bezüglich der Zeitpunkte entlang der Bahngeraden zu studieren, also den Fahrplan der Bewegung, sondern man liest einfach den Wert der x-Koordinate auf der Raum-Zeit-Geraden, der zu dem entsprechenden Zeitpunkt gehört, ab.

Newton: Das ist ein interessanter Trick. Ich muß zugeben, Ihr Raum-Zeit-Achsenkreuz stellt eine witzige Synthese zwischen dem Raum und der Zeit dar. Die Punkte in Ihrem Achsenkreuz beschreiben nicht irgendwelche Punkte im Raum, sondern einen bestimmten Ort, gegeben durch die Koordinate x, zu einer be-

stimmten Zeit t. Das ist für mich eine ungewohnte Art, die Dinge darzustellen, aber sie scheint mir durchaus legitim.
Haller: Übrigens hat man speziell einen Namen für die Punkte in einem solchen Raum-Zeit-Achsenkreuz gewählt. Sie stellen Ereignisse dar. Jeder Punkt beschreibt ein Ereignis. Zum Beispiel wäre die Geburt Isaac Newtons in Woolsthorpe am 24. 12. 1642 ein solcher Punkt, und zwar genau bei dem Ort x = Woolsthorpe und der Zeit t = 1642.
Newton, lächelnd: Allerdings ein Ereignis, an das ich mich schwerlich erinnern kann. Aber bitte, Mr. Einstein, ich sehe, Sie sind schon ungeduldig und wollen mit Ihren Erklärungen der Raum-Zeit fortfahren.
Einstein: Die Bahn eines Raumschiffs ist eine Gerade in unserer Raum-Zeit. Sie stellt eine kontinuierliche Folge von Ereignissen dar, nämlich das Vorbeifliegen des Raumschiffs an jedem der Raumpunkte.

In einem normalen Raum-Koordinatensystem wird die Position eines Objekts durch die Angabe des betreffenden Raumpunkts beschrieben. In einem Raum-Zeit-System beschreibt ein solcher Körper jedoch immer eine Linie, nämlich die Kette der Ereignisse, die der Körper »durchlebt«. Eine solche Linie oder Kette hat einen speziellen Namen. Man nennt sie eine Weltlinie. Diese enthält die gesamte Information über die Bewegung des Körpers in der Vergangenheit, zum gegenwärtigen Zeitpunkt und in der Zukunft.
Newton: Ich nehme an, der Name »Linie« ist bewußt gewählt, um auszudrücken, daß es sich nicht immer um eine Gerade handeln muß?
Einstein: Klar. Die Weltlinie unseres Raumschiffs ist deshalb geradlinig, weil es sich gemäß dem Newtonschen Trägheitsgesetz mit konstanter Geschwindigkeit durch den Raum bewegt. Eine solche Gerade hat natürlich auch keinen Anfang und kein Ende, weil wir der Einfachheit halber annehmen wollen, daß unser Raumschiff schon immer durch den Raum flog und dies auch in alle Ewigkeit tun wird. Für ein richtiges Raumschiff ist das natürlich nicht gerechtfertigt, denn irgendwann muß es ja gebaut worden sein.

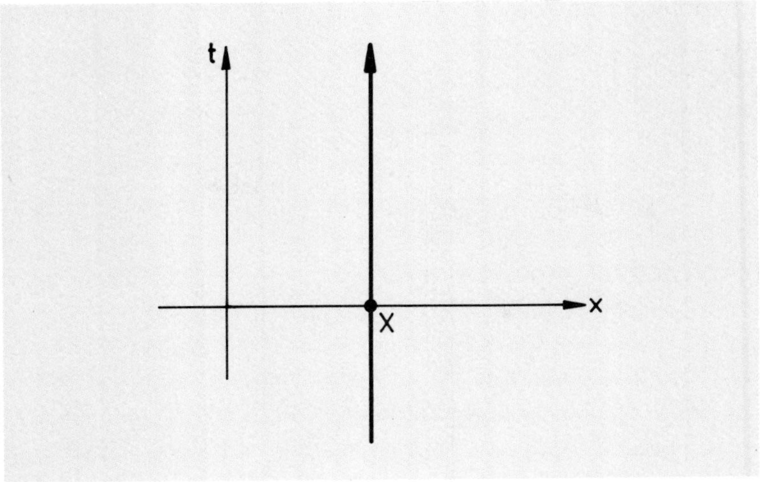

Abb. 7–2 Die Weltlinie eines Körpers, der am Punkt X ruht, ist eine Gerade parallel zur Zeitachse. Hier ist nur eine Raumachse (x-Achse) dargestellt. Im dreidimensionalen Raum wird der Punkt X durch seine drei Raumkoordinaten dargestellt.

Noch einen Spezialfall möchte ich erwähnen, nämlich den Fall, daß das Raumschiff an einem Ort, sagen wir dem Raumpunkt X, ruht, bezogen natürlich auf das jeweilige Koordinatensystem. Auch in diesem Fall ist die Weltlinie eine Gerade, und zwar eine Gerade, die parallel zur Zeitachse verläuft und die Raumachse am Punkt X schneidet.

Die Weltlinien von Objekten, die sich nicht gleichförmig und geradlinig durch den Raum bewegen, haben natürlich keine Geraden als Weltlinien. Beispielsweise ist die Weltlinie eines Erdsatelliten, der sich auf einer Kreisbahn um die Erde bewegt, eine Spirale.

Viele andere Kurven können auch als Weltlinien auftreten. Allerdings läßt sich dann die Situation nicht mehr so einfach wie hier auf einem Blatt Papier beschreiben, denn dann findet wie beim Erdsatelliten die Bewegung im richtigen dreidimensionalen Raum

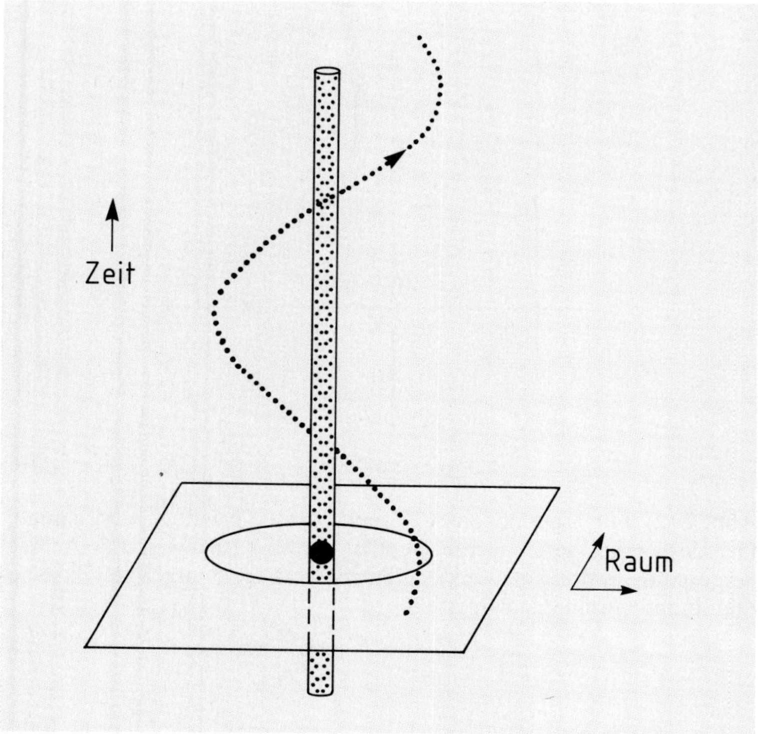

Abb. 7–3 Die Weltlinie eines Erdsatelliten, der sich auf einer Kreisbahn um die Erde bewegt, ist eine Spirale, die sich um die geradlinige Weltlinie der Erde windet. (Die Bewegung der Erde um die Sonne ist hier vernachlässigt.) Die angedeutete Ebene stellt den Raum dar (zweidimensional); die Kreisbahn ist angedeutet. Die Weltlinie des Satelliten durchstößt diese Ebene in einem Punkt der Bahnkurve.

statt. Für eine exakte Darstellung der Weltlinien würde man dann ein Zeichenblatt brauchen, auf dem man vier Dimensionen, drei für den Raum und eine für die Zeit, auftragen kann. Das ist natürlich auf einem Blatt Papier nicht möglich. Auch ein räumliches Modell in unserem dreidimensionalen Raum nutzt da nicht viel, denn es fehlt eben eine weitere Dimension für die Darstellung der Zeit. Für einen Mathematiker ist allerdings die Beschreibung

einer solchen Weltlinie in der 3 + 1-dimensionalen Raum-Zeit mit Hilfe mathematischer Formeln überhaupt kein Problem.
Haller: Allerdings sollte noch erwähnt sein, daß durchaus nicht alle möglichen Kurven die Weltlinien von physikalischen Körpern in der Raum-Zeit darstellen können, im Gegensatz zu einem normalen Koordinatensystem des Raumes, bei dem man sich ja alle möglichen Kurven als Bahnkurven von Objekten vorstellen kann. Beispielsweise kann kein materieller Körper eine geschlossene Linie, etwa einen Kreis, als Weltlinie haben.

Newton sah mich etwas überrascht an, dachte kurz nach und meinte dann: »Das ist mir klar. Eine solche Weltlinie würde ja bedeuten, daß der Körper zu gewissen Zeitpunkten, also gleichzeitig, an zwei verschiedenen Orten existiert. Dies ist natürlich bei ein und demselben materiellen Körper nicht möglich. Ich schließe daraus, daß als Weltlinien nur solche Linien erlaubt sind, die bei konstant gehaltener Zeit nur einen Schnittpunkt mit der entsprechenden Zeitlinie haben.«

Ich antwortete: »So kann man es auch ausdrücken, sozusagen mathematisch exakt.«

Nunmehr ergriff Einstein das Wort: »Mittlerweile haben wir, glaube ich, die Raum-Zeit zur Genüge diskutiert. Für Sie, Herr Newton, ist das ja im Grunde nichts Neues, denn bislang haben unsere Überlegungen ganz streng auf dem Boden Ihrer Mechanik stattgefunden. Jetzt aber verlasse ich diesen festen Boden und bringe das Licht ins Spiel.«

Einstein nahm wieder seinen Schreibblock und zeichnete erneut ein Raum-Zeit-Achsenkreuz ein, wobei er wieder den Raum nur durch eine Koordinate, die x-Achse, beschrieb.

»Der Ursprung meines Raum-Zeit-Systems hier stellt natürlich wie jeder andere Punkt der Raum-Zeit ein Ereignis dar, das Ereignis am Ort 0 und zur Zeit 0. Ich möchte jetzt bei diesem Ereignispunkt wirklich etwas passieren lassen, nämlich das Aufblitzen eines Lichtsignals, etwa eines Blitzlichts. Das Signal breitet sich jetzt mit Lichtgeschwindigkeit, also mit etwa 300000 km/s, aus.

Nehmen wir einmal an, am Ort x, der vom Nullpunkt eine ge-

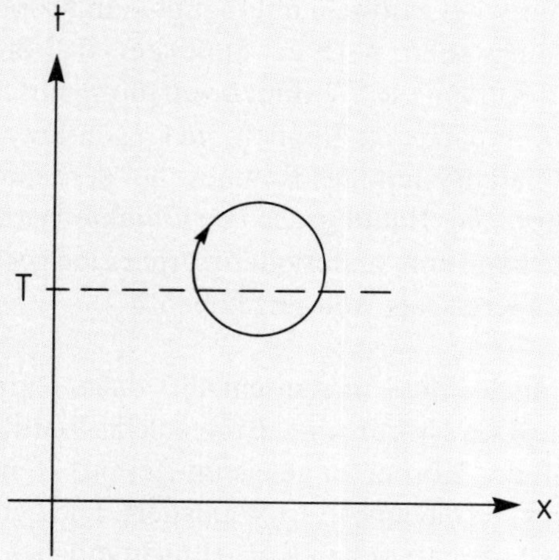

Abb. 7–4 Ein Kreis im Raum-Zeit-Kontinuum ist ein Beispiel für eine Kurve, die nicht die Weltlinie eines materiellen Körpers darstellen kann. Zu gewissen Zeitpunkten, etwa zur Zeit T, würde diejenige Gerade, die alle Ereignisse zur selben Zeit T beschreibt, den Kreis zweimal schneiden. Dies ist jedoch nicht möglich, da der Körper nicht gleichzeitig an zwei verschiedenen Orten sein kann.

wisse Distanz, sagen wir 300000 km, entfernt ist, plazieren wir einen Beobachter, dessen Aufgabe es ist, nach Lichtsignalen Ausschau zu halten. Die Weltlinie des Beobachters, der sich bezüglich des Nullpunkts in Ruhe befinden soll, ist natürlich eine Gerade parallel zur Zeitachse.

Zur Zeit des Aufblitzens des Signals, also zur Zeit $t = 0$, sieht der Beobachter natürlich noch nichts. Er bemerkt es erst dann, wenn die ausgesandten Photonen seinen Ort erreichen, also in diesem Beispiel nach einer Sekunde.«

Newton folgte aufmerksam Einsteins Worten, wobei er seinen Kopf mit der Hand abstützte.

Einstein: Neben der Weltlinie des Beobachters können wir auch die Weltlinie des Lichtsignals eintragen. Da wir vorerst den Raum als eindimensional betrachten wollen, kann sich das Licht nur entlang der x-Achse ausbreiten, und zwar jeweils entlang der positiven und der negativen x-Achse, also nach zwei Richtungen. In einem eindimensionalen Raum gibt es eben nur zwei Richtungen, nach vorn und nach hinten. Diejenigen Photonen, die sich in Richtung der positiven Achse bewegen, treffen dann nach einer Sekunde am Ort des Beobachters ein. Ihre Weltlinie schneidet also die Weltlinie des Beobachters. Die Weltlinie des Lichtes ist also eine Gerade, die im übrigen identisch mit der Weltlinie eines Körpers wäre, der sich mit Lichtgeschwindigkeit vom Ursprung aus wegbewegen würde.

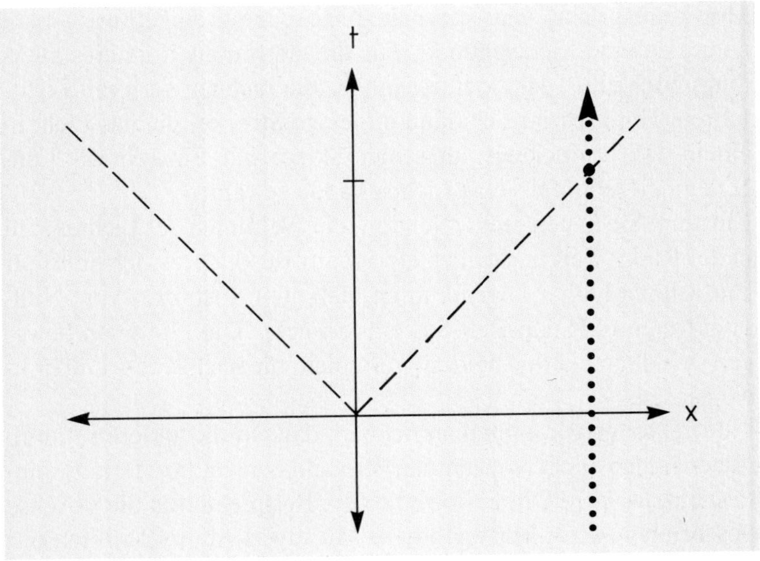

Abb. 7–5 Vom Ereignispunkt t = 0, x = 0 breitet sich ein Lichtsignal aus. Letzteres erreicht den Ort des Beobachters 300 000 km entfernt zur Zeit t = 1 s (markierter Punkt auf der Zeitachse). Am betreffenden Ereignispunkt schneiden sich die Weltlinie des Lichtsignals (gestrichelte Linie) und die des Beobachters (punktierte Linie).

Newton, nachdenklich auf Einsteins Skizze schauend: Wenn es stimmt, was Sie kürzlich behaupteten, nämlich daß das Licht sich stets mit der Lichtgeschwindigkeit von fast 300000 km/s ausbreitet, dann sind die Weltlinien der Photonen in der Raum-Zeit immer Geraden, die einen ganz bestimmten Winkel zur Zeitachse bilden. In Ihrer Zeichnung haben Sie die Einheiten so gewählt, daß dieser Winkel etwa 45 Grad ist. Das geht natürlich nur, wenn man als Zeiteinheit die Sekunde und als Längeneinheit nicht einen Meter, eine Meile oder einen Kilometer verwendet, sondern eben die Strecke, die das Licht in einer Sekunde zurücklegt, also 300000 km.
Haller: Da wir bereits wissen, daß die Lichtgeschwindigkeit eine besondere Rolle spielt, ist eine solche Wahl sehr empfehlenswert. Im übrigen hat man für diejenige Strecke, die das Licht in einer Sekunde zurücklegt und die etwa der Distanz von der Erde zum Mond entspricht, eine spezielle Bezeichnung eingeführt – man nennt sie eine Lichtsekunde. Für die Astronomen ist dies allerdings noch eine recht kleine Einheit. Sie rechnen gern mit Lichtjahren. Ein Lichtjahr ist dann diejenige Strecke, die das Licht in einem Jahr zurücklegt. In seiner Skizze hat Einstein als Längeneinheit jedenfalls eine Lichtsekunde gewählt.
Einstein: Sie haben recht, Newton, die Weltlinien des Lichtes sind in der Raum-Zeit tatsächlich etwas ganz Besonderes. Ich habe der Einfachheit halber angenommen, daß mein Lichtblitz vom Nullpunkt meines Raum-Zeit-Systems ausgeht. Die Photonen bewegen sich dann auf den beiden Weltlinien, die nach rechts und links weglaufen.

Jetzt wollen wir einmal annehmen, daß wir die anderen Raumdimensionen nicht vollständig vernachlässigen, sondern zumindest eine weitere Dimension, die zum Beispiel durch die y-Achse beschrieben wird, hinzunehmen. Mit etwas Mühe kann ich das sogar auf dem Papier veranschaulichen.

– Er skizzierte jetzt eine Raum-Zeit mit zwei Raumdimensionen und der Zeit, also eine 2 + 1-dimensionale Raum-Zeit.
Einstein: Wieder nehme ich an, daß jemand einen Lichtblitz zur Zeit $t = 0$ am Ort $x = y = 0$ aussendet, also vom Ursprung der

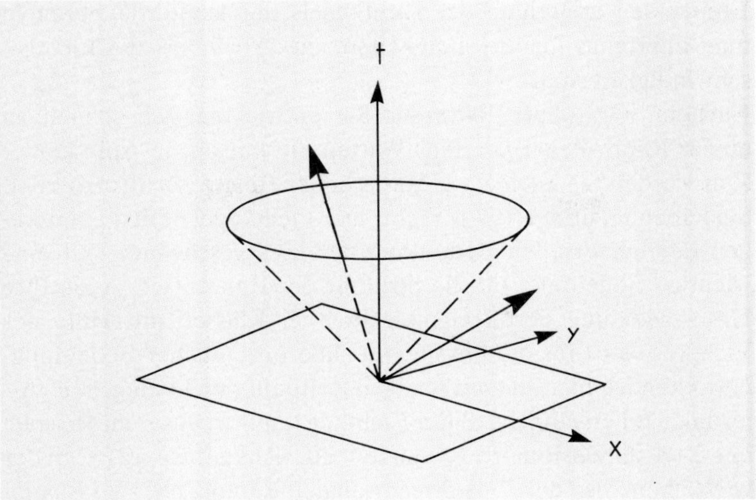

Abb. 7–6 Der Lichtkegel in der 2 + 1-dimensionalen Raum-Zeit. Die beiden eingezeichneten Pfeile weisen jeweils auf ein Ereignis innerhalb (linker Pfeil) und außerhalb (rechter Pfeil) des Lichtkegels.

Raum-Zeit. Jetzt allerdings kann das Licht in alle möglichen Richtungen des zweidimensionalen Raumes, einer Ebene, davoneilen, also nicht mehr wie vorhin in zwei Richtungen, sondern in unendlich viele. Man kann deshalb nicht mehr von einer Weltlinie des Lichtes sprechen, sondern vielmehr von einer ganzen Fläche von Ereignissen. Diese Fläche bildet einen Kegel, dessen Spitze natürlich im Ursprung des Koordinatensystems liegt.

Newton: Ich finde es interessant, daß dieser Lichtkegel, wie ich ihn mal nennen möchte, den gesamten Ereignisraum in zwei Teile zerlegt. Zum einen gibt es die Ereignisse, die außerhalb des Kegels liegen, zum Beispiel jene in der x-y-Ebene zur Zeit $t = 0$. Zum anderen hat man alle diejenigen Ereignisse, die innerhalb des Kegels liegen. Letztere lassen sich, so wie ich es sehe, mit dem Ursprung durch Weltlinien verbinden, die dann Weltlinien von Körpern entsprechen, die sich mit einer Geschwindigkeit bewegen, die kleiner als die Lichtgeschwindigkeit ist. Um dasselbe mit den

Ereignissen außerhalb des Lichtkegels durchzuführen, braucht man allerdings Geschwindigkeiten, die größer als die Lichtgeschwindigkeit sind.
Einstein: Gratuliere, Newton. Sie entwickeln sich schnell zu einem Raum-Zeit-Experten. Warten Sie nur ab, in ganz kurzer Zeit werden Sie auch ein Experte in der Relativitätstheorie sein. Sie haben im übrigen ganz recht. Der Lichtkegel besitzt eben wegen der universellen Bedeutung der Lichtgeschwindigkeit eine wichtige Bedeutung für die Struktur der Raum-Zeit. Auch Ihre Unterscheidung der Ereignisse in zwei Klassen mit Hilfe des Lichtkegels ist für die Physik von außerordentlicher Bedeutung. Nur kann ich hierauf zum jetzigen Zeitpunkt nicht eingehen. Allerdings sei erwähnt, daß der Lichtkegel nur in unserem Beispiel der 2 + 1-dimensionalen Raum-Zeit ein richtiger Kegel ist. In der wirklichen, also der 3 + 1-dimensionalen Raum-Zeit, ist das Analogon zum Lichtkegel eine Art Verallgemeinerung eines Kegels, nämlich die Gesamtheit aller Ereignisse, die vom Lichtsignal erreicht werden.

Da sich das Licht jetzt in alle drei Raumrichtungen ausbreiten kann, handelt es sich bei dieser Gesamtheit natürlich um ein dreidimensionales Gebilde, das ich natürlich nicht mehr auf einem Blatt Papier veranschaulichen kann. Nur hat es sich in der Physik eingebürgert, dieses dreidimensionale Gebilde auch als Lichtkegel zu bezeichnen.
Newton: Ich glaube, Mr. Einstein, Sie loben mich über Gebühr. Bis jetzt ist ja hier kaum etwas diskutiert worden, was nicht auch in meinen »Principia« hätte stehen können. Das einzig wirklich Neue bisher für mich ist die Konstanz der Lichtgeschwindigkeit oder besser die angebliche Konstanz der Lichtgeschwindigkeit, denn ich kann es immer noch nicht glauben, daß sich das Licht in jedem beliebigen System mit derselben Geschwindigkeit ausbreitet. Ich glaube, ich kann es Ihnen beiden auch beweisen, daß dies nicht so sein kann. Gestern abend schon kam mir die entscheidende Idee, und jetzt, nach unserer Diskussion der Raum-Zeit, ist mir die Angelegenheit noch viel klarer geworden. Also meine Herren, ich bitte um Ihre Aufmerksamkeit!

Einstein wandte sich zu mir um und sagte, wobei er lächelte und den Eindruck machte, als wüßte er bereits, worauf Newton hinauswollte: »Sir Isaac, ich glaube, jetzt machen Sie uns beide hier sehr gespannt. Also los, was ist Ihr Argument?«

»Genau genommen habe ich zwei Argumente. Betrachten wir also das erste. Nehmen wir an, wir befinden uns irgendwo im Weltraum und beobachten das Vorbeifliegen eines Raumschiffs. Dieses Raumschiff soll nun mit der Geschwindigkeit des Lichtes, also mit knapp 300 000 km/s, an uns vorüberfliegen. Ich gebe zu, es wird schwierig sein, das Raumschiff überhaupt auf die Geschwindigkeit des Lichtes zu beschleunigen, aber mit technischen Schwierigkeiten wollen wir uns nicht abgeben. Es kommt nur auf das Prinzip an.

Von diesem Raumschiff wird nun ein Lichtsignal in die Flugrichtung ausgesandt. Jetzt, Gentlemen, kommt mein Argument gegen die konstante Lichtgeschwindigkeit. Denn wenn letztere in jedem System konstant ist, dann muß sie auch im System des sich bewegenden Raumschiffs 300 000 km/s betragen, das heißt, das Licht entfernt sich vom Raumschiff mit der angeblich konstanten Lichtgeschwindigkeit.

Was aber werden wir als ruhende Beobachter bemerken? Da sich sowohl das abgestrahlte Licht als auch das Raumschiff mit Lichtgeschwindigkeit durch das All bewegen, laufen beide parallel nebeneinander her, sie bewegen sich gleich schnell. Hieraus müßten wir aber schließen, daß sich das Licht überhaupt nicht vom Raumschiff entfernen kann. Dies widerspricht aber dem, was ich vorhin bezüglich des Raumschiffs sagte. Also gibt es hier einen Widerspruch, und deshalb muß etwas an der Angelegenheit falsch sein. Das einzige, was aber nach meiner Meinung falsch sein kann, ist die Annahme der konstanten Lichtgeschwindigkeit.«

Einstein hatte ebenso wie ich Newton aufmerksam zugehört. Er räusperte sich und sagte nach einer kleinen Pause: »Herr Newton, ich stimme vollkommen mit Ihnen überein, daß es bei der von Ihnen beschriebenen Situation einen Widerspruch gibt. Nur bin ich nicht bereit, mich Ihrer Schlußfolgerung anzuschließen und den Haken in der angenommenen Konstantheit der Lichtgeschwindigkeit zu vermuten. Es gibt nämlich noch eine andere Lösung.«

Newton zog seine Stirn in Falten und erwiderte: »So, und die wäre? Sie wollen doch nicht etwa behaupten, das Raumschiff dürfe sich überhaupt nicht mit Lichtgeschwindigkeit durch das All bewegen?«

Einstein sah mich verblüfft an, denn Newton hatte geradezu den Nagel auf den Kopf getroffen, und meinte dann zu Newton: »Woher wissen Sie denn, worauf ich hinauswill? In der Tat, das Raumschiff kann sich nicht mit Lichtgeschwindigkeit bewegen.«

Ich hatte den Eindruck, als hätte Newton bereits Einsteins Antwort vorausgeahnt oder besser, befürchtet. Hierin wurde ich durch Newtons Antwort bestärkt: »Ich gebe zu, mein Argument taugt nur dann etwas, wenn es zumindest im Prinzip möglich ist, ein Raumschiff oder irgendeinen anderen materiellen Körper, der in der Lage ist, Licht abzustrahlen, auf die Geschwindigkeit des Lichtes zu beschleunigen. Wenn das überhaupt nicht möglich ist, gibt es natürlich keinen Widerspruch.

Also, Mr. Einstein, wenn ich Sie recht verstanden habe, behaupten Sie, es sei prinzipiell unmöglich, einen materiellen Körper auf die Lichtgeschwindigkeit, also auf eine Geschwindigkeit von knapp 300 000 km/s, zu beschleunigen?«

»Ganz recht«, erwiderte Einstein. »In der Relativitätstheorie, aber man könnte genauso sagen, in der Natur spielt eben die Lichtgeschwindigkeit eine fundamentale Rolle. Da es sich im Experiment erwiesen hat, daß die Lichtgeschwindigkeit in jedem Bezugssystem gleich ist, gibt es nur die von Ihnen selbst in Spiel gebrachte Lösung Ihres Paradoxons: Es ist prinzipiell verboten, daß ein materieller Körper sich durch den Raum mit Lichtgeschwindigkeit bewegt oder gar mit einer Geschwindigkeit, die letztere übersteigt. So etwas kann es nicht geben. Jeder Körper hat stets eine Geschwindigkeit, die geringer als die Lichtgeschwindigkeit ist.«

Newton schaute etwas mißvergnügt drein und war offensichtlich mit Einsteins Antwort nicht recht zufrieden.

»Wie wollen Sie denn verhindern, daß ein Raumschiff derart

beschleunigt wird, daß es letztlich mit Lichtgeschwindigkeit durch das All rast? Ich gebe allerdings zu, daß dies technisch keine leichte Aufgabe sein wird, aber im Prinzip könnte es doch möglich sein. Im übrigen brauche ich gar kein Raumschiff zu betrachten. Es dürfte ja nicht zu schwierig sein, einen sehr kleinen Körper, zum Beispiel ein Atom oder einen Atomkern, auf eine hohe Geschwindigkeit zu beschleunigen. Sie behaupten also allen Ernstes, daß es nicht möglich ist, ein Atomkernteilchen gleichmäßig so zu beschleunigen, daß seine Geschwindigkeit letztlich die Geschwindigkeit des Lichtes erreicht oder übersteigt. Nach den Grundsätzen meiner Mechanik sollte dies jedenfalls kein Problem sein.«

Jetzt schaltete ich mich in die Diskussion ein: »Herr Newton, niemand bezweifelt, daß dies nach Ihren Gesetzen möglich ist. Ein Auto kann man ohne weiteres innerhalb zehn Sekunden auf eine Geschwindigkeit von 100 km/h bringen. Es ist ein leichtes, sich vorzustellen, daß man den Beschleunigungsprozeß alle zehn Sekunden wiederholt, und nach einer allerdings geraumen Zeit würde in der Tat die Geschwindigkeit des Lichtes erreicht sein.

Es hat sich jedoch herausgestellt, daß man diesen Beschleunigungsprozeß nicht ohne weiteres wiederholen kann. Bei hohen Geschwindigkeiten, genauer bei Geschwindigkeiten, die die Größenordnung der Lichtgeschwindigkeit erreichen, erweist es sich eben, daß Ihre mechanischen Gesetze nicht mehr gültig sind, sondern durch die Gesetze der Relativitätstheorie ersetzt werden müssen. Hiernach wird es zunehmend schwieriger, einen Körper, sagen wir unser Auto, weiter zu beschleunigen. Je näher die Geschwindigkeit an die Lichtgeschwindigkeit heranrückt, um so mehr Energie muß man aufwenden, um die Geschwindigkeit auch nur ein klein wenig zu erhöhen. Die Lichtgeschwindigkeit selbst kann man nie erreichen, weil dann der hierzu nötige Energieaufwand ins Unermeßliche wachsen würde.«

»Richtig«, warf Einstein ein. »Man kann den Sachverhalt auch folgendermaßen ausdrücken: Ein materieller Körper, der sich mit Lichtgeschwindigkeit bewegt, müßte eine unendlich große Energie besitzen. Deshalb kann es einen solchen Körper nicht geben, denn die Energie jedes Körpers ist natürlich begrenzt.«

Ich fuhr fort: »Herr Newton, lassen Sie mich das folgende Beispiel erwähnen. Kürzlich habe ich Ihnen beim Anflug auf Genf das Gelände des CERN gezeigt. Der große Beschleuniger des CERN beschleunigt Protonen, also die Atomkerne des Wasserstoffatoms. Diese Teilchen, die ja elektrisch positiv geladen sind, werden durch starke elektromagnetische Kraftfelder in einer mehrere Kilometer langen ringförmigen Vakuumröhre beschleunigt. Wären die Gesetze Ihrer Mechanik für die Protonen auch bei sehr großen Geschwindigkeiten gültig, so würden sich die Protonen am CERN mit einer Geschwindigkeit bewegen, die die des Lichtes bei weitem übersteigen würde. Das ist aber nicht der Fall. Statt dessen bewegen sich die Protonen mit einer Geschwindigkeit, die der Lichtgeschwindigkeit sehr nahe kommt – es sind nämlich mehr als 99 % der Lichtgeschwindigkeit.«

Newton war in der Zwischenzeit aufgesprungen und lief nun aufgeregt im Zimmer hin und her. Nach einiger Zeit, die wir schweigsam verbrachten, sagte er schließlich: »Mein Gott, ich hätte nie geglaubt, daß die Lichtgeschwindigkeit eine so fundamentale Rolle in der Natur spielt. Aber was heißt hier schon Lichtgeschwindigkeit? Die Protonen am CERN haben ja nichts direkt mit Licht zu tun. Wieso sollen sie dann aber wissen, daß sie nie die Lichtgeschwindigkeit überschreiten dürfen? Mir scheint, die Lichtgeschwindigkeit ist viel mehr als nur die Ausbreitungsgeschwindigkeit des Lichtes.«

»Sie haben vollkommen recht, Newton«, ließ Einstein vernehmen. »Im Grunde ist die Lichtgeschwindigkeit eine universelle Konstante, eine Naturkonstante par excellence, wie wir schon mehrmals betont haben, die für die Struktur von Raum und Zeit von größter Wichtigkeit ist. Man könnte sie ruhig als Universalgeschwindigkeit oder Fundamentalgeschwindigkeit bezeichnen. Daß diese Geschwindigkeit nebenbei auch noch die Ausbreitungsgeschwindigkeit des Lichtes darstellt, ist eigentlich nur noch von untergeordneter Bedeutung. Die Lichtgeschwindigkeit geht alle an, auch die Atome, aus denen unsere Körper bestehen und die zunächst erst mal nichts mit Licht zu tun haben.«

Ich wandte mich an Newton: »Es gibt übrigens in der Natur höchstwahrscheinlich neben dem Photon, dem Lichtteilchen, noch weitere Teilchen, die sich stets mit Lichtgeschwindigkeit bewegen, die Neutrinos. Das sind elektrisch neutrale Teilchen, die mit den Elektronen verwandt sind. Sie sind gewissermaßen die elektrisch neutralen Brüder des Elektrons und werden bei bestimmten Atomkernreaktionen erzeugt.«

»Wieso sagen Sie ›höchstwahrscheinlich‹? Warum weiß man das nicht genau?« fragte Newton.

»Man ist sich deshalb nicht sicher, weil es bis heute nicht geklärt ist, ob diese Neutrinoteilchen ebenso wie die Photonen keine Masse haben, sondern nur eine bestimmte Energie, oder ob sie doch eine, wenn auch sehr kleine, Masse besitzen. Im letzteren Fall können sie sich natürlich ebenso wie die Protonen am CERN nie mit Lichtgeschwindigkeit bewegen. Wie dem auch sei – ich wollte durch dieses Beispiel nur verdeutlichen, daß der Ausdruck ›Lichtgeschwindigkeit‹, wie Einstein vorhin schon angedeutet hat, etwas irreführend ist. Man könnte genausogut ›Neutrinogeschwindigkeit‹ sagen, aber das wäre natürlich gleichfalls eine einseitige Bezeichnung. Es handelt sich eben um eine fundamentale Grenzgeschwindigkeit in der Natur, deren Wurzeln nicht direkt mit dem Licht oder mit den Neutrinos zu tun haben, sondern mit den Geheimnissen der Raum-Zeit-Struktur selbst.«

Das Gespräch verstummte einen Augenblick. Hatten wir vielleicht den Faden verloren?

Einstein: Herr Newton, Sie sprachen vorhin von einem zweiten Argument gegen eine konstante Lichtgeschwindigkeit. Wie steht es denn damit? Wollen Sie uns das vorenthalten?

Newton: Keineswegs, ich wollte es gerade zur Sprache bringen. Allerdings muß ich gestehen, daß mich Ihre Worte über die raumzeitliche Bedeutung der Lichtgeschwindigkeit jetzt sehr beschäftigen. Ich bin nicht mehr so sicher wie noch vor einer Stunde, ob mein zweites Argument wirklich stichhaltig ist. Wie auch immer – hier ist mein Argument, genauer, mein Gedankenexperiment: Nehmen wir einmal an, wir befinden uns im Weltraum und beobachten das Vorbeifliegen von drei Raumschiffen. Diese kleine Flotille soll sich auf einer Geraden bewegen, und zwar mit einer beliebigen, aber gleichbleibenden Geschwindigkeit. Die Geschwindigkeiten der Raumschiffe sollen gleich und im übrigen kleiner als die Lichtgeschwindigkeit sein. Das mittlere Raumschiff ist das Kommandoschiff, in dem sich die Leitzentrale befindet. Die Abstände des vorderen und des hinteren Raumschiffs vom Kommandoschiff seien gleich.

Zu einem bestimmten Zeitpunkt wird vom Kommandoschiff ein Signal ausgesandt. Vom Standpunkt eines Beobachters, der sich mit derselben Geschwindigkeit wie die Raumschiffe durch das All bewegt, zum Beispiel als Passagier im Kommandoschiff, stellt sich die Angelegenheit sehr einfach dar: Das Lichtsignal verläßt das Kommandoschiff und kommt nach einer kurzen Zeit bei den beiden Begleitschiffen an, und zwar zur gleichen Zeit – ich möchte betonen, die Signale kommen gleichzeitig an.

– Einstein drehte seinen Kopf zu mir um, lächelte und zwinkerte mir zu, eine Geste, die ich sofort verstand, denn spätestens als Newton das Wörtchen »gleichzeitig« ausdrücklich betonte, war uns klargeworden, worauf er hinauswollte.

Newton: Nun betrachten wir als äußere Beobachter, die wir uns als in Ruhe befindlich betrachten, die Angelegenheit. Jetzt kommt der entscheidende Punkt: Sie behaupten, daß die Lichtgeschwindigkeit in jedem Bezugssystem dieselbe ist. Also ist sie sowohl für die Raumschiffe als auch für unser Bezugssystem gleich 300000 km/s. Jetzt werden Sie sofort verstehen, wie absurd eine solche Behauptung ist.

Von unserem Standpunkt aus betrachtet, breitet sich also das Lichtsignal nach vorn, in die Flugrichtung der Raumschiffe, und nach hinten, also in die Richtung entgegen der Flugrichtung, mit derselben konstanten, universellen Lichtgeschwindigkeit aus.

Nun braucht das Licht eine gewisse Zeit, bis es die Raumschiffe erreicht. In dieser Zeit bewegt sich das hintere Raumschiff etwas in die Richtung des Kommandoschiffs. Das Licht braucht also nicht die ganze Entfernung zwischen Kommandoschiff und hinterem Raumschiff zurückzulegen, bis es das Raumschiff erreicht.

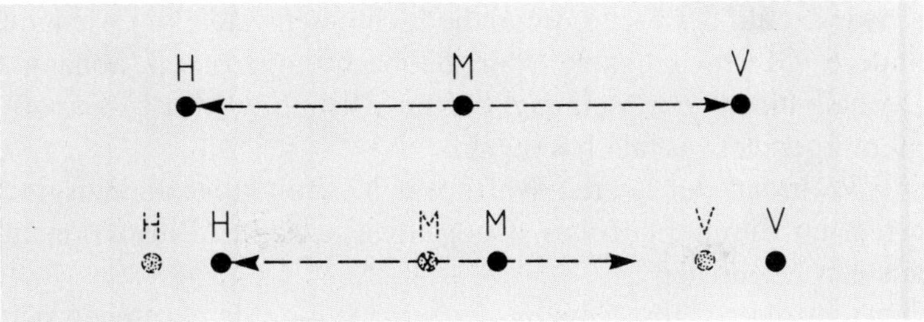

Abb. 7–7 Drei Raumschiffe bewegen sich gleichförmig auf einer Geraden, wobei die Abstände des mittleren Raumschiffs M zum vorderen Raumschiff V und zum hinteren Raumschiff H gleich sein sollen. Von M werden gleichzeitig je ein Lichtsignal nach V und nach H abgesandt. Ein mitbewegter Beobachter sieht, daß die Signale gleichzeitig bei V und bei H eintreffen.

Ein ruhender Beobachter hingegen sieht, daß zum Zeitpunkt, an dem das Signal bei H eintrifft, das andere Signal das vorausfliegende Raumschiff V noch nicht erreicht haben wird. Die Signale kommen also nicht gleichzeitig bei H und V an.

Jetzt wollen wir das nach vorn abgestrahlte Lichtsignal verfolgen. Das vordere Raumschiff bewegt sich in der Zeit, in der das Signal unterwegs ist, etwas in die gleiche Richtung weiter. Folglich muß das Lichtsignal eine längere Strecke zurücklegen als im vorher betrachteten Fall.

Gentlemen! Wahrscheinlich haben Sie schon bemerkt, wie kritisch die Situation mittlerweile geworden ist. Das Signal kommt zuerst beim hinteren Raumschiff an und danach beim vorderen. Damit haben wir ein völlig absurdes Ergebnis erhalten. Im System des Raumschiffs sind die beiden Ankunftsereignisse gleichzeitig, im System des ruhenden Beobachters aber nicht.

Die Zeit jedoch fließt gleichmäßig dahin und ist in allen Systemen gleich. Wenn zwei Ereignisse in einem Bezugssystem gleichzeitig sind, dann sind sie es auch in jedem anderen System. Ich schließe daraus, daß etwas an Ihrer konstanten Lichtgeschwindigkeit nicht stimmt, Mr. Einstein, denn das ganze Problem verschwindet auf der Stelle, wenn die Lichtgeschwindigkeit wie jede andere Geschwindigkeit vom Beobachtungszustand abhängt. Deshalb bin ich der Meinung, daß am Michelson-Morley-Experiment irgend etwas falsch sein muß.

– Während der letzten Worte war Newton aufgestanden und erregt im Zimmer auf- und abgegangen, wobei er Einstein nicht aus den Augen ließ.

Einstein: Also, Herr Newton, ich schlage vor, Sie beruhigen sich erst einmal und setzen sich nieder. Wir wollen jetzt versuchen, gemeinsam die Lage, die Sie gerade als »absurd« beschrieben haben, zu analysieren.

Ich darf Ihnen verraten, daß ich mir vor Jahren, als ich mich am Patentamt mit den Grundlagen der Relativitätstheorie beschäftigte, genau die gleichen Gedanken durch den Kopf gehen ließ wie Sie gerade eben.

Sie haben richtig bemerkt, daß das Prinzip der universellen Lichtgeschwindigkeit nicht mit der Annahme verträglich ist, daß zwei Ereignisse, wenn sie in einem Bezugssystem gleichzeitig stattfinden – in Ihrem Beispiel im System der Raumschiffe –, auch in jedem anderen System zur gleichen Zeit stattfinden.

Leider kann ich aber Ihrer Schlußfolgerung in bezug auf das Michelson-Morley-Experiment nicht zustimmen. Das Ergebnis dieses Experiments als auch vieler anderer Experimente ist heute klar. Die Lichtgeschwindigkeit ist in der Tat eine universelle Geschwindigkeit, wie bereits früher schon betont. Sie ist eine Naturkonstante. Wenn wir uns an dieses Postulat gewöhnen – und ich brauchte damals, im Jahre 1905, mehrere Wochen dazu, bis ich es letztlich ganz natürlich fand, eine universelle Geschwindigkeit für das Licht zu haben –, folgt der Rest automatisch. Wir sind folglich gezwungen anzunehmen, daß zwei Ereignisse, die in irgendeinem System gleichzeitig stattfinden, in einem anderen System nicht gleichzeitig sind. Mit anderen Worten: Wenn man von dem einen System zum anderen übergeht, ändert sich die Zeit.

Bezüglich des von Ihnen beschriebenen Beispiels bedeutet dies: Es gibt eine Zeit im System des Raumschiffs und eine Zeit im System der ruhenden Beobachter. Beide Zeiten sind zunächst verschieden, und wir müssen uns erst einmal im Detail überlegen, wie diese beiden Zeiten zusammenhängen. Das steht natürlich im Widerspruch zu Ihrer Mechanik, denn Sie würden sagen, daß die Zeit in allen Systemen universell abläuft. Ich behaupte nun, daß es keine universelle Zeit gibt, dafür aber eine universelle Geschwindigkeit des Lichtes.

Newton: Sind Sie sicher, Mr. Einstein, daß es keine andere Erklärung gibt? Wenn das stimmt, was Sie gerade sagten, hat dies ganz fundamentale Konsequenzen für die Struktur von Raum und Zeit. Zwar haben wir dies auch schon heute vormittag festgestellt, aber so ernst habe ich das nicht genommen. Erst Ihre Antwort auf meine Frage bezüglich der Gleichzeitigkeit hat mich jetzt wankend gemacht.

Haller: Ich kann Ihnen versichern, Herr Newton, daß es außer der von Einstein gerade gegebenen Erklärung, nämlich die Aufgabe der universellen Gleichzeitigkeit von Ereignissen, keine Erklärung gibt. Sie wissen, was das bedeutet – wir sind dabei, ein neues Bild von Raum und Zeit, genauer von der Raum-Zeit, zu entwerfen. Ich möchte Sie aber auch beruhigen. Die Lichtgeschwindigkeit ist sehr groß. Deshalb werden alle Abweichungen von der von Ihnen postulierten Struktur von Raum und Zeit sehr klein sein, sofern die in Frage kommenden Geschwindigkeiten klein gegenüber der Lichtgeschwindigkeit sind.

Wenn wir zum Beispiel annehmen, daß die Geschwindigkeit der Raumschiffe in Ihrem Beispiel nur einige Kilometer in der Sekunde ist, was im übrigen die typische Geschwindigkeit eines Raumschiffs darstellt, dann kommen auch für den ruhenden Beobachter die beiden Lichtsignale praktisch gleichzeitig an. Der Unterschied in den Laufzeiten ist vernachlässigbar klein.

Ihre Vorstellungen über Raum und Zeit, die Sie in den »Principia« so trefflich zum Ausdruck brachten und die zwei Jahrhunderte lang uneingeschränkt als gültig angenommen wurden – sie werden also nicht vollständig abgeschafft. Sie erweisen sich als durchaus gültige Vorstellungen, wenn man physikalische Prozesse betrachtet, bei denen alle auftretenden Geschwindigkeiten viel kleiner als die Lichtgeschwindigkeit sind. Fast alle in der heutigen

Technik wichtigen Prozesse gehören hierzu. Sobald wir allerdings Phänomene betrachten, bei denen Geschwindigkeiten auftreten, die nur wenig kleiner als die Lichtgeschwindigkeit sind, gibt es große Abweichungen von Ihrer Raum-Zeit-Struktur. Wir kennen heute viele derartige Phänomene, etwa die Bewegung der Protonen im Tunnel des CERN-Beschleunigers.

Newton hatte meinen Worten aufmerksam zugehört, sprang dann auf und erklärte, er müsse jetzt nachdenken und brauche Ruhe. Wir beendeten daher unsere heutige Sitzung, da es sowieso schon recht spät am Nachmittag war, und verabschiedeten uns voneinander.

Einstein meinte dabei zu Newton: »Ich habe volles Verständnis dafür, daß Ihnen die Aufgabe Ihrer Raum-Zeit-Vorstellungen solche Mühe bereitet. Damals, 1905, ging es mir genauso. Abend für Abend bin ich aufgewühlt durch die Straßen von Bern gelaufen und habe intensiv nachgedacht. Viele Nächte hindurch konnte ich nicht schlafen. Allerdings hätte ich es mir 1905 nicht träumen lassen, daß dereinst, nach Jahren, der große Isaac Newton persönlich dasselbe nachvollziehen würde. Jedenfalls wünsche ich Ihnen beim Nachdenken heute abend alles Gute. Bis morgen!«

Newton bedankte sich und verschwand schnellen Schrittes in Richtung seines Hotels, während Einstein und ich noch ein wenig durch die Stadt schlenderten und anschließend in einem kleinen italienischen Restaurant in der Nähe des Bärenplatzes zu Abend aßen.

8
Licht in Raum und Zeit

Am nächsten Morgen traf ich Isaac Newton bereits beim Frühstück im Hotel an. Er hatte gerötete Augen und sah etwas abgespannt aus. Offensichtlich hatte Newton nicht nur den Abend, sondern auch einen großen Teil der Nacht damit verbracht, sein Weltbild mit den Neuigkeiten der gestrigen Sitzung in Einsteins Wohnung in Einklang zu bringen.

Nachdem wir einige Zeit über Belangloses geredet hatten, fragte ich Newton: »Nun, Sir Isaac, haben Sie mittlerweile Ihre Ansichten über die Lichtgeschwindigkeit geändert?«

Newton lächelte etwas krampfhaft und antwortete: »Ich nehme an, das ist nur eine rhetorische Frage. Natürlich habe ich meine Ansicht geändert. Was blieb mir denn auch anderes übrig, nach dem gestrigen Bombardement von Argumenten, das Einstein und Sie auf mich losgelassen haben. Gegen handfeste experimentelle Tatsachen kann man nicht argumentieren, und schließlich ist die Physik in erster Linie eine experimentelle Wissenschaft.

Sie können aber beruhigt sein, mittlerweile habe ich die konstante, universelle Lichtgeschwindigkeit in mein Weltbild eingebaut, genauer gesagt, ich bin dabei, sie einzubauen, wobei es für mich natürlich noch eine Menge Unklarheiten gibt, die wir aber, so hoffe ich zumindest, in Kürze aufklären können.

Ein Problem sehe ich allerdings noch immer mit der universellen Lichtgeschwindigkeit. Ursprünglich verfolgten Michelson und Morley mit ihrem Experiment ja die Absicht, die Bewegung der Erde bezüglich des Äthers festzustellen und genau zu messen, und zwar durch den Nachweis einer Abhängigkeit der Lichtgeschwindigkeit von der Richtung des vermessenen Lichtsignals. Das Ergebnis haben wir gestern ausgiebig besprochen. Ein Effekt wurde nicht gefunden, und es gibt darüber hinaus eine ganze Reihe von experimentellen Tatsachen, die belegen, daß sich das Licht immer mit der gleichen Geschwindigkeit ausbreitet.«

Ich warf ein: »Richtig. Man sollte nur dazu sagen, daß man die Ausbreitung des Lichtes im Vakuum meint. In einem Medium, etwa in Wasser oder in Glas, breitet sich das Licht mit einer etwas kleineren Geschwindigkeit als im Vakuum aus. Man kann sich das anschaulich leicht begreiflich machen. Wenn sich das Licht durch die Atome eines Mediums wie etwa Wasser gewissermaßen hindurchzwängen muß, wird seine Ausbreitungsgeschwindigkeit etwas reduziert.«

»Das ist mir klar«, sagte Newton. »Aber das sind nur Materialeffekte, von keiner grundsätzlichen Bedeutung. Ich meinte natürlich die Geschwindigkeit des Lichtes im Vakuum. Jedenfalls muß man ja nach dem Ergebnis, genauer nach dem negativen Ergebnis des Michelson-Morley-Versuchs schließen, daß es keinen Äther gibt. Wie soll sich aber dann das Licht ausbreiten, im Vakuum, also im ›Nichts‹? Ist es denn überhaupt möglich, daß sich die Lichtwellen ohne ein Medium ausbreiten?«

»Diese Frage habe ich erwartet«, sagte ich. »Aber wenn Sie sagen, die Lichtwellen breiten sich im ›Nichts‹, ohne ein Medium aus, so stimmt das nicht ganz, denn das Licht breitet sich in Raum und Zeit aus.«

Newtons Augen, die im Laufe unseres Gesprächs alle Anzeichen von Müdigkeit verloren hatten, blitzten auf. »Soll das heißen, daß Raum und Zeit gewissermaßen als Äther fungieren?«

»Ehrlich gesagt, in einem tieferen Sinn wissen wir bis heute nicht, was Licht und was Materie, also die Atome und Teilchen, letztlich sind. Einige Physiker vermuten, daß zumindest das Licht eine verborgene Eigenschaft der Raum-Zeit darstellt. Mit anderen Worten: Die Raum-Zeit besitzt nicht nur die drei Dimensionen des Raumes und die eine Dimension der Zeit, sondern auch noch weitere Dimensionen, die allerdings nicht direkt wahrnehmbar sind, die man vielmehr nur an indirekten Auswirkungen, zum Beispiel am Phänomen des Lichtes, erkennen kann.

Manche Physiker gehen sogar so weit zu sagen, daß Raum, Zeit und Materie weiter nichts sind als verschiedene Manifestationen einer zugrunde liegenden geometrischen Struktur. Die gesamte Welt wäre nach dieser Auffassung ein geometrisches Gebilde – Geometrie wäre alles.

Ganz gleich, ob diese Interpretation nun stimmt oder nicht, wir betrachten heute das Licht als eine Art Erregungszustand des Raumes oder der Raum-Zeit, eine spezielle Eigenschaft des Raumes also, die man als ein Feld, genauer: als ein elektromagnetisches Feld bezeichnet.«

Auf Newtons Stirn gruben sich Falten ein. Offensichtlich hatte ich etwas gesagt, was nicht in seine Vorstellungswelt paßte.

Newton: Ich habe mittlerweile begriffen, was ein elektromagnetisches Feld ist. Zwei Spezialfälle davon sind ja schon seit langem bekannt und wurden schon zu meiner Zeit intensiv studiert, die elektrischen und magnetischen Felder. Die elektrische Anziehungskraft, die zwischen zwei elektrisch geladenen Körpern ungleicher Ladungen herrscht, versteht man ja heute als eine Folge des elektrischen Kraftfeldes, das jeden elektrisch geladenen Körper umgibt.

Etwas Ähnliches gilt für die magnetischen Kräfte. So richtet sich eine Kompaßnadel in die Nord-Süd-Richtung aus, weil das magnetische Feld der Erde auf die Nadel einwirkt. Beim Studium der Physikbücher vor einigen Tagen in Cambridge habe ich auch gelernt, daß es reine elektrische Felder nur dann gibt, wenn sich das Feld zeitlich nicht verändert. Sobald sich etwas ändert, zum Beispiel, wenn ich eine elektrisch geladene Kugel hin- und herbewege, tritt auch ein magnetisches Feld auf, das dann zusammen mit dem elektrischen Feld existiert. Gewisse Teile dieser Felder machen sich auch selbständig und verlassen das betreffende Raumgebiet als eine elektromagnetische Welle.

Haller: Ganz recht. Übrigens werden Rundfunkwellen auf sehr ähnliche Art erzeugt. Ein Rundfunksender ist im Grunde eine Vorrichtung, die in der Lage ist, zeitlich veränderliche, also pulsierende elektrische Felder zu erzeugen. Die dabei induzierten ma-

gnetischen Felder bilden zusammen mit einem Teil der pulsierenden elektrischen Felder eine elektromagnetische Welle, also die entsprechende Rundfunkwelle.
Newton: Da die Lichtwellen auch elektromagnetische Wellen sind, stellt sich die Frage: Kann auch Licht auf eine ähnliche Art erzeugt werden wie eine Rundfunkwelle?
Haller: Durchaus. Betrachten wir als Beispiel eine Glühbirne. Das Licht der Birne kommt von einem glühenden Faden, der durch den fließenden elektrischen Strom aufgeheizt wird.
Newton: Warum sendet der glühende Faden aber überhaupt Licht aus, warum also glüht er?
Haller: Der elektrische Strom, der durch den Faden fließt, besteht aus Elektronen, die durch das Metall des Fadens hindurchlaufen, genauer gesagt: infolge der elektrischen Spannung hindurchgepreßt werden und dabei ständig mit den Atomen des Metalls bzw. den Elektronen in den Atomhüllen in Wechselwirkung treten, so daß sich das Metall »aufheizt«, was ja nichts weiter heißt, als daß sich die Teilchen schnell hin- und herbewegen. Da die Elektronen im Metall natürlich elektrisch geladen sind, fangen sie an, elektromagnetische Wellen, in diesem Fall Licht, abzustrahlen.

– Wir sprachen noch eine Weile über die verschiedenen Arten, Licht zu erzeugen. Dabei stellte sich heraus, daß Newton am Morgen die Lampe in seinem Badezimmer aufgeschraubt hatte, nur um bestätigt zu finden, daß das Licht tatsächlich aus einer langen Röhre kam. Es handelte sich natürlich um eine Leuchtstoffröhre – und ich war also veranlaßt, Newton nicht nur das Prinzip der Glühbirne, sondern auch das der Leuchtstoffröhre zu erklären, wobei wir letztlich bei der Atomphysik anlangten. Mittlerweile war die Zeit schon fortgeschritten, und wir mußten aufbrechen, um rechtzeitig in Einsteins Wohnung zu sein.

Wir gingen zusammen den Weg zur Kramgasse durch die Berner Innenstadt. Bereits beim Verlassen des Hotels kam mein Begleiter auf ein weiteres Problem zu sprechen, das ihn in der Nacht bewegt hatte.
Newton: Wenn ich Ihre Bemerkungen vorhin richtig verstanden habe, so handelt es sich bei einem elektromagnetischen Feld oder

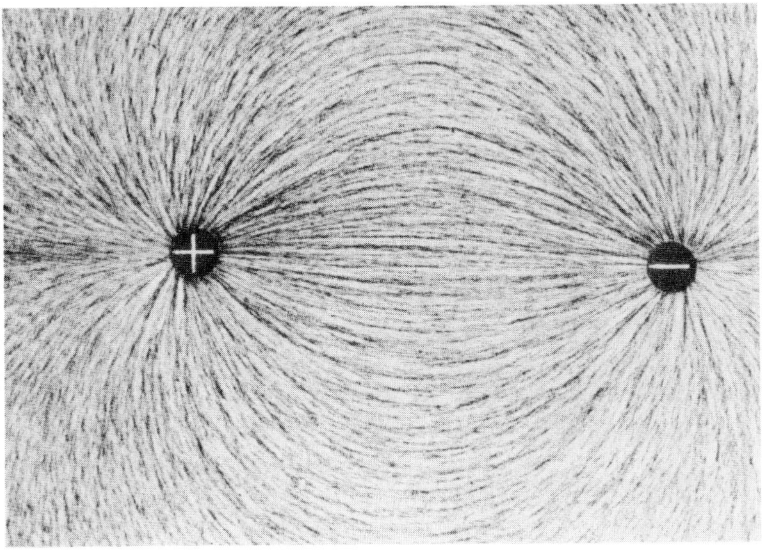

Abb. 8–1 Ungleichnamig elektrisch geladene Kugeln ziehen sich an, wobei die Ursache dieser Kraft in dem elektrischen Feld zu sehen ist, das die Kugeln umgibt. Den Verlauf der Feldlinien kann man durch verschiedene Tricks sichtbar machen. Wie man sieht, beginnen oder enden die Feldlinien jeweils am geladenen Körper.

im einfachsten Fall bei dem elektrischen Feld, das etwa eine elektrisch geladene Kugel umgibt, um ein selbständiges Gebilde, also eine Eigenschaft des Raumes oder der Raum-Zeit, das ein Eigenleben für sich führt und nur mittelbar mit der elektrischen Ladung zusammenhängt. Man kann ein solches Feld durch gewisse Tricks ja auch sichtbar machen, wie ich es in einem der Bücher in Cambridge gesehen habe.

Was passiert nun mit dem Feld, wenn ich die Ladung ganz schnell entferne? Es müßte dann irgendwie auch verschwinden, denn ohne elektrische Ladung gibt es natürlich kein elektrisches Feld.

Haller: Sie haben ganz recht, das Feld muß in der Tat verschwinden. Man kann übrigens ein Experiment dieser Art durchaus im

Labor durchführen. Man braucht nur eine Metallkugel elektrisch aufzuladen. Anschließend führt man die Ladung schnell ab. Das Feld wird ganz schnell abgebaut, und zwar mit Lichtgeschwindigkeit, denn alle elektromagnetischen Phänomene, nicht nur das Licht, pflanzen sich mit Lichtgeschwindigkeit fort.
Newton: Nehmen wir einmal an, wir machen so ein Experiment, wie Sie es gerade beschrieben haben. Sie laden also Ihre Kugel auf, und ich messe das elektrische Feld bzw. die elektrische Anziehungskraft in einer gewissen Entfernung, sagen wir: in zehn Metern Entfernung. Jetzt entfernen Sie die Ladung. Wenn ich Sie recht verstanden habe, merke ich davon zunächst noch gar nichts, denn das Feld wird mit Lichtgeschwindigkeit abgebaut. Das Licht braucht aber, um eine Strecke von zehn Metern zurückzulegen, etwa 33 Milliardstel Sekunden. Das heißt, erst nach dieser natürlich äußerst geringen Zeit merke ich, daß Sie die Ladung entfernt haben.
Haller: Im Prinzip haben Sie recht, nur ist in der Praxis das Experiment natürlich nicht so ohne weiteres durchführbar, denn in einer derart kurzen Zeitspanne könnte ich die Ladung gar nicht vollständig entfernen.
Newton: Das ist klar. Mir kommt es ja nur auf das Prinzip an. Jetzt aber zu meinem eigentlichen Problem, das im Grunde nichts mit elektromagnetischen Phänomenen zu tun hat, sondern mit der Gravitation. Sie wissen, ich habe in meinen »Principia« das Gesetz der universellen Massenanziehung formuliert. Zwei massive Körper ziehen sich an, wobei die Stärke der wirkenden Kraft sowohl von den Massen abhängt als auch von der Entfernung zwischen den Körpern: Je größer die Massen, um so stärker ist die Kraft, und je größer der Abstand, um so schwächer ist die Kraft.

Ich habe ursprünglich geglaubt, daß es sich hier um eine Fernwirkung der Körper auf alle anderen Körper handelt. Mit anderen Worten: Die Sonne zieht die Erde an, weil die Gravitationskraft der Sonne über die Distanz Sonne–Erde hinweg direkt auf die Erde einwirkt. Ich muß jedoch gestehen, daß mir diese Vorstellung einer Fernwirkung nie so ganz geheuer war. Jetzt, nachdem ich eine Menge über elektrische und magnetische Kräfte weiß, bin

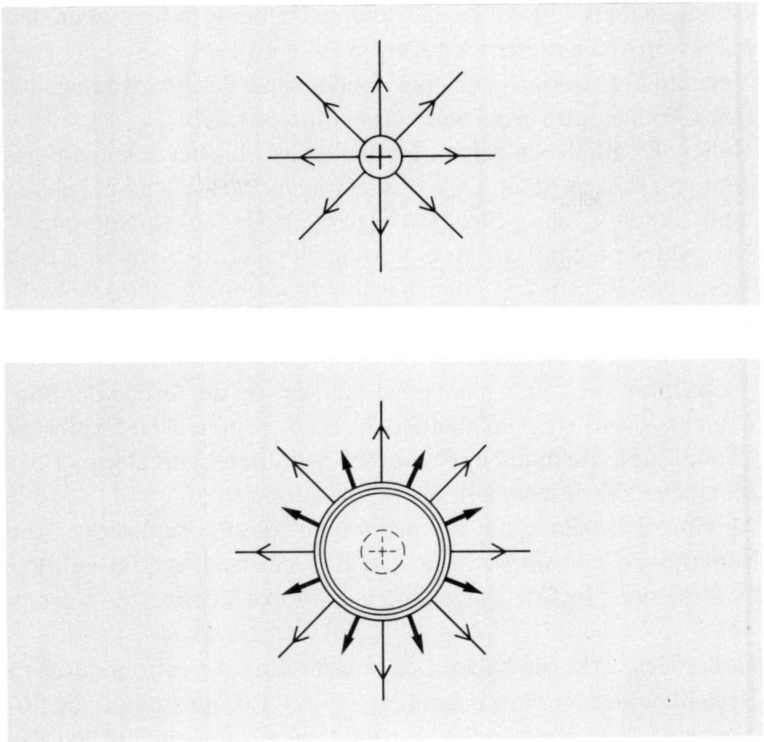

Abb. 8–2 Das elektrische Feld um eine geladene Kugel wird plötzlich abgebaut. Die Folge ist: Von der Kugel breitet sich mit Lichtgeschwindigkeit eine elektromagnetische Schockwelle aus. Nach und nach baut sich das Feld ab.

ich vollends unsicher geworden. Kann es das wirklich geben, eine Fernwirkung als die Ursache der Gravitationskraft?
Haller: Ihre Zweifel sind sehr berechtigt. Nach unseren heutigen Erkenntnissen kann es eine Fernwirkung in der Tat nicht geben. Die Gravitationskraft versteht man heute genauso wie die elektrische Kraft als eine Folge der Existenz eines Feldes, also hier des Gravitationsfeldes. Jeder massive Körper ist von einem solchen

Feld umgeben. Die Masse des Körpers beeinflußt sozusagen den Raum um den betreffenden Körper.
Newton: Gibt es dann auch das Analogon zu den elektromagnetischen Wellen, also Wellen der Gravitationskraft?
Haller: Es müßte sie geben. Nur haben wir bis heute keinen eindeutigen Beweis dafür. Daß es die Gravitationswellen aber geben muß, erkennt man schon an folgendem Gedankenexperiment: Nehmen wir einmal an, wir entfernen plötzlich die Sonne aus dem Weltraum. Natürlich kann man das nicht so ohne weiteres bewerkstelligen. Trotzdem können wir uns diese Frage einmal stellen, zumal man von Zeit zu Zeit riesige Sternexplosionen im Weltall beobachtet, bei denen manchmal Massen von der Größe der Sonnenmasse weit weggeschleudert werden. Eine solche Explosion könnte man durchaus mit unserem hypothetischen Beispiel des plötzlichen Verschwindens der Sonne vergleichen.
Newton: Ich nehme an, Sie meinen mit diesen Explosionen die Supernova-Explosionen, wie zum Beispiel jene, die im Februar 1987 in der Großen Magellanschen Wolke beobachtet worden ist?
Haller: Ich sehe, Sie haben sich bestens über die astronomischen Ereignisse der Neuzeit informiert. In der Tat, ich meinte die Supernovas. Was glauben Sie, würde denn ein Beobachter auf der Erde sehen, wenn die Sonne plötzlich verschwände?
Newton: Für einen Bewohner der Erde ist die Sonne vor allem aus zwei Gründen wichtig. Zum einen liefert die Sonne das Licht und natürlich die Wärmeenergie, zum anderen zwingt die Gravitationskraft der Sonne die Erde, sich auf ihrer fast kreisförmigen Bahn um die Sonne zu bewegen. Ohne Sonne würde es auf der Erde dunkel sein, und die Erde würde auf einer praktisch geradlinigen Bahn durch den Weltraum fliegen.

Das Licht braucht etwa acht Minuten, um von der Sonne auf die Erde zu gelangen. Das bedeutet, daß ein Erdbewohner nach dem Verschwinden der Sonne das Sonnenlicht noch volle acht Minuten genießen könnte.
Haller: Sehr wahr – acht Minuten! Wie steht es aber mit der Bewegung der Erde um die Sonne?

Abb. 8–3 Am 23. Februar 1987 beobachteten die Astronomen ein sehr seltenes Ereignis, die Explosion einer Supernova in der Großen Magellanschen Wolke, einer der kleineren Begleitgalaxien unseres Milchstraßensystems. Sie ist nur auf der Südhalbkugel zu beobachten. Die hell leuchtende Supernova befindet sich in der rechten oberen Hälfte.

Bei einer Supernovaexplosion handelt es sich um den schnellen Zusammenbruch eines massereichen Sterns, wobei gewaltige Mengen von Energie emittiert werden. Dieser Vorgang vollzieht sich in Bruchteilen einer Sekunde, wobei elektromagnetische und gravitative Schockwellen abgestrahlt werden. Da das Licht 160000 Jahre braucht, um von der beobachteten Supernova zur Erde zu gelangen, fand die Explosion bereits vor 160000 Jahren statt, also in der Altsteinzeit. Man ist sicher, daß diese Explosion auch das Raum-Zeit-Gewebe erschütterte und daß man die damit verbundenen Gravitationswellen auch auf der Erde hätte beobachten können, wenn man die entsprechenden empfindlichen Nachweisgeräte zur Verfügung gehabt hätte. Sollte sich ein solches Ereignis in der nahen Zukunft wiederholen, so wäre man besser gerüstet, da zur Zeit mit Hilfe der modernen Lasertechnik Geräte entwickelt werden, die die nötige Empfindlichkeit besitzen. (Foto: ESO München–La Silla/Chile)

Newton: Sie stellen eine knifflige Frage. Früher hätte ich behauptet, daß sofort nach dem Verschwinden der Sonne die Erde aufhört, eine kreisförmige Bahn zu beschreiben, sondern auf einer geradlinigen Bahn davonfliegt. Wenn es aber keine Fernwirkung gibt – und davon bin ich jetzt überzeugt –, dann geht das natürlich nicht.

Haller: Es geht in der Tat nicht. Wir können zwar die Sonne verschwinden lassen, zumindest in unseren Gedanken, aber damit verschwindet nicht gleichzeitig auch das von der Sonne aufgebaute Gravitationsfeld.

Newton: Mit anderen Worten: Die ganze Angelegenheit ähnelt sehr unserem vorherigen Beispiel, dem plötzlichen Verschwinden der elektrischen Ladung einer Kugel?

Haller: Es ist sehr analog.

Newton: Dann ist mir alles klar. Das Gravitationsfeld wird also ähnlich wie das elektrische Feld abgebaut, und zwar mit Lichtgeschwindigkeit.

Haller: Sie haben vollkommen recht. Der Abbau des Feldes vollzieht sich in Form einer Schockwelle, die ganz ähnlich der Welle ist, die man erzeugt, wenn man einen Stein in einen Teich wirft. Nur handelt es sich jetzt um eine Gravitationswelle, die sich kugelförmig vom ehemaligen Standort der Sonne mit Lichtgeschwindigkeit ausbreitet. Acht Minuten nach dem Verschwinden der Sonne kommt diese Welle bei der Erde an, und die Erde bewegt sich von nun an auf einer geradlinigen Bahn. Nach einigen Stunden erreicht die Welle die äußeren Bereiche des Sonnensystems, nach einigen Jahren die Sterne in der näheren Umgebung, nach 30000 Jahren das Zentrum der Galaxie.

Auch von der Supernovaexplosion, die wir im Februar 1987 beobachteten, müssen recht massive Gravitationswellen ausgegangen sein, die die Erde etwa zur selben Zeit wie das Lichtsignal der Explosion erreichten. Nur hat sie niemand registrieren können, weil die entsprechenden Nachweisgeräte nicht zur Verfügung standen. Sollte in den nächsten Jahren in unserer Galaxie wieder eine Supernovaexplosion stattfinden, so ist man wahrscheinlich besser gerüstet.

Schweigend gingen wir für einige Augenblicke weiter, vorbei am Glockenturm. Newton war völlig in Gedanken versunken. Plötzlich hörte ich ihn murmeln: »Also doch. Elektrizität, Magnetismus und Gravitation – alles Feldphänomene, Eigenschaften der Raum-Zeit. Eine einfache, eine geniale Idee. Ich habe es geahnt, damals in Woolsthorpe. Wenn ich nur gewußt hätte, daß der Lichtgeschwindigkeit eine solch einzigartige Bedeutung zukommt!« Die weiteren Worte Newtons konnte ich nicht mehr verstehen. Offensichtlich hatte er in Gedanken mit sich selbst gesprochen, so daß ich ihn auch nicht fragte, zumal wir vor Einsteins Haus angekommen waren.

Vom Glockenturm schlug es gerade zehn Uhr: Wir hatten uns um eine halbe Stunde verspätet. Einstein empfing uns an der Wohnungstür, ohne ein Wort über die Verspätung zu verlieren.

9

Die gedehnte Zeit

Einstein hatte die Zeit genutzt und in Erwartung unserer Ankunft Tee gekocht, den wir gleich nach unserem Eintreten mit Genuß zu uns nahmen. Dabei wandte sich der Schöpfer der Relativitätstheorie an mich:

»Herr Haller, kürzlich erwähnten Sie die mittlerweile beeindruckende Präzision, die man heute bei der Messung der Lichtgeschwindigkeit erreicht hat. Ich habe mir Ihren Wert aufgeschrieben. Hier ist er: Das Licht legt in einer Sekunde die Strecke von 299792458 Metern zurück. Da die Lichtgeschwindigkeit eine universelle Naturkonstante ist, könnte man sie benutzen, um die Einheiten der Länge, also das Meter, und der Zeit, also die Sekunde, miteinander in Beziehung zu setzen. Mit anderen Worten: Man könnte auf eine der Festlegungen, die ja willkürlich sind und auf Standards beruhen, etwa auf den in Paris und anderen Orten aufbewahrten Standards des Meters, verzichten und die Längeneinheit einfach als diejenige Länge festlegen, die das Licht in einer bestimmten Zeit zurücklegt. In einem gewissen Sinn tun dies ja die Astronomen, wenn sie ihre Entfernungen nicht in Kilometer, sondern in Lichtsekunden, Lichtminuten oder Lichtjahren angeben. Die Voraussetzung für eine derartige Festlegung wäre allerdings eine sehr genaue Zeitmessung. Deshalb meine Frage an Sie: Wie genau kann man heute Zeiten messen?«

Ich antwortete: »Ihr Vorschlag ist sehr naheliegend. In der Tat hat man ihn bereits vor einigen Jahren benutzt. Es wurde eine internationale Vereinbarung getroffen, die einen Meter als diejenige Strecke festlegt, die das Licht in genau 1/299792458 Bruchteilen einer Sekunde zurücklegt. Man legt damit konsequent auch die Lichtgeschwindigkeit fest. Künftig hat es also keinen Sinn, die Lichtgeschwindigkeit auf mehr als einen Meter in der Sekunde, womöglich bis auf Zentimeter oder Millimeter in der Sekunde anzugeben. Diese Geschwindigkeit ist durch den obigen Wert ein für allemal festgelegt.

Eine Präzisionsmessung der Lichtgeschwindigkeit liefert in Zukunft also nicht mehr zusätzliche Informationen bezüglich der Lichtgeschwindigkeit, sondern hilft, die Längeneinheit Meter genau festzulegen. Natürlich hat man diese Festlegung so getroffen, daß zu der gewünschten Genauigkeit die neu zu bestimmende Längeneinheit Meter identisch war mit dem bis dato gültigen Meter. Der Witz bei der neuen Festlegung ist, daß man einen Standard erhält, der überall leicht zu reproduzieren ist und unabhängig von den zahlreichen Fehlerquellen ist, die zweifellos vorhanden sind, wenn man sich bei der Festlegung des Meters auf einen wohlbehüteten Metallstab stützt. Schon die feinen Ritze, die man benutzt, um die Längen genau zu markieren, sehen unter einem Mikroskop nicht mehr wie genaue Markierungen aus, sondern eher wie Gebirgstäler. Diese Quellen der Unsicherheit umgeht man, wenn man die Länge eines Meters indirekt über die Zeitmessung unter Ausnutzung der Konstantheit der Lichtgeschwindigkeit festlegt.

Sie sehen also, die neue Definition der Längeneinheit ›Meter‹ ist eine direkte Anwendung der Universalität der Lichtgeschwindigkeit und damit der Relativitätstheorie. Jetzt zur Frage nach der Zeitmessung. Zu Ihrer Zeit, Herr Newton, hat man ja die Zeit noch auf astronomische Standards bezogen. Eine Sekunde war festgelegt als ein bestimmter Bruchteil eines Jahres, also der Zeit, die die Erde braucht, um ihren Umlauf um die Sonne einmal durchzuführen. Für eine sehr genaue Zeitmessung ist diese Präzision allerdings nicht mehr ausreichend. Es war ein berühmter Landsmann von Ihnen, James Clerk Maxwell, der vor mehr als hundert Jahren in seinem Werk ›Treaties on Electricity and Magnetism‹ (Abhandlungen über Elektrizität und Magnetismus) darauf hingewiesen hat, daß man für eine genaue Festlegung der

Einheiten von Raum und Zeit die Abmessungen und Schwingungseigenschaften der Atome benutzen sollte.«

»Eine geschickte Methode«, warf Newton ein. »Da die Atome überall im Universum dieselbe Struktur haben, hätte man sicher kein Problem, die Einheiten der Längen- und Zeitmessung überall zu reproduzieren.«

»Es erweist sich, daß man mit Hilfe der Atomphysik die Zeit sehr genau messen kann; viel genauer als beispielsweise die Länge einer Strecke. Schon seit den dreißiger Jahren unseres Jahrhunderts benutzt man die Schwingungen von Quarzkristallen zur Zeitmessung. Sie sind der Zeitgeber für die modernen Quarzuhren, die heute weit verbreitet sind.

Noch genauer sind die modernen Atomuhren. Eine solche Uhr ist im Grunde eine Uhr, in der man das schwingende Pendel durch einen Strahl schwingender Atome ersetzt hat. Man benutzt für die heutigen Atomuhren meist die Atome des Elements Cäsium. Die Schwingungen der letzteren sind überall gleich, und die Zeitdauer einer Sekunde ist festgelegt durch eine bestimmte, allerdings recht große Anzahl von Schwingungen.«

[Für den Leser sei diese Zahl hier aufgeführt: Die Anzahl der Schwingungen pro Sekunde beträgt genau 9192631770. Man berechnet leicht, daß das Licht während einer Schwingungsperiode die Strecke von 3,26 cm zurücklegt. – Siehe auch Abb. 9–1.]

»Was ist die heute erreichte Grenze in der Genauigkeit der Zeitmessung?« wollte Einstein wissen.

»Die relative Ungenauigkeit, mit der man heute in der Zeitmeßtechnik in den dafür zuständigen Laboratorien, in Deutschland zum Beispiel an der Physikalisch-Technischen Bundesanstalt in Braunschweig, leben muß, liegt bei etwa 10^{-14}. Das heißt: Die Atomuhr ist so genau, daß sie in einem Zeitraum von 10^{14} Sekunden, das sind ungefähr drei Millionen Jahre, nur eine Sekunde falsch gehen würde. Damit ist die Zeit tatsächlich diejenige physikalische Größe, die man am genauesten messen kann. Mit Hilfe des Tricks der Festlegung der Lichtgeschwindigkeit kann man diese Genauigkeit dann auf die Längenmessung übertragen.«

Abb. 9–1 Die Cäsium-Atomuhren CS 1 (links) und CS 2 (rechts) in der Atomuhrenhalle der Physikalisch-Technischen Bundesanstalt in Braunschweig. Diese Uhren bilden das primäre Zeitnormal der Bundesrepublik Deutschland. Das Prinzip dieser Uhren besteht darin, daß man die Frequenz eines elektromagnetischen Resonators mit Hilfe eines Strahls von Cäsium-Atomen sehr genau auf einer gewünschten Frequenz stabilisiert. Dies gelingt unter der Ausnutzung der Tatsache, daß die Atome eines Elements identische Schwingungseigenschaften zeigen. Die Abstimmung des Resonators wird durch eine geeignete Kopplung des Resonators an die Atome gewährleistet. (Foto: PTB Braunschweig)

»Eine schier unglaubliche Genauigkeit«, staunte Newton. »Und das alles funktioniert nur wegen der Universalität der Lichtgeschwindigkeit. Wir wollen also für die Zukunft annehmen, daß letztlich die Eichung der Längeneinheiten des Raumes auf das Messen von Laufzeiten geeigneter Lichtsignale hinausläuft. Mr. Einstein, Sie sehen, wie Ihr Prinzip der konstanten Lichtgeschwindigkeit heute für praktische Zwecke benutzt wird.«

»Die Entdeckung von heute ist die Eichung von morgen«, warf ich ein. »Das ist ein Sprichwort der heutigen Physiker, das sich immer wieder bewahrheitet, nicht zuletzt hier. So schreitet die Naturwissenschaft vorwärts, aufbauend auf den Entdeckungen der Vergangenheit, die als fast selbstverständliche Voraussetzungen für das Aufdecken neuer Zusammenhänge angesehen werden.«

Newton kam auf unsere Diskussion des vergangenen Tages zurück: »Unsere Schlußfolgerung gestern am frühen Abend war, daß man die universelle Lichtgeschwindigkeit nur verstehen kann, wenn man die Begriffe von Raum und Zeit neu überdenkt. Wir hatten ja bereits gesehen, daß es durchaus vom Bewegungszustand abhängt, ob zwei Ereignisse gleichzeitig stattfinden oder nicht – ein glatter Widerspruch zu den Ideen von Raum und Zeit, die ich in den ›Principia‹ formulierte.

In der vergangenen Nacht habe ich über diese verblüffende Konsequenz nachgedacht und bin zu dem Schluß gekommen, daß man für jedes System von Koordinaten, also für jedes Inertialsystem, erst mal eine eigene Beschreibung des Raumes und der Zeit einführen muß. Jemand in einem fahrenden Zug, zum Beispiel, hat dann seine eigene, private Beschreibung der Zeit und des Raumes, die zwar mit der Beschreibung der Zeit und des Raumes durch einen ruhenden Beobachter irgendwie zusammenhängt, aber nicht identisch sein kann.

Das soll natürlich nicht bedeuten, daß sich der Zug und der Beobachter in ganz verschiedenen Welten bewegen – sie existieren natürlich in ein und derselben Welt, auch in ein und derselben Raum-Zeit. Nur gibt es eben verschiedene Beschreibungsarten der Raum-Zeit. Mit anderen Worten: Raum und Zeit sind relativ, ihre verschiedenen Beschreibungsformen hängen vom Bewegungszustand ab. Ich nehme an, das ist der Grund, warum Sie Ihre Theorie als Relativitätstheorie bezeichnet haben.«

Einstein erwiderte, wobei er Newton einen anerkennenden Blick zuwarf: »Donnerwetter, Newton, Sie müssen in der vergangenen Nacht wirklich sehr intensiv nachgedacht haben. An Ihren Schlußfolgerungen kann ich nichts aussetzen. Als ich vor Jahren meine Theorie aufstellte, ging ich ganz ähnlich wie Sie vor, nur viel langsamer. Was Sie in einer Nacht sich überlegten, war bei mir die Arbeit von Tagen, wenn nicht Wochen.

Bezüglich der Namensgebung haben Sie jedoch nicht ganz recht. Der Name ›Relativitätstheorie‹ stammt nicht von mir, sondern wurde von anderen vorgeschlagen. Mir selbst gefiel der Name am Anfang gar nicht, er erschien mir als eine zu kompliziert klingende Bezeichnung für einen Sachverhalt, der doch letztlich ganz einfach ist. Hinzu kommt, daß der Name die Angelegenheit doch nicht gut beschreibt, denn meine Theorie macht ja gerade Ernst mit der Idee der universellen Lichtgeschwindigkeit. Die Lichtgeschwindigkeit wäre in Ihrer klassischen Mechanik relativ, also abhängig vom Beobachtungszustand. Bei mir jedoch ist sie absolut. Aus diesem Grunde hätte man meine Theorie auch Absolutheitstheorie nennen können. Sie sehen, alles ist eben relativ, auch die Namensgebung.«

Newton antwortete: »Wenn es in der Tat so ist, daß die Beschreibung des Raumes und der Zeit vom Bewegungszustand des Beobachters abhängt, dann müßte man in der Lage sein, die Änderung der Beschreibung in Abhängigkeit vom Bewegungszustand, also im wesentlichen von der Geschwindigkeit des Beobachters, genau anzugeben. Ich habe dies in der vergangenen Nacht versucht, muß aber gestehen, daß ich nicht sehr weit gekommen bin. Ich schlage deshalb vor, daß wir uns darüber jetzt Gedanken machen. Am besten wäre es, wenn Sie, Mr. Einstein, einen kleinen Vortrag über Ihre Idee der relativistischen Raum-Zeit geben könnten.«

Einstein: Lieber Herr Newton, ich darf Ihnen versichern, daß es mich sehr ehrt, dem Begründer der klassischen Physik und dem Schöpfer der klassischen Mechanik die Fortentwicklung seiner Ideen in Gestalt der Relativitätstheorie darzulegen. Lassen Sie mich am Anfang noch einmal kurz mein Grundprinzip der Relativität erwähnen, das sozusagen der Grundpfeiler der Theorie ist. Es besagt: Für zwei Beobachter, die sich gleichförmig und geradlinig zueinander bewegen, gelten die gleichen Gesetze der Physik. Insbesondere ist der Wert der Lichtgeschwindigkeit für beide Beobachter identisch.
Haller: Herr Newton, Sie sehen, Einsteins Prinzip ist eine direkte

Fortführung Ihrer Ideen. In Ihrer Mechanik ist es ja auch so, daß für zwei Beobachter, die sich gleichförmig und geradlinig zueinander bewegen, dieselben mechanischen Gesetze gelten. Wir nennen diesen Sachverhalt heute nicht ohne Grund das »Newtonsche Prinzip der Relativität«. Es spielt ja keine Rolle, ob man die Experimente in einem Labor auf der Erde, in einem fahrenden Zug oder in einem schnell fliegenden Flugzeug durchführt. Das Neue an Einsteins Prinzip ist nur, daß er ausdrücklich fordert, daß sein Prinzip der Relativität nicht nur für die Mechanik gilt, sondern für die gesamte Physik, eingeschlossen die elektrodynamischen Erscheinungen, also auch alle Vorgänge, die das Licht betreffen. Insbesondere muß dann die Geschwindigkeit des Lichtes universell sein.

Newton, ironisch: Gut, ich akzeptiere dieses Prinzip, das Sie soeben als eine Fortführung des »Newtonschen Prinzips der Relativität« bezeichnet haben. Wenn das so weitergeht, wird sich am Ende die Relativitätstheorie als eine Idee erweisen, die praktisch schon in meinen »Principia« enthalten ist.

Einstein: Viel hat Ihnen tatsächlich nicht gefehlt. Wenn man Ihnen damals gesagt hätte, daß die Lichtgeschwindigkeit in jedem Bezugssystem dieselbe ist, hätten Sie wahrscheinlich die Grundlagen der Relativitätstheorie selbst entwickelt.

Lassen Sie mich aber jetzt zum Begriff der Zeit in der Relativitätstheorie kommen. Ich will nicht versuchen, die alte Frage nach dem eigentlichen Wesen der Zeit zu beantworten. Es kommt mir nur darauf an, wie man die Zeit mißt. In Ihren »Principia« haben Sie, Herr Newton, ja schon darauf hingewiesen, daß man ohne weiteres annehmen kann, daß in einem bestimmten Bezugssystem an jedem Raumpunkt eine Uhr plaziert werden kann, die dieselbe Zeit anzeigt wie alle anderen Uhren an allen anderen Raumpunkten. Mit anderen Worten: Die Uhren sind synchronisiert.

Wenn man mein Prinzip der konstanten Lichtgeschwindigkeit akzeptiert, kann man diese Synchronisierung ebenso durchführen. Sind die beiden Uhren nahe beieinander, gibt es natürlich überhaupt kein Problem. Wenn wir unsere Armbanduhr nach einer Wanduhr stellen wollen, lesen wir einfach von der Wanduhr die Zeit ab und stellen unsere Uhr danach.

Sind die beiden Uhren, die wir synchronisieren wollen, jedoch weit voneinander entfernt, geht das nicht so einfach. Als Beispiel möchte ich zwei Beobachter betrachten, die beide eine Uhr zur Verfügung haben. Der eine Beobachter befindet sich hier auf der Erde, der andere auf dem Mars. Das Licht braucht eine geraume Zeit, um von der Erde auf den Mars zu gelangen, sagen wir fünf Minuten – die genaue Zeit hängt natürlich von der jeweiligen Stellung der beiden Planeten ab.

Nehmen wir an, der Marsbeobachter will seine Zeit so einrichten, daß seine Uhr dieselbe Zeit anzeigt wie die Uhr des Erdbeobachters. Zu diesem Zweck funkt er zur Erde und bittet um ein Zeitsignal. Der Erdbeobachter sendet sofort das gewünschte Signal, das der Marsbeobachter einige Minuten danach registriert. Trotzdem ist der Marsbeobachter noch nicht in der Lage, seine Uhr genau zu stellen, denn er muß die Zeit berücksichtigen, die das Lichtsignal gebraucht hat, um von der Erde auf den Mars zu gelangen.

Newton: Diese Zeitdifferenz könnte man natürlich sofort berechnen, wenn man die genaue Entfernung zwischen der Erde und dem Mars zum jeweiligen Zeitpunkt wissen würde. Aber diese Distanz genau herauszufinden ist natürlich ein Problem.

Einstein: Durchaus nicht. Es ist gar nicht nötig, die genaue Distanz zu kennen. Man kann sich hier mit einem Trick behelfen. Nehmen wir an, der Erdbeobachter sendet ein Funksignal zum Mars, das von der Oberfläche des Planeten zurückgestrahlt und nach einer gewissen Zeit wieder auf der Erde empfangen wird. Kürzlich las ich, daß man solche Experimente heute ohne weiteres durchführen kann. Stimmt das, Haller?

Haller: Durchaus, es ist heute sogar möglich, intensiv gebündelte Lichtstrahlen, sogenannte Laserstrahlen, zum Mars zu senden und anschließend das zurückgestrahlte Signal auf der Erde zu empfangen.

Einstein: Ausgezeichnet, dann brauchen wir also nur die gemessene Laufzeit des Signals für die Strecke Erde–Mars–Erde zu halbieren, und schon haben wir die gewünschte Zeitdifferenz. Nehmen wir an, letztere beträgt genau 5 Minuten. Zu einem gewissen Zeitpunkt, sagen wir: genau um 8 Uhr Londoner Zeit, wird das Zeitsignal von einem Sender auf der Erde ausgestrahlt. Genau zur Zeit der Ankunft des Signals auf dem Mars muß also der Marsbeobachter seine Uhr auf 8 Uhr und 5 Minuten stellen. Dann laufen beide Uhren synchron.

Newton: Also gut. Ich sehe ein, daß diese Gleichstellung der Uhren mit Hilfe eines Funk- oder Lichtsignals recht einfach ist. Da man die von Ihnen geschilderte Prozedur mit jeder Uhr, die irgendwo im Weltraum plaziert ist, durchführen kann, schließe ich daraus, daß man auf diese Weise den gesamten Weltraum oder zumindest ein beliebig großes Raumgebiet synchronisieren kann. Alle Uhren in diesem Gebiet laufen dann synchron und zeigen dieselbe Zeit an – eine Situation, die mich doch sehr an die absolute Zeit erinnert, von der ich in den »Principia« sprach.

Einstein: Ihre absolute Zeit lassen wir jetzt besser aus dem Spiel, Newton. Ich muß nämlich noch einen wichtigen Zusatz zum eben Gesagten machen. Das Synchronisieren der beiden Uhren auf der Erde und auf dem Mars ging deswegen ohne Probleme, weil sich beide relativ zueinander in Ruhe befanden. Zwar bewegt sich die Uhr auf der Erde mit der Geschwindigkeit der Erde durch den Raum und analog die Uhr auf dem Mars eben mit der Geschwindigkeit des Mars. Der Unterschied in den beiden Geschwindigkeiten ist aber sehr klein im Vergleich zur Lichtgeschwindigkeit – er ist, glaube ich, nur von der Größenordnung von einigen zehn Kilometern in der Sekunde. Das ist wahrlich wenig im Vergleich zur Lichtgeschwindigkeit und sei hier vernachlässigt.

Die Synchronisierung der Uhren überall im Weltraum, die Sie gerade skizzierten, geht in der Tat analog, falls sich die Uhren im Vergleich zur Uhr auf der Erde nicht oder nur wenig bewegen. Sobald eine dieser Uhren mit großer Geschwindigkeit durch das All rast, sieht die Angelegenheit ganz anders aus. Das ist der Grund, weshalb ich Ihre absolute Zeit aus dem Spiel lassen möchte.

Newton: Nichts für ungut, Mr. Einstein. Nur lassen Sie mich endlich wissen, was passiert, wenn sich die Uhren relativ zueinander bewegen.

Einstein nahm bedächtig eine Zigarre aus einem Etui, setzte ein altmodisches Feuerzeug in Betrieb und steckte sich die Zigarre an. Newton, der ein strikter Nichtraucher war und nicht wußte, daß Einstein gern und auch nicht gerade die besten Zigarren rauchte, schaute Einsteins Vorbereitungen skeptisch zu, sagte aber nichts. Schließlich setzte Einstein seinen Vortrag fort. In der Folge kam er auf die berühmte Zeitdehnung zu sprechen, die wohl seltsamste Konsequenz, die sich aus der Relativitätstheorie ergibt.

»Meine Herren, was ich Ihnen jetzt erklären möchte, ließe sich mit jeder beliebigen Uhr durchführen. Der Einfachheit halber möchte ich aber eine bestimmte Uhr konstruieren, bei der der Sachverhalt, auf den es mir ankommt, besonders klar zum Ausdruck kommt.

Nehmen wir einmal an, wir plazieren einen Erdsatelliten genau 150000 km entfernt von der Erde im Weltraum. Dieser Satellit sei mit einem speziellen Spiegel ausgestattet, der in der Lage ist, ein Lichtsignal, das von einer Quelle auf der Erde zu ihm abgestrahlt wird, zur Erde zurück zu reflektieren. Am besten dürften sich hierfür wohl die von Herrn Haller vorhin erwähnten Laserstrahlen eignen.

Die Entfernung zwischen Erde und Satellit habe ich so gewählt, daß das Licht genau eine halbe Sekunde braucht, um diese Strecke zurückzulegen. Für den gesamten Weg Erde–Satellit–Erde braucht das Licht natürlich dann genau eine Sekunde.«

Ich unterbrach Einstein: »An dieser Stelle sei erwähnt, daß es heute Satelliten ganz ähnlich demjenigen, den Sie gerade beschrieben haben, tatsächlich gibt. Sie werden zum Beispiel für Telefonverbindungen zwischen Europa und Kalifornien benutzt. Das Telefonsignal wird von einer Sendestation auf der Erde zum Satelliten geleitet, der es dann zu einer Empfangsstation auf der Erde weiterleitet. Bei einem Gespräch etwa mit Los Angeles legt das Telefonsignal eine Strecke von ungefähr 150000 km zurück und braucht dafür natürlich rund eine halbe Sekunde. Man merkt diesen Zeitverzug deutlich, wenn man mit einem Partner in Kalifornien spricht. Wegen der ungewöhnlich langen Laufzeit des Telefonsignals entstehen häufig ungewollte Gesprächspausen, die unerfahrene Telefonteilnehmer sogar ins Stottern bringen können.«

Weder Newton noch Einstein hatten bislang nach Kalifornien telefoniert. Newton wollte die Sache unbedingt einmal ausprobieren; also beschlossen wir, ein kleines Experiment durchzuführen und hierzu das in Einsteins Wohnung befindliche Telefon zu mißbrauchen, auf Kosten der Albert-Einstein-Gesellschaft. Da es zur fraglichen Zeit in Kalifornien kurz nach Mitternacht war, wählte ich eine mir bekannte Nummer, von der ich wußte, daß der entsprechende Apparat stets besetzt war, nämlich die Feuerwache des California Institute of Technology in Pasadena (an dem ich in der Vergangenheit verschiedentlich tätig war). Sogleich meldete sich die Angestellte vom Dienst. Ich gab den Hörer an Newton weiter, der mit dem Caltech-Fräulein eine belanglose Plauderei anfing, nur um herauszufinden, ob es den von mir geschilderten Zeitverzug tatsächlich gebe.

Deutlich spürte ich, daß Newton von diesem kleinen Experiment sehr beeindruckt war. Zum ersten Mal hatte er einen Effekt, der mit der endlichen Ausbreitungsgeschwindigkeit elektromagnetischer Signale zu tun hatte, selbst erfahren.

Der Hausherr schien das Newtonsche Telefonexperiment interessiert verfolgt zu haben.

Einstein: Nun aber zurück zu meiner Uhr. Also das Lichtsignal braucht für den gesamten Weg Erde–Satellit–Erde eine Sekunde. Im Grunde habe ich hier eine wenn auch etwas ungewöhnliche Uhr konstruiert, eine Uhr, deren Zeitangabe nicht von einem Pendel, einer Unruh oder den Schwingungen eines Quarzkristalls bestimmt wird, sondern von dem Hin- und Herpendeln eines Lichtsignals zwischen Satellit und Erdstation. Von mir aus können wir sie als Lichtuhr bezeichnen.

Wir wollen uns jetzt einmal vorstellen, daß diese Lichtuhr von einem schnell an der Erde vorbeifliegenden Raumschiff aus betrachtet wird. Was wird ein Beobachter an Bord dieses Raumschiffes sehen, wenn er aus dem Fenster schaut? Er sieht, wie die Erde und der über der Erdoberfläche befindliche Satellit mit großer Geschwindigkeit an seinem Raumschiff vorbeifliegen, da er selbst sich als in Ruhe befindlich betrachtet. Dieser Beobachter soll nun in der Lage sein, das hin- und herfliegende Lichtsignal zu verfolgen.

Newton: Ist dies überhaupt zu bewerkstelligen? Ich könnte mir vorstellen, daß ein Verfolgen der Lichtsignale nicht so leicht sein wird. Schließlich bewegen sich die Photonen nur zwischen der Erde und dem Satelliten hin und her.

Einstein: Zumindest im Prinzip ist dies kein Problem, und mir kommt es gegenwärtig ja nur auf das Prinzip an. Zum Beispiel könnte man sich vorstellen, daß unsere Lichtuhr bei jeder Umkehrung des Lichtstrahls ein spezielles Funksignal ausstrahlt, das vom Raumschiff empfangen werden kann. Auf diese Weise wird der Beobachter im Raumschiff über den Gang der Lichtuhr hinreichend genau informiert. Er ist damit zumindest indirekt in der Lage, das betreffende Lichtsignal bei seinem Weg durch den Raum zu verfolgen.

– Einstein nahm ein Blatt Papier und zeichnete darauf die Bahn des Lichtsignals.

Einstein: Da während der Laufzeit des Signals von einer Sekunde sich die Erde und der Satellit ein Stück durch den Raum bewegen, sieht der Beobachter vom Raumschiff aus eine Zickzacklinie. Wir wollen einmal die Bahn des Signals während einer Periode betrachten, also während jener Zeit, in der sich das Signal einmal von der Erde zum Satelliten und zurück bewegt.

Newton: Also während einer Sekunde?

Einstein: Das habe ich nicht gesagt, Herr Newton. Ich sprach lediglich von der Zeit, die das Signal eben braucht, um einmal die periodische Bewegung von der Erde zum Satelliten und zurück durchzuführen. Es wird sich nämlich gleich herausstellen, daß diese Zeit, die also der Beobachter im Raumschiff messen würde, im allgemeinen nicht gleich einer Sekunde sein wird.

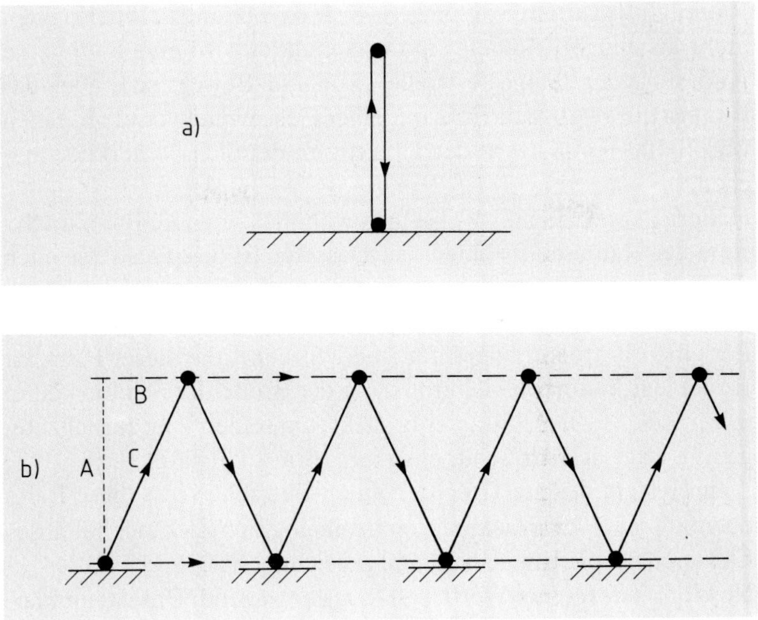

Abb. 9–2 Die ruhende und die bewegte Lichtuhr:
a) Ein Lasersignal wird von einer Quelle auf der Erde zu einem darüber befindlichen Satelliten gesandt, von dort zur Erde zurückgestrahlt, erneut zum Satelliten gesandt usw.
b) Die Bahn des Lichtsignals, vom vorbeifliegenden Raumschiff aus gesehen, ist eine Zickzacklinie. Die gestrichelten Linien kennzeichnen die Bahnen des Satelliten und der Erdstation.

– Erstaunt, ja erschrocken sah Newton Einstein an, der aber ungerührt von Newtons Reaktion weitersprach, indem er auf seine Zeichnung deutete.
Einstein: Man sieht sofort, daß das Lichtsignal im System des Raumschiffs einen längeren Weg zurücklegt als im System der Erde. Wir wissen ja bereits, daß die Bahnlänge in diesem System genau gleich einer Lichtsekunde ist, also praktisch 300000 km. Im System des Raumschiffs wird die Bahn also länger sein, wobei die genaue Länge natürlich von der relativen Geschwindigkeit des

Raumschiffs zur Erde abhängen wird. Ist letztere klein, also nicht mehr als einige Kilometer in der Sekunde, wird man kaum eine Änderung der Länge feststellen können. Bewegt sich aber das Raumschiff relativ zur Erde mit einer Geschwindigkeit von, sagen wir, 100000 km/s, wird der Effekt sich deutlich bemerkbar machen.

Haller: Es ist in keiner Weise ungewöhnlich, daß die Bahn im System des Raumschiffs länger ist. Dasselbe ist beispielsweise auch der Fall, wenn ein Passagier an Deck eines Schiffes, das einen Fluß hinunterfährt, von Backbord nach Steuerbord läuft und zurück. Für einen Betrachter am Ufer ist die Strecke, die dieser Fahrgast zurücklegt, natürlich viel größer als die Breite des Schiffes, denn in der Zeit, die der Passagier braucht, um seinen Weg zurückzulegen, bewegt sich das Schiff ein ganzes Stück vorwärts.

Im System des am Ufer stehenden Betrachters ist diese Bahn ebenfalls eine Zickzacklinie, ganz analog zur Zickzackbahn des Lichtsignals, die Einstein gerade gezeichnet hat.

Newton, jedes seiner Worte bedächtig abwägend: Das ist mir klar. Nur scheint mir zwischen Einsteins Zeituhr und Ihrem Schiffsbeispiel doch ein kleiner Unterschied zu sein. Die Geschwindigkeit des über das Deck laufenden Passagiers hängt natürlich von seiner Schrittgeschwindigkeit ab, aber ebenso von der Geschwindigkeit des Schiffes. Je größer beide sind, um so größer ist die resultierende Gesamtgeschwindigkeit des Passagiers.

Beim Licht sieht es hiermit aber ganz anders aus. Die Lichtgeschwindigkeit ist ja in jedem System gleich. Mithin bewegt sich das Licht auf Einsteins Zickzacklinie auch nur mit der üblichen Lichtgeschwindigkeit und keinen Deut schneller. Das aber bedeutet...

Newton hatte plötzlich zu sprechen aufgehört. Seinem angespannten Gesichtsausdruck konnte man entnehmen, daß er intensiv nachdachte. Einstein aber war aufgesprungen und rief, Newtons Rede gewissermaßen fortsetzend:

»Genau, das bedeutet, daß die Zeit im System des Raumschiffes, verglichen mit der Zeit auf der Erde, anders abläuft. Da die Strecke, die das Lichtsignal zurücklegen muß, im Raumschiffsystem länger ist als im System der Erde, andererseits aber die Geschwindigkeit in beiden Systemen gleich groß ist, muß das entsprechende Zeitintervall größer sein als eine Sekunde. Mit anderen Worten: Die Zeit wird gedehnt. Eine Sekunde im System der Erde, also eine Sekunde auf unserer Lichtuhr, erscheint im Raumschiffsystem als ein Zeitintervall, das länger als eine Sekunde ist. Die Experten sprechen in diesem Zusammenhang gern von Zeitdilatation, aber man könnte genausogut Zeitdehnung sagen.«

Mit fahlem Gesicht hatte Newton zugehört. Man sah ihm regelrecht an, wie die neue, gerade von Einstein erläuterte Erkenntnis langsam in seine Vorstellungswelt eindrang. Ich konnte mir vorstellen, welche Gefühle Newton in diesem Augenblick bewegten, war er doch eben zum erstenmal mit einem der überraschendsten Phänomene unserer Welt konfrontiert worden, mit der Tatsache, daß es keine universelle Zeit gibt, sondern daß selbst die Zeit vom Bewegungszustand abhängt.

Einstein, der dies natürlich selbst am besten nachfühlen konnte, schwieg. Ganz plötzlich herrschte eine eigentümliche Stille in Einsteins Wohnung. Jeder von uns hing seinen eigenen Gedanken nach. Eine geraume Weile war vergangen, als Newton schließlich zu sprechen begann:

»Mir ist klar, Mr. Einstein, daß die Entdeckung der Zeitdilatation, für meine Begriffe ein geradezu ungeheuerliches Phänomen, faktisch das Ende meiner Idee einer absoluten Zeit bedeutet. Ich glaube, ich habe diese neue, für mich natürlich sehr überraschende Lösung des Problems der universellen Lichtgeschwindigkeit jetzt verstanden. Nur einige Aspekte sind mir noch nicht klar, aber ich bin sicher, Sie können diese Unklarheiten jetzt schnell ausräumen.«

»Schießen Sie los, Newton«, sagte Einstein. »Ich will mein Bestes tun.«

»Mir ist klar, warum Sie für Ihre Überlegungen diese doch recht kompliziert erscheinende Lichtuhr, also letztlich die Erde und den Satelliten, benutzt haben. Sind Sie sicher, daß die Zeitdilatation, die ja im Falle Ihrer Lichtuhr angesichts der konstant bleibenden

Lichtgeschwindigkeit sehr plausibel erscheint, wirklich eine universelle Dehnung der Zeit beinhaltet? Mit anderen Worten: Gilt die Zeitdilatation auch für ganz normale Uhren, zum Beispiel Ihre Armbanduhr oder für irgendwelche periodischen Vorgänge, etwa unseren Pulsschlag?«

Einstein erwiderte: »Selbstverständlich. Meinen Effekt der Dehnung der Zeit habe ich zwar mit Hilfe der Lichtuhr abgeleitet, weil man auf diese Weise den Effekt leicht verstehen kann. Ich könnte aber auch eine ganz normale Uhr benutzen. Nur ist es dann nicht ganz so leicht, die Angelegenheit zu durchblicken. Der Effekt der Zeitdilatation gilt aber universell für alle Uhren, das heißt, er hat nichts direkt mit den Uhren zu tun, sondern mit dem Fluß der Zeit an sich. Alle Vorgänge werden in gleicher Weise beeinflußt, etwa chemische oder biologische Prozesse. Natürlich auch der Prozeß des Alterns.

Der heilige Augustinus schrieb einst: ›Die Zeit ist wie ein Fluß voller Ereignisse. Seine Strömung ist stark. Kaum ist etwas erschienen, wird es schon fortgerissen.‹ Damit hat er sicher recht. Nur wußte er nicht, daß die Strömung der Zeit nicht gleichmäßig ist, sondern vom Bewegungszustand des Beobachters abhängt. Wenn man das Beispiel eines Flusses aufrechterhalten will, sollte man nicht an gleichmäßig dahinfließendes Wasser denken, sondern eher an einen breiten Fluß, der recht abwechslungsreich daherfließt, voller Stromschnellen, schnell fließender Stellen und langsam fließender Seitenarme.

Für den Beobachter im Raumschiff fließen die zeitlichen Vorgänge auf der Erde, die er beobachten kann, eben langsamer ab. Wenn er beispielsweise mit Hilfe von Funksignalen über den Herzschlag eines seiner Kollegen auf der Erde informiert würde, so würde er beobachten, daß dessen Herz nicht die normale Pulsfrequenz von, sagen wir, 70 Schlägen in der Minute besitzt, sondern nur beispielsweise 30mal in der Minute schlägt. Der Grad der Verlangsamung ist natürlich von der jeweiligen Geschwindigkeit abhängig. Das ist aber überhaupt kein Problem, denn alle Vorgänge erscheinen dem schnell vorbeifliegenden Beobachter als verlangsamt.«

Newton hierauf: »Eine im ersten Augenblick verrückt erscheinende Angelegenheit. Ein Punkt ist mir allerdings noch unklar. Sie sagen also, dem Beobachter im vorbeifliegenden Raumschiff erscheinen alle zeitlichen Vorgänge auf der Erde verlangsamt. Nun gut, wollen wir dies akzeptieren. Jetzt aber drehe ich den Spieß um. Ich plaziere auf der Erde einen Beobachter, der das vorbeifliegende Raumschiff ins Visier nimmt. Da letzteres mit großer Geschwindigkeit am Erdbeobachter vorbeirast, müßte er eine Zeitdilatation bezüglich aller auf dem Raumschiff stattfindenden Prozesse beobachten.

Für den Erdbeobachter scheint also die Zeit in dem Raumschiff langsamer abzulaufen als auf der Erde. Ist das nicht ein Widerspruch zu dem, was wir vorhin sagten? Vorhin war es ja bezüglich des Beobachters im Raumschiff genau umgekehrt – ihm erschienen die Prozesse auf der Erde verlangsamt. Gibt es da nicht einen Widerspruch?«

»Durchaus nicht«, sagte ich. »Vergessen wir einmal die Erde, den Satelliten und unser Raumschiff, sondern betrachten wir zwei Raumschiffe, die sich irgendwo im All begegnen. Beide befinden sich in geradliniger und gleichförmiger Bewegung zueinander. Keines der Raumschiffe ist natürlich vor dem anderen ausgezeichnet. Der Beobachter in dem einen Raumschiff wird nun feststellen, daß der Gang der Uhren im anderen Raumschiff relativ zu seiner Uhr verlangsamt ist.

Genau die gleiche Beobachtung wird aber auch ein Beobachter im anderen Raumschiff machen. Ihm erscheint der Gang der Uhren im anderen Raumschiff gleichfalls verlangsamt. Für beide Beobachter tritt eine Zeitdilatation von gleicher Stärke auf. Das ist aber kein Widerspruch, sondern bedeutet nur, daß der Fluß der Zeit eben eine vom System abhängige Angelegenheit ist. Generell kann man sagen, daß der Zeitablauf in bewegten Systemen, betrachtet von einem System, das man als in Ruhe befindlich festlegt, immer verlangsamt erscheint.«

Einstein hatte zustimmend genickt, während meine Antwort von Newton stirnrunzelnd zur Kenntnis genommen worden war.

Nach einer kurzen Pause sagte er: »Also gut, lassen wir diese Angelegenheit erst einmal auf sich beruhen. Ich möchte jetzt aber endlich herausfinden, wie groß die Zeitdilatation überhaupt werden kann. Es muß doch möglich sein, sie in Abhängigkeit von der relativen Geschwindigkeit zu berechnen.«

Er nahm einen Bleistift zur Hand und beugte sich über Einsteins Zeichnung.

»Ich glaube, ich weiß, wie wir es berechnen können. Den Abstand zwischen der Erdoberfläche und dem Satelliten, den wir ja zu 150000 km angenommen hatten, nenne ich A. Das wäre also die Distanz, die das Licht im System, in dem die Erde und der Satellit ruhen, zurücklegt.

Vom bewegten Raumschiff aus betrachtet, bewegen sich Erde und Satellit mit irgendeiner Geschwindigkeit durch den Raum, die ich fortan als v bezeichnen werde. In der Zeit, in der sich der Laserstrahl von der Erde zum Satelliten bewegt und damit eine Strecke, die ich mit C bezeichne, zurücklegt, bewegen sich sowohl die Erdstation als auch der Satellit eine gewisse Strecke, die ich B nenne, durch den Raum.«

[Leser, denen mathematische Gleichungen Schwierigkeiten bereiten, sollten die folgenden kleinen Rechenoperationen überspringen.]

Ich bemerkte, daß Newton plötzlich unsicher wurde, und sagte: »Ganz richtig. Genau diese drei Strecken müssen wir betrachten, um die Zeitdilatation zu berechnen. Das Verhältnis C/A beschreibt nämlich gerade die Dehnung der Zeit. Während das Lichtsignal im System der Erde eine halbe Sekunde braucht, um die Strecke der Länge A zurückzulegen, braucht es im System des Raumschiffs genau C/A-mal so lange. Da C als die Hypotenuse des rechtwinkligen Dreiecks immer größer als die Kathete A ist, ergibt sich, daß der Zeitdehnungsfaktor C/A immer größer als eins ist.

Da dieser Faktor offenbar eine wichtige Rolle spielt, hat sich ein spezieller Name für ihn eingebürgert. Man nennt ihn den Gammafaktor und bezeichnet das Verhältnis C/A meist mit dem entsprechenden griechischen Buchstaben γ:

$$\gamma = \frac{C}{A} = \frac{\Delta t'}{\Delta t}$$

In dieser Relation habe ich ein Zeitintervall im System des in Ruhe befindlichen Beobachters mit Δt und das analoge ›gedehnte‹ Zeitintervall, betreffend eine Zeitdifferenz im relativ zum Beobachter bewegten System, mit $\Delta t'$ bezeichnet.«

»Natürlich«, rief Newton erleichtert aus. »Wir müssen nur das Verhältnis C/A, also Ihren Gammafaktor, ausrechnen, und zwar in Abhängigkeit von der Geschwindigkeit v.«

Einstein warf ein: »Dies ist leicht getan. Die drei Strecken A, B und C sind ja nicht unabhängig voneinander, da sie die drei Seitenlinien eines rechteckigen Dreiecks darstellen. Wir können dann den Satz des Pythagoras anwenden. Die Summe der Quadrate von A und B ist also gleich dem Quadrat von C.«

Newton schrieb die von Einstein erwähnte Gleichung auf sein Papier, und wir wollen sie hier ebenfalls wiedergeben:

$$A^2 + B^2 = C^2$$

Daraufhin formte Newton die Gleichung um, da er den Gammafaktor C/A erhalten wollte:

$$\left(\frac{A}{C}\right)^2 + \left(\frac{B}{C}\right)^2 = 1$$

$$\left(\frac{A}{C}\right)^2 = 1 - \left(\frac{B}{C}\right)^2$$

$$\frac{A}{C} = \sqrt{1 - \left(\frac{B}{C}\right)^2}$$

Newton bemerkte: »Auf der linken Seite dieser Gleichung steht jetzt der inverse Gammafaktor, allerdings ausgedrückt durch das

Verhältnis der Kathete B und der Hypotenuse C. Die Wegstrekken B und C werden allerdings vom Satelliten bzw. vom Licht in derselben Zeit zurückgelegt. Folglich müßten also beide Wegstrecken im Verhältnis der Geschwindigkeiten stehen, wobei v, wie bereits festgelegt, die Geschwindigkeit des Satelliten und c die Lichtgeschwindigkeit bezeichnen:

$$\frac{B}{C} = \frac{v}{c}$$

$$\frac{A}{C} = \frac{\Delta t}{\Delta t'} = \frac{1}{\gamma} = \sqrt{1 - \left(\frac{v}{c}\right)^2}$$

Damit erhalte ich nun den Gammafaktor in Abhängigkeit der Geschwindigkeit v bzw. des Verhältnisses v/c:

$$\gamma = \frac{\Delta t'}{\Delta t} = \frac{1}{\sqrt{1 - \left(\frac{v}{c}\right)^2}}$$

Quod erat...«

Newton starrte einige Augenblicke auf die gerade von ihm abgeleitete Gleichung, die eine der Grundformeln der Relativitätstheorie darstellt.

»Jetzt wird mir einiges verständlich«, sagte er. »Eine wichtige Größe bei all diesen Betrachtungen ist offenbar das Verhältnis der auftretenden Geschwindigkeiten zur Lichtgeschwindigkeit. Mr. Einstein, Sie hatten ja schon mehrmals betont, daß alle Effekte der Relativitätstheorie nur dann wirklich wichtig werden, wenn das Verhältnis der in Frage kommenden Geschwindigkeit zur Lichtgeschwindigkeit einigermaßen groß ist. Ich hatte allerdings nicht damit gerechnet, daß insbesondere das Quadrat des Verhältnisses v/c wichtig ist. Für alle Geschwindigkeiten, mit denen man es z. B. bei technischen Prozessen zu tun hat, ist dieses Verhältnis natürlich äußerst klein, und das Quadrat des Verhältnisses ist folglich noch viel kleiner. Damit ist klar, daß die Effekte der Relativitätstheorie für alle normalen Vorgänge, also für Vorgänge, bei denen die auftretenden Geschwindigkeiten mit der Lichtgeschwindigkeit überhaupt nicht vergleichbar sind, praktisch nicht ins Gewicht fallen.«

Ich warf ein: »Herr Newton, sowohl Einstein als auch ich haben ja schon mehrfach betont, daß sich in der Relativitätstheorie nicht Ihre Gesetze der Mechanik als schlechthin falsch erweisen. Bei kleinen Geschwindigkeiten sind eben die Abweichungen, wie Sie hier nun explizit sehen, wirklich äußerst klein und praktisch vernachlässigbar. Selbst für enorme Geschwindigkeiten, etwa für 100000 km/s, ist die Abweichung des Gammafaktors von eins noch recht bescheiden. In dem erwähnten Fall ist er von der Größenordnung 1,06, weicht also von eins nur um 6% ab.«

In der Zwischenzeit hatte Einstein seinen Taschenrechner zur Hand genommen, für einige Geschwindigkeiten den entsprechenden Gammafaktor ausgerechnet und die Werte auf einem Blatt Papier zusammengestellt: »Schauen Sie, Newton. In dieser kleinen Tabelle habe ich für einige instruktive Werte der Geschwindigkeit den Gammafaktor angegeben.«

Einsteins Tabelle

Objekt	v (km/s)	v/c	Gammafaktor
Auto	0,03	0,0000001	1
Flugzeug	0,5	0,000002	1
Gewehrkugel	1	0,000003	1
10% von c	30000	0,1	1,05
50% von c	150000	0,5	1,155
90% von c	270000	0,9	2,294
99% von c	297000	0,99	7,09
99,9% von c	299000	0,999	22,4

»Sie sehen, daß der Gammafaktor für normale Geschwindigkeiten, also für Geschwindigkeiten, deren Größe wir uns mit unserem bescheidenen Vorstellungsvermögen gerade noch vorstellen können, praktisch gleich eins ist. Nur wenn die Geschwindigkeit von derselben Größenordnung wie die Lichtgeschwindigkeit ist, weicht er signifikant von eins ab.«

In der Zwischenzeit war ich damit beschäftigt, eine Kurve zu zeichnen, die den Gammafaktor in Abhängigkeit von der Geschwindigkeit beschreibt. Ich zeichnete diese Kurve aus dem Gedächtnis, hatte ich sie doch schon oft in der Vorlesung meinen

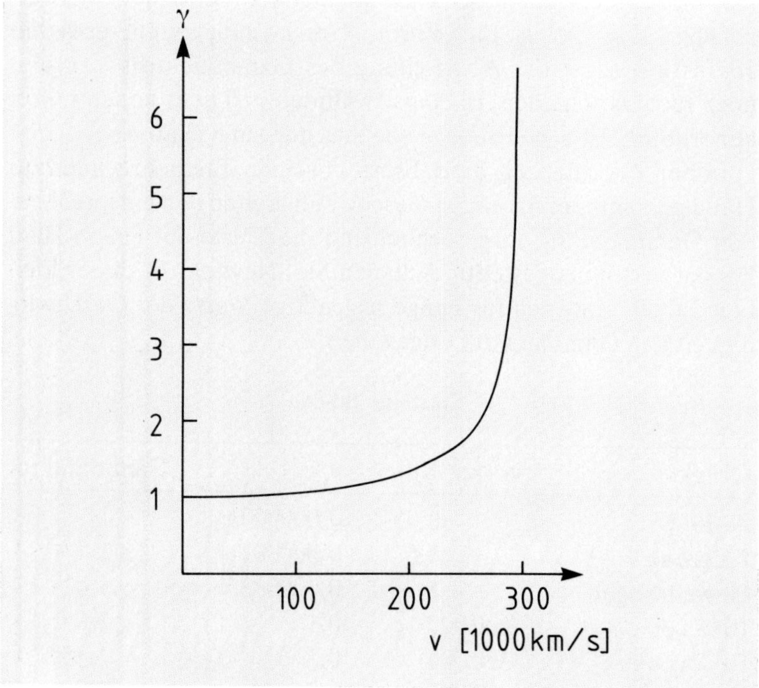

Abb. 9–3 Der Gammafaktor in Abhängigkeit von der jeweiligen Geschwindigkeit. Solange letztere klein gegenüber der Lichtgeschwindigkeit ist, kann man die Effekte der Zeitdilatation praktisch vernachlässigen. Erst bei Geschwindigkeiten von mehr als 100000 km/s machen sich diese Effekte bemerkbar, und zwar um so stärker, je näher die Geschwindigkeit an die Lichtgeschwindigkeit herankommt. Man kann letztere allerdings nie erreichen, da dann der Gammafaktor unendlich groß werden würde.

Studenten vorgeführt, und zeigte sie Newton, der sie aufmerksam betrachtete und dann bemerkte, indem er langsam sprach, jedes seiner Worte bedächtig wägend:

»Schon wenn man den mathematischen Ausdruck für den Gammafaktor ins Auge faßt, wird klar, daß der Wert dieses Faktors immer größer wird, wenn man sich schrittweise der Lichtgeschwindigkeit immer mehr nähert. Letztere kann aber nie erreicht werden, jedenfalls nicht von einem materiellen Körper, da in diesem Grenzfall der Gammafaktor unendlich groß werden würde.«

Newton ging ein paar Schritte auf und ab und fuhr nach einer kurzen Pause fort: »Mr. Einstein, ich hätte nie gedacht, daß der Lichtgeschwindigkeit eine derart fundamentale Bedeutung zukommen würde. Sie ist ja überhaupt keine normale Geschwindigkeit, sondern letztlich die bestimmende Größe für die Struktur von Raum und Zeit, oder besser: der Raum-Zeit. Neben ihr verblassen selbst anscheinend so fundamentale Begriffe wie die Zeit. Was ist sie schon, die Zeit! Man denkt, da gibt es in unserer Welt nichts Beständigeres und Stabileres als den Strom der Zeit, nur um herauszufinden, daß die Zeit nach Belieben gedehnt werden kann wie ein Gummiband. Immerhin, fast viermal so langsam verläuft die Zeit in einem Raumschiff, das mit der Geschwindigkeit von 290000 km/s an uns vorüberbraust.

Noch haben wir nicht näher über den Raum gesprochen. Aber nach allem, was ich heute gehört habe, würde es mich nicht verwundern, wenn sich auch der Raum ebenso wie die Zeit als etwas Instabiles, als ein vom Beobachter abhängiges Phänomen herausstellen würde.«

Einstein erwiderte: »In der Tat, Newton, Ihre Vermutung über den Raum wird sich als begründet herausstellen. Aber darüber wollen wir ein anderes Mal sprechen. Denn trotz aller Zeitdehnung – ich muß feststellen, daß unsere eigene Zeit hier schnell verflossen ist. Mittlerweile ist es nämlich schon kurz nach ein Uhr, also längst Mittagszeit. Ich schlage deshalb vor, daß wir die Vormittagssitzung abbrechen und uns einem konkreteren Problem zuwenden: der Beschaffung eines wohlverdienten Mittagsmahls.«

Newton und ich waren mit diesem Vorschlag sehr einverstanden. Das Mittagessen nahmen wir in gewohnter Manier im »Aarbergerhof« ein. Danach beschlossen wir, das schöne Wetter für den bereits vor Tagen geplanten Ausflug zu nutzen. Für den Nachmittag lud ich also Einstein und Newton zu einer Autofahrt an den Thuner und Brienzer See ein. Nach einer unterhaltsamen Tour und einem längeren Spaziergang entlang des Ufers des Brienzer Sees kamen wir am Abend wieder wohlbehalten und entspannt in Bern an.

Während des Nachmittags hatte ich insgeheim Newton beobachtet. Er war ungewöhnlich schweigsam gewesen. Obwohl er zweifelsohne die schöne Berglandschaft und das prächtige Wetter genoß, merkte man ihm an, daß sein Denken noch ganz unter dem Eindruck der heutigen Diskussionen stand. Es war offensichtlich: Isaac Newtons festgeformtes Weltbild war ins Wanken gekommen, mehr noch, es hatten sich bedrohliche Risse aufgetan. Es war gut, daß wir am heutigen Nachmittag eine Pause eingelegt hatten. So hatte Newton ein paar Stunden Zeit, die neue Situation zu verarbeiten.

Ich konnte nicht umhin, an jene Zeit zu denken, als ich mich selbst als sechzehnjähriger Gymnasiast mit den Grundideen der Relativitätstheorie bekannt gemacht hatte. Damals war ich mir wie ein Bergwanderer vorgekommen, der bei klarer Sicht und guten Mutes aufsteigt, dann plötzlich in die Wolken gerät und im Nebel jegliche Orientierung verliert. Erst nach Stunden vergeblicher Müh, den richtigen Weg zu finden, steigt er etwas weiter in die Höhe und steht plötzlich über der Wolkendecke, vor sich das Bergpanorama im prächtigen Sonnenschein. Im Nu ist er in der Lage, sich in der Bergwelt wieder zurechtzufinden und seinen geplanten Weg fortzusetzen.

Newton war offensichtlich dabei, durch den jetzt herrschenden Nebel aufzusteigen. Es schien mir jedoch sicher: Bald würde er die Wolken hinter sich gelassen haben, vor sich das neue Bild von Raum und Zeit, das Einstein als erster im Jahre 1905 erblickt hatte.

10

Schnelle Myonen leben länger

Am nächsten Morgen ging ich direkt von meinem Haus in die Kramgasse. Einstein war schon da. Gemeinsam warteten wir einige Minuten auf Newton, der auch bald nach meiner Ankunft die Wendeltreppe emporkam.

Wider Erwarten schien Newton gut gelaunt. Er begrüßte Einstein mit den Worten: »Mr. Einstein! Sie sehen vor sich einen Mann, der zwar schlecht geschlafen hat, aber jetzt jedenfalls von sich behaupten kann, wenigstens einige der Grundideen Ihrer Theorie verstanden zu haben. So wollen wir denn in unserer heutigen Sitzung auch gleich in medias res gehen, denn ich muß andererseits gestehen, daß mir eine Reihe von Dingen immer noch unklar sind.«

Wir machten es uns in Einsteins Wohnzimmer bequem, so gut es bei der spartanischen Einrichtung ging. Dann begann Newton:

»Zweifelsohne war unser gestriges Treffen die interessanteste wissenschaftliche Sitzung, die ich jemals erlebt habe. Ich finde es erstaunlich, wie Sie, ausgehend von dem einfachen Prinzip der Universalität der Lichtgeschwindigkeit, das ja mittlerweile experimentell gesichert ist, dieses Gebäude der Relativitätstheorie errichtet haben. Und der zentrale Punkt unserer Diskussion von gestern, die Zeitdilatation, ist ja wohl einer der wichtigsten, vielleicht sogar der wichtigste Teil Ihres Gebäudes.

Allerdings ist die Physik eine experimentelle Wissenschaft, und das schönste Theoriegebäude kann durch ein einziges Experiment, das die Voraussagen der Theorie nicht bestätigt, zum Einsturz gebracht werden. Ich frage Sie beide jetzt: Welche experimentellen Tests der Theorie gibt es heute? Kann man sagen, daß die Relativitätstheorie, die ja letztlich nicht in direktem Widerspruch zu meiner Mechanik steht, sondern gewissermaßen eine Erweiterung der letzteren ist für den Fall, daß man sehr schnell bewegte Objekte oder Systeme betrachtet, vom Experiment voll bestätigt ist? Ich darf vorausschicken, Mr. Einstein, daß ich letzteres vollauf wünsche, denn ich sehe, offen gesagt, mittlerweile auch keine andere Möglichkeit mehr, das vertrackte Problem der universellen Lichtgeschwindigkeit in den Griff zu bekommen.«

Einstein erwiderte gelassen: »Meine erste Arbeit über die Relativitätstheorie war natürlich sehr spekulativ. Es hat sich aber bald herausgestellt, daß sich meine Ideen widerspruchsfrei weiterentwickeln ließen und daß man zu einer neuen Mechanik gelangt, eben der relativistischen Mechanik, mit deren Hilfe man ein in sich konsistentes Bild der Dynamik sehr schnell bewegter Körper erhält.

Wie es sich mit den heutigen experimentellen Tests verhält, bin ich allerdings überfragt. Seitdem ich wieder hier in Bern bin, habe ich zwar versucht, mich auf den neuesten Stand zu bringen, aber wegen Zeitmangels bin ich, ehrlich gesagt, noch nicht sehr weit gekommen. Ich kann Ihnen allerdings bestätigen, daß es bis heute wohl kein Experiment gibt, das im Widerspruch zu den Voraussagen der Relativitätstheorie steht. Lieber Kollege, als Mitglied der ›Akademie Olympia‹ können Sie uns sicher in dieser Angelegenheit weiterhelfen.«

Haller: Zunächst möchte ich hervorheben, Herr Newton, daß wir bislang nur einige Aspekte der Einsteinschen Theorie erläutert haben, darunter sicher als einen sehr interessanten Punkt die Zeitdilatation. Aber der wichtigere Teil der Konsequenzen der Relativitätstheorie steht meiner Meinung nach noch aus – wir werden darauf später zu sprechen kommen. Deshalb will ich jetzt nur einige Bemerkungen über die experimentellen Untersuchungen bezüglich der Zeitdilatation machen.

Wie könnte man die Zeitdilatation experimentell messen? Im Prinzip brauchten wir nur den Gang einer Uhr in einem schnell bewegten Fahrzeug, etwa in einer Rakete, zu beobachten. Nur besteht hier das Problem, eine genügend hohe Geschwindigkeit zu gewinnen. Um überhaupt einen Effekt zu messen, sollte die Geschwindigkeit des verwendeten Fahrzeugs in der Nähe der Lichtgeschwindigkeit liegen. Einen makroskopischen Körper auf eine solche hohe Geschwindigkeit zu beschleunigen ist selbst mit den heute zur Verfügung stehenden technischen Hilfsmitteln nicht möglich.

Einstein: Der Effekt der Zeitdilatation ist natürlich bei bewegten Uhren immer vorhanden, nur eben bei relativ kleinen Geschwindigkeiten äußerst bescheiden. Wenn allerdings sehr genau gehende Uhren zur Verfügung ständen, könnte man eventuell den Effekt auch bei den im Vergleich zur Lichtgeschwindigkeit recht moderaten Geschwindigkeiten messen, die man heute beispielsweise mit Raketen erreicht. Wie steht es hiermit?

Haller: Ob man die Zeitdilatation auch bei moderaten Geschwindigkeiten, sagen wir von einigen zehn oder hundert Kilometern in der Sekunde, messen kann, steht und fällt tatsächlich mit der Genauigkeit der Uhren, die man bei einem solchen Test benutzt. Im Moment möchte ich aber die hiermit zusammenhängenden Probleme außer acht lassen. Ich verspreche Ihnen, später darauf zurückzukommen. Zunächst sei die Frage erörtert, wie man die Zeitdilatation bei sehr schnell bewegten Objekten, also bei Objekten, deren Geschwindigkeit nur wenig unter der Lichtgeschwindigkeit liegt, messen kann.

Eine Möglichkeit bietet sich folgendermaßen an: In einem gewöhnlichen Physiklabor kann man zwar keine makroskopischen Körper auf eine Geschwindigkeit nahe der Lichtgeschwindigkeit beschleunigen, wohl aber mikroskopisch kleine Körper, etwa Teilchen wie Protonen oder Elektronen. Im übrigen braucht man für diesen Zweck gar nicht in ein Labor zu gehen, denn schnell bewegte Teilchen findet man auch in der freien Natur in Hülle und Fülle.

Newton: Gut, nehmen wir an, wir betrachten ein schnell bewegtes Teilchen, zum Beispiel Ihr Elektron. Wie wollen Sie denn im System des schnell bewegten Elektrons die Zeit messen? Schließlich können Sie dem Elektron keine Uhr umhängen.

Haller: Das ist auch nicht nötig. Wir umschiffen dieses zweifellos bei einem Elektron bestehende Problem mit einem Trick. Wir benutzen nämlich für unseren Zweck kein Elektron, sondern ein Teilchen, das gewissermaßen eine innere Uhr besitzt. Nehmen wir einmal an, wir betrachten ein Teilchen, von dem wir wissen, daß es nach seiner Erzeugung schnell in irgendeinem atomaren Prozeß wieder zerfällt, und zwar nach genau einer Sekunde.
Einstein, skeptisch: Gibt es denn solche Teilchen in unserem Universum?
Haller: Es gibt viele Teilchen in der Natur, die nicht stabil sind, sondern kurz nach ihrer Erzeugung zerfallen. Allerdings gibt es kein Teilchen, dessen Lebensdauer genau eine Sekunde beträgt, aber mir kommt es erst einmal auf das Prinzip an. Später werden wir sehen, daß es durchaus Teilchen gibt, die man in geeigneter Weise gebrauchen kann.

Wir betrachten also ein solches Teilchen, das sich relativ zu uns in Ruhe befindet. Es ist klar, was passiert: Das Teilchen wird genau eine Sekunde nach seiner Erzeugung zerfallen, wobei irgendwelche anderen Teilchen entstehen – auf die Details des Zerfallsprozesses kommt es dabei überhaupt nicht an.

Nun betrachten wir ein anderes Teilchen derselben Sorte, das sich relativ zu uns mit der Geschwindigkeit v bewegt, wobei v zunächst klein gewählt wird, später aber immer größer. Solange die Geschwindigkeit klein gegenüber der Lichtgeschwindigkeit ist, werden wir beobachten, daß das Teilchen genau eine Sekunde nach seiner Erzeugung zerfällt.

Man kann das leicht messen, denn wir brauchen nur den Weg des Teilchens vom Erzeugungsort bis zum Zerfallsort zu verfolgen. Die Länge dieses Weges ist natürlich einfach die Geschwindigkeit v, multipliziert mit der Lebensdauer des Teilchens, also mit einer Sekunde. Hat das Teilchen eine Geschwindigkeit von beispielsweise 1 km/s, dann fliegt es genau einen Kilometer und zerfällt dann.
Newton: Entschuldigen Sie, Mr. Haller, daß ich unterbreche, aber ich glaube, mir ist klargeworden, worauf Sie hinauswollen. Wenn wir jetzt die Geschwindigkeit des Teilchens erhöhen, sagen wir auf

100000 km/s oder mehr, kommt die Zeitdilatation zum Tragen, genauer gesagt: der Gammafaktor. Uns erscheint es dann so, als würde das Teilchen nicht nur eine Sekunde leben, sondern länger, denn seine Lebensdauer ist für uns als Beobachter eine Sekunde, multipliziert mit dem Gammafaktor.

Haller: Genau. Die Länge der Bahn des Teilchens vom Ort der Erzeugung bis zum Zerfallsort ist also nicht einfach durch die Geschwindigkeit gegeben, sondern durch die Geschwindigkeit, multipliziert mit dem Gammafaktor. Ein Beispiel:

Nehmen wir an, das Teilchen fliegt mit der allerdings schon recht hohen Geschwindigkeit von 99 % der Lichtgeschwindigkeit, also mit etwa 297000 km/s. Gäbe es keine Zeitdilatation, dann würde das Teilchen 297000 km durch den Raum fliegen und dann zerfallen. Nun ist der Gammafaktor für die fragliche Geschwindigkeit bereits ziemlich groß, nämlich fast genau 7. Das bedeutet: Unser Teilchen fliegt siebenmal weiter in den Raum hinaus als 297000 km, also etwas mehr als zwei Millionen km. Das ist natürlich ein gewaltiger Unterschied, der sozusagen direkt ins Auge springen würde und deshalb auch sehr leicht experimentell festgestellt werden könnte.

Einstein: Ich muß gestehen, das ist ein hochinteressanter Test, der allerdings so nicht direkt durchgeführt werden kann, denn Sie sagten ja selbst, diese Ein-Sekunden-Teilchen, die Sie benötigen würden, gibt es in der Natur gar nicht. Wie sieht es nun in der Wirklichkeit aus?

Haller: Etwas anders, aber auch wieder nicht sehr viel anders. Wir kennen heute eine Reihe von Teilchen, mit denen man experimentelle Tests dieser Art durchführen kann. Ich will nur den bekanntesten und eindrucksvollsten erwähnen, bei dem man Myonen benutzt. Das sind Teilchen, die mit den Elektronen verwandt sind – es handelt sich gewissermaßen um schwere Partner des Elektrons. Ihre Masse ist etwa 200mal größer als die Masse des Elektrons.

Einstein: Seltsam, das sind fürwahr ungewöhnliche Partikel. Haben Sie eine Ahnung, warum es diese Teilchen überhaupt gibt?

Haller: Niemand weiß das. Man könnte fast denken, die Myonen seien genauso unnütz wie das Unkraut im Garten, denn sie sind instabil und deshalb für die Struktur der stabilen Materie im Universum nicht von unmittelbarer Bedeutung.
Newton: Vielleicht hat Einstein diese Myonen extra beim Schöpfer unseres Universums bestellt, um einen eindrucksvollen Beweis für die Relativitätstheorie liefern zu können. Immerhin, ganz so unnütz sind sie doch wohl nicht, wenn man die Zeitdilatation an ihnen direkt messen kann.
Einstein: Herr Newton, wenn ich schon etwas bestellt hätte, dann der Einfachheit halber zumindest die Ein-Sekunden-Teilchen von Herrn Haller! Aber Spaß beiseite, meine Herren. Erzählen Sie uns bitte, wie die Myonen überhaupt zerfallen.

– Ich fertigte eine graphische Darstellung des Myonzerfalls an.

Haller: Die Myonen wurden übrigens im Jahre 1937 bei einem Experiment entdeckt, das der Erforschung der kosmischen Strahlung gewidmet war.
Newton: Bitte, was genau ist die kosmische Strahlung?
Haller: Der Weltraum wird ständig von sehr schnell fliegenden Teilchen durchkreuzt. Meistens handelt es sich um Protonen, also

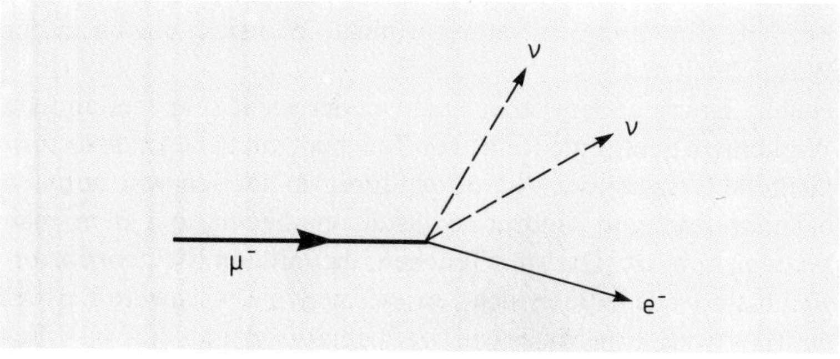

Abb. 10–1 Der Zerfall des Myons. Ein negativ geladenes Myon zerfällt in ein Elektron und zwei Neutrinoteilchen. Die Neutrinos sind elektrisch neutrale Partner der Elektronen und Myonen. Möglicherweise haben sie wie die Photonen keine Masse.

Atomkerne des Wasserstoffs, manchmal allerdings auch um die Atomkerne anderer Elemente, etwa des Heliums oder auch der schwereren Elemente wie Kohlenstoff oder Eisen.

Diese Teilchen fliegen übrigens in der Regel fast mit Lichtgeschwindigkeit. Wenn sie mit den Atomkernen in der oberen Erdatmosphäre zusammenstoßen, kommt es zu regelrechten kleinen Explosionen, also zu Teilchenreaktionen, die manchmal recht kompliziert sind, auf die ich aber hier nicht eingehen kann. Jedenfalls werden bei diesen Reaktionen letztlich die Myonen erzeugt. Sie fliegen praktisch mit Lichtgeschwindigkeit vom Ort der Kollision davon, viele von ihnen bis hinunter zur Erdoberfläche. Unsere Körper werden ständig von diesen Teilchen regelrecht bombardiert, und es passiert oft, daß hierbei ein Atomkern unseres Körpers getroffen und damit zerstört wird.

Einstein, der in der Zwischenzeit meine Zeichnung des Myonzerfalls studiert hatte: Aus Ihrer Skizze schließe ich, daß nach dem Zerfall drei Teilchen vorhanden sind?

Haller: Ja, ein Elektron, das gewissermaßen die elektrische Ladung des Myons übernimmt, und zwei weitere, elektrisch neutrale Teilchen, die man Neutrinos nennt. Diese Neutrinos kann man übrigens nur sehr schwer beobachten, da sie mit der aus Atomen bestehenden Materie, aus der ja notwendigerweise alle Nachweisgeräte bestehen, praktisch keine Wechselwirkung eingehen. Deshalb hat es auch recht lange gedauert, bis zu Beginn der sechziger Jahre die Details des Myonzerfalls aufgeklärt wurden. Aber, wie gesagt, auf die Details des Zerfalls kommt es bei unserer Fragestellung überhaupt nicht an. Wesentlich ist nur, daß man den Zerfall des Myons beobachten kann, und zwar durch den Nachweis des abgestrahlten Elektrons.

Nun zur Frage nach der Lebensdauer: Es hat sich herausgestellt, daß es unmöglich ist, eine Zeit anzugeben, nach deren Ablauf ein Myon mit absoluter Sicherheit zerfallen sein muß. Man kann nur eine Wahrscheinlichkeit für den Zerfall eines Myons oder, besser, für viele Myonen angeben. Nehmen wir an, wir verfolgen den Lebensweg von 1000 Myonen, die sich in Ruhe befinden sollen und zum selben Zeitpunkt erzeugt wurden. Es erweist

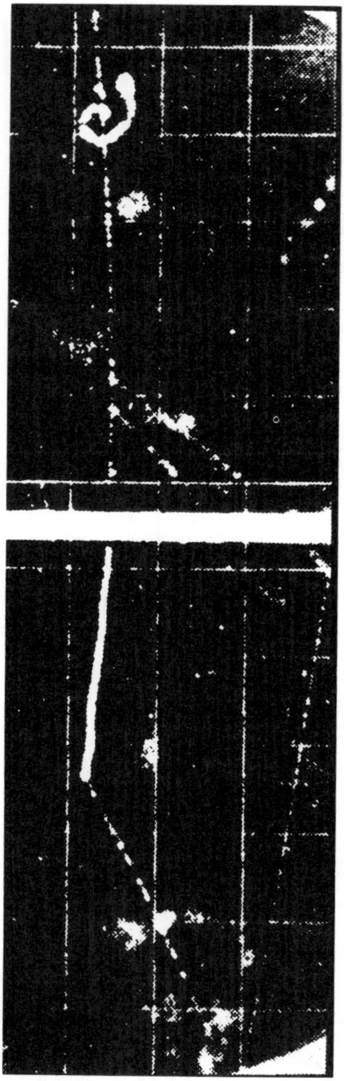

Abb. 10–2 Der Zerfall eines Myons. Das Teilchen, hier ein elektrisch positiv geladenes Teilchen, fliegt von oben in eine Nebelkammer, ein Teilchennachweisgerät. In dieser Kammer manifestiert sich die Bahn durch eine Spur kleiner Tröpfchen. Letztere ist ganz analog den Kondensstreifen von Überschallflugzeugen in der Atmosphäre.

Das Myon durchschlägt eine Aluminiumplatte, wobei sich seine Geschwindigkeit verringert, und zerfällt, wobei ein Positron (schwache Spur) und zwei Neutrinoteilchen (hier unsichtbar) entstehen. Das Positron ist das elektrisch positiv geladene Analogon zum Elektron, genauer: das sogenannte Antiteilchen des Elektrons.

sich, daß nach der allerdings recht kurzen Zeit von nur 1,5 millionstel Sekunden – das sind, wie man auch sagt, 1,5 Mikrosekunden – fast genau die Hälfte der Teilchen, also 500, zerfallen sind. Nach einer weiteren kurzen Zeitspanne von 1,5 Mikrosekunden sind wiederum die Hälfte der verbleibenden Myonen, also 250, zerfallen, usw. Man nennt diese Zeit die Halbwertszeit des Myonzerfalls.

Wenn man die Halbwertszeit des Myonzerfalls genau kennt, ist es leicht, die Wahrscheinlichkeit für das Überleben eines Myons in Abhängigkeit von der seit seiner Erzeugung verflossenen Zeit anzugeben. Je länger diese Zeit ist, um so geringer ist natürlich die Wahrscheinlichkeit.

– Ich nahm ein Blatt Papier zur Hand und zeichnete ungefähr diese Abhängigkeit auf.

Haller: Man kann allerdings nie mit absoluter Sicherheit sagen, daß nach einer bestimmten Zeit nun alle Myonen zerfallen sein müssen. Selbst nach der im Vergleich zur Halbwertszeit schon sehr langen Zeit von einer Stunde gibt es noch eine, allerdings äußerst kleine Wahrscheinlichkeit, daß ein einziges dieser Myonen, dann

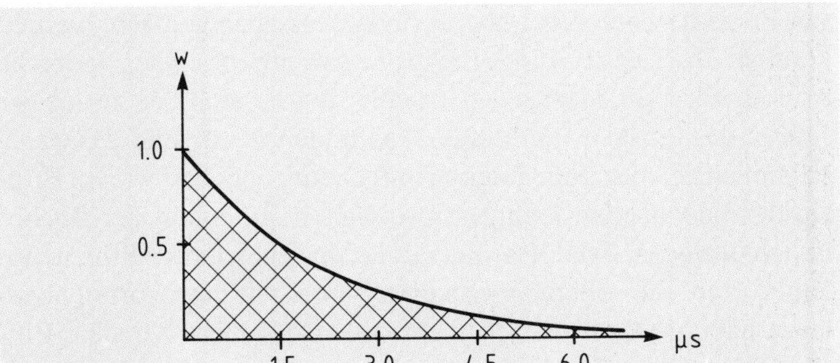

Abb. 10–3 Die Wahrscheinlichkeit des Zerfalls eines Myons in Abhängigkeit von der Zeit: Nach dem Verstreichen von 1,5 Mikrosekunden nach der Erzeugung des Myons ist die Wahrscheinlichkeit, daß das Myon noch existiert, 50 %. Deshalb nennt man diese Zeit die Halbwertszeit für den Myonzerfall. Nach Ablauf von weiteren 1,5 Mikrosekunden ist die Wahrscheinlichkeit des Überlebens wiederum um die Hälfte gesunken, liegt also dann bei 25 %. Bereits nach zehn Mikrosekunden ist die Wahrscheinlichkeit des Überlebens schon recht klein, nämlich nur noch von der Größenordnung von 1 %.

allerdings ein wahrlicher Methusalem, doch noch übriggeblieben ist.

Einstein, ungeduldig: Gut, gut, Herr Haller, Newton und ich wissen schon, was mit der Angabe der Wahrscheinlichkeit gemeint ist. Bloß verstehe ich nicht, wieso es überhaupt eine Wahrscheinlichkeit sein muß. Wieso gibt es keine einheitliche Zerfallszeit für die Myonen? Ich sehe hier ein gewisses Problem. Jedenfalls verstehe ich nicht, wieso die Myonen plötzlich bei ihrem Zerfall ein Würfelspiel beginnen. Warum zerfallen sie nicht einfach nach Ablauf ihrer Lebenszeit, sagen wir nach 1,5 Mikrosekunden, und dann Schluß, ebenso wie Ihre hypothetischen Ein-Sekunden-Teilchen vorhin?

Newton, der während der letzten Worte Einsteins angefangen hatte zu lächeln: Mr. Einstein, bis vor einigen Tagen habe ich zwar nichts von der Relativitätstheorie verstanden, aber ich habe meine Zeit in Cambridge dazu genutzt, mich etwas mit Atomphysik zu beschäftigen. Und dabei habe ich begriffen, daß bei allen atomaren Prozessen nur Wahrscheinlichkeitsaussagen gemacht werden können. Das ist ein Grundprinzip der Atomtheorie oder, wenn Sie wollen, der Quantentheorie, das allerdings erst in den zwanziger Jahren des jetzigen Jahrhunderts gefunden wurde und das wahrscheinlich genauso fundamental und unumstößlich ist wie Ihr Prinzip der universellen Lichtgeschwindigkeit. In einem der Bücher las ich übrigens, daß Sie seinerzeit heftig gegen dieses Prinzip polemisierten. Sie sollen die Quantentheorie mit den Worten abgelehnt haben: »Gott würfelt nicht.« War das nicht derselbe Einstein, der 1905 mit der Einführung der Photonen in die Physik einen wesentlichen Beitrag zur Entwicklung der Quantentheorie geleistet hat?

Einstein: Das mit den Wahrscheinlichkeiten nehme ich Ihnen beiden nicht so ohne weiteres ab. Herr Newton, wenn Sie schon den Satz über Gott, den ich gesagt haben soll und gegen den ich gewiß nichts einzuwenden habe, erwähnten, dann sage ich auch heute und hier: Das Myon mag zerfallen, wann es will und wie es will, aber es würfelt nicht. Die Naturgesetze sind klar und eindeutig, nicht verwaschen. Es mag sein, daß man beim heutigen Stand des

Wissens nur Aussagen über die Wahrscheinlichkeit des Myonzerfalls machen kann, aber das ist sicherlich nur vorläufig. Irgendwann wird man in der Lage sein, eine exakte Aussage über den Zerfall eines jeden einzelnen Myons zu machen.

Bei den letzten Bemerkungen von Einstein waren in mir zunehmend Bedenken erwacht. So jedenfalls konnte die Diskussion nicht weitergehen, sonst bestand die Gefahr, daß wir alle drei in einen heftigen und kontroversen Streit über die Grundlagen der Quantentheorie gerieten. Immerhin hatte Einstein in seinem späteren Leben jahrzehntelang gegen die heute allgemein akzeptierte Interpretation der Quantentheorie polemisiert. Seine Streitgespräche hierüber mit einem der Begründer der Atomtheorie, Niels Bohr, sind heute ein Teil der Geschichte der Physik.

Ich sagte also: »Meine Herren, ich habe den Zerfall der Myonen ja nur ins Spiel gebracht, um ein Beispiel für die Zeitdilatation zu geben. Jedenfalls wollte ich sicher nicht ein Streitgespräch über die Quantentheorie entfachen. Ich schlage vor, wir überlassen jetzt die Atomphysik und die Quantentheorie sich selbst und kehren zu unserem Ausgangspunkt zurück. Was wir von den Myonen benötigen, ist lediglich die Halbwertszeit des Zerfalls. Ob die damit verbundene Wahrscheinlichkeitsaussage über den Zerfall nun eine tiefe Eigenschaft der Quantenprozesse widerspiegelt oder nur unsere Ignoranz über die Details der im Inneren des Myons sich abspielenden Prozesse, bleibe dahingestellt.«

»Einverstanden«, erwiderte Newton, und auch Einstein nickte zustimmend, obschon etwas resigniert. »Aber ich hoffe, wir kommen bei anderer Gelegenheit auf das Wahrscheinlichkeitsproblem der Quantentheorie zurück. Mich interessiert das eigentlich mehr als die Fragen von Raum und Zeit in der Relativitätstheorie.«

Ich fuhr fort: »Zurück zu den Myonen! Wenn wir den Zerfall vieler Myonteilchen untersuchen, können wir leicht die Halbwertszeit bestimmen, also die bereits erwähnte, recht kurze Zeitspanne von 1,5 Mikrosekunden. Das Myon ist damit ein Teilchen, das man als eine Uhr benutzen kann. Jedenfalls kann man mit ihm eine wenn auch sehr kleine Zeitspanne von 1,5 Mikrosekunden messen. Im übrigen ist für einen Elementarteilchenphysiker eine solche Zeitspanne nicht etwa besonders kurz, sondern sogar recht lang. In dieser Zeit legt nämlich das Licht eine Strecke von fast einem halben Kilometer zurück. Heute ist man aber in der Lage, Zeiten zu messen, die viele Größenordnungen kleiner als die Myonhalbwertszeit sind.«

»Moment mal«, unterbrach mich Newton. »Sie sagten doch vorhin, daß man hier auf der Erdoberfläche viele Myonen nachweisen kann, die letztlich durch den Einfall der kosmischen Strahlung auf die Erde, genauer auf die oberen Schichten der Atmosphäre, gebildet werden. Sie sagten auch, daß sich diese Myonen fast mit Lichtgeschwindigkeit bewegen. Man würde dann also erwarten, daß die Myonen nach ihrer Erzeugung ungefähr einen halben Kilometer durch den Raum fliegen und dann zerfallen. Zugegeben, manche der Myonen werden auch zwei oder sogar drei Kilometer fliegen, bevor sie zerfallen. Aber im Mittel dürfte die Zerfallsstrecke einen Kilometer nicht übersteigen. Die Erdatmosphäre ist aber bedeutend höher als einen Kilometer, sagen wir 30 km. Wieso kommen dann die Myonen überhaupt bis zur Erdoberfläche herunter? Man würde doch wohl erwarten, daß praktisch alle Myonen auf ihrem Weg von den oberen Schichten der Atmosphäre bis hierher längst zerfallen ...«

Newton sprang plötzlich auf, lief einige Schritte hin und her und klopfte dann Einstein auf die Schulter. »Mr. Einstein, ich glaube, Sie haben gewonnen. Die Myonen hier auf der Erdoberfläche – das ist der Beweis. Natürlich kommen die Myonen ohne Probleme bis zur Erdoberfläche. Wegen der Zeitdilatation fliegen sie einfach viel weiter, als man auf Grund der Halbwertszeit naiv erwarten würde, ganz analog zu den hypothetischen Teilchen, die Mr. Haller vorhin diskutiert hat.«

Einstein wandte sich an mich: »Wie steht es mit der quantitativen Prüfung der Zeitdilatation? Nur durch die Beobachtung von ein paar Myonen hier auf der Erdoberfläche kann man wohl schwerlich schließen, daß die Relativitätstheorie stimmt, wenn ich auch zugeben muß, daß die Angelegenheit für mich, genauer für die Relativitätstheorie, ganz positiv aussieht.«

Ich antwortete: »Trotzdem ist Newtons Schluß vollauf gerechtfertigt. Ohne die Zeitdilatation sähe es für die Myonen schlecht aus. Sie hätten praktisch keine Chance, bis zur Erdoberfläche vorzudringen. Man weiß, daß die meisten Myonen etwa 15 km über der Meeresoberfläche erzeugt werden. Ohne Zeitdilatation wären bereits die Hälfte der Myonen nach einer Wegstrecke von einem halben Kilometer verschwunden. Man kann leicht abschätzen, daß nur ein sehr bescheidener Teil der Myonen, nämlich ein Milliardstel, am Erdboden ankommen würde. Es bestände also kaum eine Chance, ein Myon in der Nähe der Erdoberfläche zu finden. Trotzdem trifft man eine ganze Menge von ihnen an, und die einzige Erklärung für dieses Phänomen ist die Annahme, daß schnell bewegte Myonen, beobachtet von einem Experimentator auf der Erdoberfläche, scheinbar weniger schnell altern als ruhende oder langsam bewegte. Die Zeitdilatation ist die einzige und heute auch allgemein akzeptierte Erklärung dieses Phänomens.«

Einstein gab sich noch nicht zufrieden: »Das klingt alles recht überzeugend. Nur wird ja in der Relativitätstheorie nicht nur ganz allgemein eine Dehnung der Zeit bei bewegten Systemen vorausgesagt. Man kann den Effekt immerhin in Abhängigkeit von der Geschwindigkeit auch genau berechnen, also den Gammafaktor. Wie steht es also mit einem quantitativen Test, etwa mit Hilfe der zerfallenden Myonen? Ich fürchte allerdings, daß hierzu die von der kosmischen Strahlung erzeugten Myonen nicht besonders geeignet sind.«

»Leider muß ich dem zustimmen«, antwortete ich. »Zum Glück ist man aber nicht auf die kosmischen Myonen angewiesen. An einer ganzen Reihe von Laboratorien der Kern- und Teilchenphysik ist man heute in der Lage, recht intensive Myonstrahlen herzustellen. Nur erzeugt man diese Strahlen nicht ausschließlich, um mögliche Tests der Relativitätstheorie durchzuführen. An der Gültigkeit der Theorie zweifelt sowieso kein ernsthafter Physiker mehr. Man benutzt die Myonen vielmehr für ganz andere Zwecke – beispielsweise, um die Strukturen im Inneren der Atomkerne aufzuspüren.

Im Jahre 1976 hat man am CERN ein Experiment durchgeführt,

um die Voraussagen der Relativitätstheorie im Detail zu prüfen. Myonen, die man mit Hilfe von Teilchenkollisionen erzeugt hatte, wurden unmittelbar nach der Erzeugung in eine ringförmige Vakuumröhre eingeleitet. Die Myonen bewegten sich vergleichsweise schnell, nämlich mit 99,94 % der Lichtgeschwindigkeit.

Der Hauptvorteil dieser Myonen im Vergleich zu den kosmischen Myonen bestand darin, daß man den Erzeugungsort und die Geschwindigkeit der Teilchen genau kannte. Damit war die Voraussetzung geschaffen, die Zeitdilatation und damit auch die Relativitätstheorie einem genauen quantitativen Test zu unterzie-

Abb. 10–4 Der Speicherring am CERN, der für eine detaillierte Untersuchung der Zeitdilatation verwendet wurde. Die Myonen wurden in einer ringförmigen Vakuumröhre gespeichert, die von Teilchenzählern umgeben war. Mit letzteren konnte man die Zerfälle der Teilchen durch den Nachweis der abgestrahlten Elektronen feststellen.

Die Überprüfung der Zeitdilatation war nur ein Nebenprodukt dieses Experiments, dessen Hauptziel eine genaue Messung der magnetischen Eigenschaften der Myonteilchen war. (Foto: CERN)

hen. Ein Magnetfeld sorgte dafür, daß sich die Myonen in diesem Ring ständig mit gleichbleibender Geschwindigkeit bewegten. Sie wurden gewissermaßen im Ring gespeichert – deshalb auch der Name ›Speicherring‹ für eine derartige Vorrichtung.«

»Wie will man denn bei einem solchen Experiment feststellen, wann ein Myon in diesem Ring zerfällt?« fragte mich Newton.

»Das ist kein Problem. Man umgibt den Speicherring mit Teilchenzählern, die in der Lage sind, jene Elektronen, die beim Zerfall der Myonen zwangsläufig entstehen, zu registrieren. Praktisch alle dieser Elektronen werden nämlich beim Zerfall nach der Seite hin abgestrahlt. Sie verlassen also den Speicherring und fliegen damit immer durch einen der Zähler hindurch.«

»Eine interessante Art, die Zeitdilatation zu messen«, gab Einstein zu. »Man braucht nur die Elektronen in Abhängigkeit zur Zeit zu registrieren und findet damit automatisch, wie viele Myonen pro Zeiteinheit zerfallen. Mit genügend vielen Myonen im

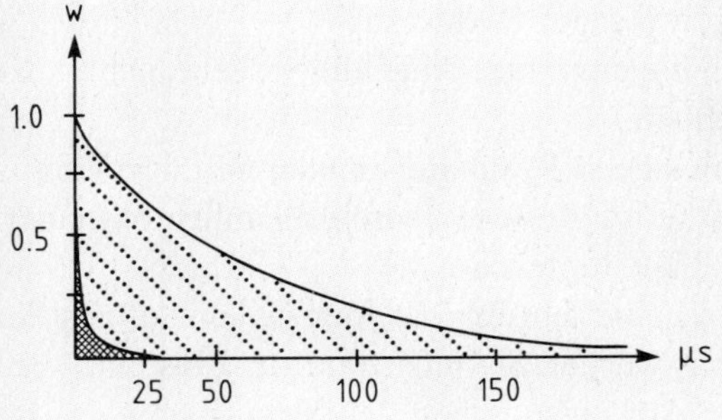

Abb. 10–5 Die am CERN gemessene Wahrscheinlichkeitsverteilung für den Myonzerfall (punktierte Fläche). Sie entspricht einer Halbwertszeit von 44 Mikrosekunden. Im Vergleich hierzu ist die entsprechende Verteilung für ruhende Myonen angegeben (ausgefüllte Fläche). Letztere hätte man beobachten müssen, falls es keine Zeitdilatation gäbe. Die CERN-Experimente ergaben einen Gammafaktor von etwa 29, in ausgezeichneter Übereinstimmung mit den Voraussagen der Relativitätstheorie.

Speicherring könnte man damit wohl die Zeitdilatation recht genau messen. Haller, Sie spannen uns auf die Folter. Was fand man also am CERN?«

»Das Ergebnis habe ich ja vorhin schon vorweggenommen, als ich sagte, daß es heute keinen Anlaß gibt, an der Relativitätstheorie zu zweifeln. Aber ich will endlich zu den harten Fakten kommen. Man beobachtete eine Halbwertszeit der Myonen beim CERN-Experiment von 44 Mikrosekunden. Damit fand man also eine Zeit, die fast 30mal so lang war wie die Halbwertszeit eines ruhenden Myons.«

»Moment mal«, unterbrach mich Newton. »Dieser Faktor von ungefähr 30 wäre also der Gammafaktor. Wollen wir einmal nachprüfen, ob das stimmen kann. Also, Sie sagten, die Geschwindigkeit der Myonen im Ring war 0,9994 der Lichtgeschwindigkeit. Damit ergibt sich der Gammafaktor zu

$$\gamma = \frac{1}{\sqrt{1 - \left(\frac{v}{c}\right)^2}} = \frac{1}{\sqrt{1 - 0{,}9994^2}} = 28{,}9$$

Gentlemen, was sagen Sie hierzu?«

Newton hatte nur einige Augenblicke gebraucht, um das Resultat zu errechnen.

»Die gemessenen Resultate stimmen mit den Voraussagen der Relativitätstheorie bestens überein, nämlich mit einer Präzision von etwa 0,2 %«, sagte ich.

Newton schaute Einstein an, der versonnen aus dem Fenster blickte. »Was würden Sie jetzt tun, Mr. Einstein, wenn man am CERN eine Abweichung von den Voraussagen der Relativitätstheorie beobachtet hätte?«

»Diese Frage lasse ich besser unbeantwortet, Herr Newton. Sie sagten ja vorhin selbst, daß auch Sie keine andere Lösung des Problems der konstanten, universellen Lichtgeschwindigkeit gesehen haben. Die Relativitätstheorie mußte einfach richtig sein. Der HERR hätte mir leid getan, wenn Ihm diese Lösung nicht selbst eingefallen wäre.«

Aus Einsteins Munde klang diese Bemerkung so witzig und in keiner Weise überheblich, daß alle drei Mitglieder der »Akademie Olympia« in schallendes Gelächter ausbrachen. Hätte ein Passant die Kramgasse kurz darauf genauer beobachtet, wären ihm drei gut gelaunte und heftig gestikulierende Herren aufgefallen, die das Haus Nr. 49 verließen und angesichts der nahenden Mittagsstunde einem Gasthaus in der Nähe des Bärenplatzes zustrebten.

11

Die paradoxen Zwillinge

Am frühen Nachmittag, etwa gegen zwei Uhr, kehrten wir in Einsteins Wohnung zurück. Bewußt hatte ich es vermieden, während der Mittagspause das Gespräch auf die Relativitätstheorie zu bringen. Statt dessen sprachen wir über die verschiedenen Methoden, um Teilchen nachzuweisen. So drehte sich unser Gespräch während des Essens und während des anschließenden Spaziergangs entlang der Aare um Geigerzähler, Nebelkammern, Blasenkammern, Funkenkammern und andere derartige Gerätschaften, mit deren Hilfe man die von vorbeifliegenden Elementarteilchen hinterlassenen Spuren nachweisen kann, also um Details der Elementarteilchenphysik, die den Nichtfachmann kaum interessieren dürften.

Nach unserer Ankunft in Einsteins Wohnung brachte Newton das Gespräch wieder auf die Zeitdehnung. »Da wir wissen, daß die Zeitdilatation bei allen bewegten Systemen auftritt, müßte man auch in der Lage sein, sie durch genau gehende Uhren, die man beispielsweise in einem Flugzeug oder einem Auto transportiert, nachzuweisen. Wie steht es hiermit?«

»Gut, machen wir ein solches Gedankenexperiment«, sagte Einstein. »Wir nehmen eine genau gehende Uhr und fahren mit dem Auto mit einer mehr oder weniger konstanten Geschwindigkeit von 120 km/h von Bern nach Zürich und zurück. Hierzu benötigen wir etwa zwei Stunden.«

Einstein nahm den Bleistift und führte eine kleine Rechnung durch. Nach kurzer Zeit hatte er das Ergebnis auf dem Papier.

»Das Verhältnis v/c ist in unserem Fall winzig, nämlich nur von der Größenordnung 10^{-7}. Demzufolge weicht der Gammafaktor von eins nur sehr wenig ab, nämlich um $6 \cdot 10^{-15}$. Da wir insgesamt zwei Stunden im Auto fahren, also 7200 Sekunden, würde der Effekt der Zeitdilatation letztlich eine Zeitdehnung von $6 \cdot 10^{-15}$, multipliziert mit 7200 Sekunden, also etwas weniger als 10^{-10} Sekunden zur Folge haben. Wenn wir wieder in Bern ankommen und unsere Uhr mit einer Uhr vergleichen, die in Bern in Ruhe verblieben ist, so müßten wir einen Zeitunterschied von etwa $6 \cdot 10^{-11}$ Sekunden beobachten.«

Ich setzte fort: »Leider muß ich Sie jetzt enttäuschen. Einen derartig kleinen Zeitunterschied kann man mit den heute zur Verfügung stehenden Uhren nicht messen. Wie schon früher erwähnt, erreicht man heute mit den besten Atomuhren eine Präzision von eins zu 10^{14}, d. h. etwas weniger als die hier geforderte Präzision von ungefähr eins zu 10^{15}, die Einstein erwähnt hat.

Um den Effekt gerade eben zu beobachten, müßte man die Geschwindigkeit des Autos um einen Faktor zehn erhöhen und also mit 1200 km/h nach Zürich rasen. Ein Auto, das derartig schnell fährt, gibt es nicht, abgesehen davon, daß eine solche Geschwindigkeit, die die in der Schweiz geltende Geschwindigkeitsbegrenzung von 120 km/h um mehr als 1000 km/h übersteigt, von der Schweizer Polizei mit einer horrenden Strafe geahndet würde.«

»Wie steht es aber mit Flugzeugen, die ja meines Wissens ohne weiteres schneller als 1000 km/h fliegen können?«

»Schnelle Düsenflugzeuge hat man in der Tat für Experimente dieser Art benutzt. Nehmen wir einmal an, wir fliegen mit einem Jet, dessen Geschwindigkeit genau 1000 km/h beträgt, einmal um die Erde, wobei die gesamte Flugzeit 36 Stunden beträgt. Die Abweichung des Gammafaktors von eins beträgt bei dieser Geschwindigkeit immerhin $0{,}5 \cdot 10^{-12}$. Der Effekt der Zeitdilatation für die gesamte Flugzeit ist dann dieser Wert, multipliziert mit $36 \cdot 3600$ Sekunden, also etwa 10^{-7} s, eine Zeitdifferenz, die sich ohne weiteres messen läßt.

Beispielsweise haben Wissenschaftler des U. S. Naval Observatory in Washington Anfang der siebziger Jahre ein einfaches Experiment durchgeführt, indem ein Physiker mit Linienflugzeugen einmal um die Erde flog, und zwar zusammen mit mehreren Atomuhren, die er auf seinem Nachbarplatz im Flugzeug deponierte. Nach seiner Rückkehr in Washington wurden die im Flugzeug mitgeführten Atomuhren mit ähnlichen Uhren, die in Washington verblieben waren, verglichen. In der Tat waren die mitgeführten Uhren im Vergleich zu den stationären Uhren etwas zurückgeblieben. Das Ergebnis stimmte genau mit der Voraussage von Einsteins Theorie überein. Das war übrigens ein Experiment, das im Vergleich zum Myonexperiment am CERN recht billig war, denn es kostete nur die beiden Flugtickets, eines für den Physiker und eines für die mitgenommenen Uhren.«

Newton, der meinen Ausführungen aufmerksam zugehört hatte, sagte zu Einstein: »Großartig, Mr. Einstein! Ich glaube, weitere Beweise für die Zeitdilatation können wir uns damit wohl sparen. Ich bin jetzt zumindest davon überzeugt, daß es keine absolute, vom Beobachter unabhängige Zeit gibt. Trotzdem, was für ein verrücktes Phänomen, die Zeit! Uhren gehen langsamer, wenn man sie bewegt...«

Kopfschüttelnd erhob sich Newton und ging in die Ecke des Zimmers, wo sich eine alte Pendeluhr befand, deren Zeiger vor langer Zeit stehengeblieben waren, starrte einige Augenblicke auf das Zifferblatt und zog dann das Gewicht nach oben. Das Ticken der Uhr war jetzt deutlich in der Stille des Raumes zu hören. »Und trotzdem wissen wir immer noch nicht, was die Zeit wirklich ist. Wenn ich diese Uhr aus diesem Raum entferne und alle anderen Uhren auch, eingeschlossen alle Atome, die ja letztlich auch kleine Uhren darstellen, wenn ich also nur den leeren Raum vor mir habe, gibt es dann überhaupt eine Zeit, einen Fluß der Zeit? Und wenn ja, was fließt dann überhaupt? Gibt es eine Zeit ohne Materie? Wann wird man endlich eine Antwort hierauf wissen?«

Newton ging zum Fenster und blickte gedankenverloren auf die Kramgasse hinaus. Ich schlug vor, eine kurze Teepause einzulegen. Einstein, der diesmal an der Reihe war, begann, eine Kanne Tee aufzubrühen. Newton und ich hingen ein Weilchen unseren Gedanken nach.

Newton: Gestern abend, während eines Spaziergangs kurz vor dem Schlafengehen hinauf zur Universität, kam mir beim Betrachten des Firmaments die Idee, daß man den Effekt der Zeitdilatation ja benutzen könnte, um mit Hilfe von schnell bewegten Raketen zu den Sternen zu fliegen und unsere Galaxie, vielleicht auch andere Galaxien zu erkunden.

In Cambridge las ich vor einigen Tagen, daß das Licht etwa 30000 Jahre braucht, um von der Erde bis zu den Sternen im Zentrum unserer Galaxie vorzudringen. Naiv würde man denken, daß es damit ausgeschlossen ist, daß jemals ein Mensch, der ja kaum mehr als hundert Jahre lebt, je eine solche Reise unternehmen kann. Doch dem ist nicht so, wie wir ja bei den Myonen gesehen haben. Die Zeitdehnung hilft oder, besser gesagt, könnte helfen, wenn es gelänge, Raumschiffe zu konstruieren, mit deren Hilfe man die Lichtgeschwindigkeit zwar nicht ganz, aber zumindest angenähert erreichen kann. Welche ungeheuren Möglichkeiten ständen dann vor uns. Der Mensch, ein Geschöpf dieser Erde, könnte dann die weiten Räume des Alls erkunden, vielleicht sogar andere Galaxien. Wie sehen Sie das? Wird man je die Chance hierzu haben?

Haller: Im Prinzip haben Sie recht, Herr Newton, aber leider eben nur im Prinzip. Sie müssen bedenken, daß der große Effekt der Zeitdehnung bei den Myonen, wo wir ja immerhin einen Gammafaktor, also einen Zeitdehnungsfaktor, von dreißig erhielten, nur dadurch zu erreichen war, daß die Myonen mit mehr als 99% der Lichtgeschwindigkeit durch den Raum eilten. Beim heutigen Stand der Technik ist es unmöglich, einen makroskopischen Körper, sei es nun eine Gewehrkugel oder eine Rakete, auf eine Geschwindigkeit zu beschleunigen, die der Lichtgeschwindigkeit auch nur nahekommt. Aber lassen wir dieses mehr technische Problem einmal beiseite.

Damit ein Mensch in der Zeit von, sagen wir, 30 Jahren von der Erde zum Zentrum der Galaxie fliegen kann, müßte der entsprechende Gammafaktor genau dem Verhältnis 30000/30, also 1000, entsprechen. Ohne den Gammafaktor, also ohne Zeitdehnung, wäre die Sache vollkommen hoffnungslos, denn dann würde der

Abb. 11–1 Die uns am nächsten gelegene Galaxie im Sternbild Andromeda. Sie ist etwa 2,5 Millionen Lichtjahre von der Erde entfernt. Die Andromedagalaxie besteht aus etwa 200 Milliarden Sternen und ist damit etwa doppelt so groß wie unsere eigene Galaxie. Es ist anzunehmen, daß es in dieser Galaxie Tausende von Sonnensystemen gibt, die unserem eigenen System ähneln. Mit Raumschiffen, deren Geschwindigkeit der Lichtgeschwindigkeit nahekommt, wäre es prinzipiell möglich, die Andromedagalaxie zu besuchen. Allerdings würden die Raumfahrer nach ihrer Rückkehr auf die Erde feststellen, daß auf ihrem Heimatplaneten mittlerweile mehr als 5 Millionen Jahre vergangen sind.

Raumfahrer während der 30 Jahre seiner Fahrt mit nahezu Lichtgeschwindigkeit nur etwas weniger als die Strecke schaffen, die das Licht in 30 Jahren zurücklegt, also eine Strecke, die nur wenig größer ist als die Strecke von der Erde zu den Fixsternen in der Umgebung unserer Sonne. Es ist nun leicht, die Geschwindigkeit zu bestimmen, die einem Gammafaktor von 1000 entspricht.

– In diesem Moment kam Einstein mit dem Tee zurück. Im Nebenraum hatte er offenbar unsere Unterhaltung verfolgt.

Einstein: Mir scheint, Sie sind ganz der alte geblieben, Sir Isaac, immer den Blick zum Sternenhimmel gewandt. Was mich betrifft, so muß ich gestehen, daß ich mich hier auf unserem kleinen alten Planeten ganz wohl fühle. Immerhin fliegt der ja als Begleiter unserer Sonne auch mit beachtlicher Geschwindigkeit durch das All. Was Besseres als dieses Raumschiff Erde kann man sich doch gar nicht vorstellen – ein Raumschiff mit Seen und grünen Wäldern, mit Städten wie unser Bern... Also gut, Newton, wollen wir uns mal ansehen, wie nahe Ihre Geschwindigkeit bei der Lichtgeschwindigkeit sein müßte, damit Sie es in dreißig Jahren bis zum Zentrum der Galaxie schaffen würden.

– Mittlerweile hatte ich meine kleine Rechnung beendet. Da der Gammafaktor gegeben ist durch

$$\gamma = \frac{1}{\sqrt{1 - \left(\frac{v}{c}\right)^2}},$$

kann man das Verhältnis der Geschwindigkeit zur Lichtgeschwindigkeit durch eine kleine Umformung leicht ausrechnen zu:

$$\frac{v}{c} = \sqrt{1 - \frac{1}{\gamma^2}}$$

Für den Fall $\gamma = 1000$ erhält man dann:

$$\frac{v}{c} = \sqrt{1-(10^{-6})} = 0{,}999\,999\,5$$

Haller: Sie sehen, Herr Newton, daß der Raumfahrer schon mit einer Geschwindigkeit fliegen muß, die praktisch gleich der Lichtgeschwindigkeit ist. Wir werden bald sehen, daß man ein Raumschiff zu einer solchen Geschwindigkeit nur durch einen ganz gewaltigen Aufwand an Energie beschleunigen könnte. Auf jeden Fall ist dies beim heutigen Stand der Technik nicht möglich, wohl auch nicht in der näheren oder etwas ferneren Zukunft.
Newton: Gut, Mr. Haller. Ich sehe, daß diese Fahrt ins Zentrum der Galaxie oder auch nur zu den benachbarten Fixsternen vorerst ins Reich der Phantasie gehört. Immerhin, wenn wir schon nicht selbst fliegen können, so hindert uns jedenfalls niemand, zumindest in Gedanken dahinzufliegen, also, wie Mr. Einstein zu sagen beliebt, ein Gedankenexperiment zu machen.

Ich habe mir gestern abend auch überlegt, daß man mit einem schnellen Raumschiff zu irgendeinem Stern fliegen und danach auf die Erde zurückkehren kann, wobei es sich dann herausstellen wird, daß auf der Erde inzwischen mehr Zeit vergangen ist als im Raumschiff.
Einstein: Dem steht nichts im Wege. Nehmen wir einmal an, ein Raumfahrer reist mit einem Raumschiff von der Erde ab, wobei die Geschwindigkeit des Raumschiffs etwa 260000 km/s betragen soll. Eine solche Geschwindigkeit entspricht ziemlich genau einem Gammafaktor von zwei. Nehmen wir auch an, daß dieser Raumfahrer einen Zwillingsbruder auf der Erde zurückläßt. Er reist ab, sagen wir, im Alter von 30 Jahren. Zehn Jahre lang fliegt er in seinem Raumschiff von der Erde weg. Nach Ablauf dieser Zeit bremst er das Raumschiff möglichst schnell ab, kehrt um und fliegt auf geradem Wege zur Erde zurück. Nach weiteren zehn Jahren kommt er dann wieder auf der Erde an, also im Alter von 50 Jahren... Er wird bei seiner Ankunft feststellen, daß sein Zwillingsbruder mittlerweile um vierzig Jahre gealtert ist, also gerade seinen siebzigsten Geburtstag feiert und seit einigen Jahren Pension bezieht.
Newton: Eine faszinierende Anwendung der Relativitätstheorie haben Sie da gerade beschrieben, Mr. Einstein. Ich muß gestehen, über die Fragen der Lebensprozesse und des menschlichen Al-

terns im Zusammenhang mit der Zeitdilatation habe ich noch gar nicht nachgedacht. Aber es ist klar: Wenn bewegte Uhren langsamer gehen, die Zeit also durch die Bewegung gedehnt wird, werden auch die Lebensprozesse und damit der Prozeß des biologischen Alterns verlangsamt.

Haller: Vorsicht, Herr Newton! So wie Sie es gerade ausgedrückt haben, klingt es fast so, als könnte man die Zeitdilatation wie einen Jungbrunnen benutzen, um mit dessen Hilfe dem Alterungsprozeß ein Schnippchen zu schlagen. Dem ist natürlich nicht so, denn die Zeitdilatation ist ja nur ein scheinbarer Effekt, der von dem Beobachter, der etwa auf der Erde bleibt, wahrgenommen wird. Im Raumschiff, besser im mitbewegten Bezugssystem des Raumschiffes, laufen alle Prozesse, darunter auch die chemischen und biologischen Prozesse im Körper des Raumfahrers, mit den für sie typischen Geschwindigkeiten ab, also mit denselben Geschwindigkeiten wie hier auf der Erde. Einem Beobachter auf der Erde würden jedoch diese Prozesse als verlangsamt erscheinen, wenn er die Gelegenheit hätte, sie über die große und sich ständig verändernde Entfernung hin zu beobachten. Beispielsweise schlägt das Herz des Raumfahrers, sagen wir, 60mal in der Minute. Würde der Zwillingsbruder auf der Erde den Herzschlag seines Bruders im Raumschiff registrieren, etwa mit Hilfe von geeigneten Funksignalen, so würde er finden, daß das Bruderherz nur 30mal in der Minute schlägt. Auch die Hirnströme und damit die Denkprozesse des Raumfahrers würden entsprechend verlangsamt erscheinen.

Mit Hilfe der Zeitdilatation kann man also keine zusätzliche Zeit im Sinne von nützlicher, also erlebnisfähiger Zeit gewinnen. Wenn der Raumfahrer letztlich zur Erde zurückkehrt und feststellt, daß er zwanzig Jahre jünger ist als sein Zwillingsbruder, so hat er seit Beginn seiner Reise auch nur halb soviel gelebt wie sein Bruder, halb soviel gedacht, halb soviel gegessen, getrunken und geschlafen.

Einstein: Ich vermute, er hat sogar noch weniger erlebt, denn es muß ja grauenhaft sein, zwanzig Jahre in einem kleinen Raumschiff eingesperrt zu sein. Da ziehe ich schon das viel vergnüglichere Erdendasein vor und würde lieber meinen Zwillingsbruder, falls ich einen hätte, auf die Reise schicken.

Newton: Daß man mit Hilfe der Zeitdilatation keinen Jungbrunnen errichten kann, ist mir klar. Mir geht aber ein anderes Problem durch den Kopf. Betrachten wir also noch einmal die beiden Zwillinge. Einer verbleibt auf der Erde, während der andere von der Erde mit konstanter Geschwindigkeit wegfliegt oder nach der Umkehrung mit derselben Geschwindigkeit zur Erde zurückfliegt. Beide Zwillinge befinden sich also in einem Inertialsystem.

Sie erwähnten gerade, Mr. Haller, daß der Erdzwilling die Zeitdilatation ohne weiteres bei seinem durch den Weltraum reisenden Bruder beobachten würde, wenn er in der Lage wäre, dessen Lebensprozesse zu observieren. Zwischen beiden Zwillingen gibt es aber keinen grundlegenden Unterschied. Würde der Weltraumfahrer zu seinem Bruder auf der Erde zurückblicken, so würde er bei dem letzteren eine ebenso große Zeitdilatation beobachten, denn relativ zu ihm bewegt sich sein Bruder zusammen mit der Erde durch den Weltraum. Man könnte also erwarten, daß bei der Ankunft des Weltraumfahrers auf der Erde nicht der Erdzwilling, sondern der reisende Bruder älter ist. Ich muß gestehen, daß mir jetzt die ganze Sache etwas suspekt erscheint – ein wahrhaftiges Zwillingsparadoxon.

Einstein, geruhsam seine Tasse Tee austrinkend: Eigentlich habe ich auf diesen Einwand schon die ganze Zeit gewartet. In einem Punkt habe Sie völlig recht: Wenn sich die beiden Zwillinge zueinander gleichförmig bewegen, also sich jeweils in einem Inertialsystem befinden, gibt es keinen Grund, den einen in bezug auf den anderen zu bevorzugen. Beide Zwillinge beobachten also eine Zeitdilatation bei dem sich bewegenden Bruder... Aber ganz so demokratisch geht es hier doch nicht zu. Es gibt einen wichtigen Unterschied zwischen dem Zwilling auf der Erde und seinem durch den Weltraum reisenden Bruder: Letzterer fliegt nach seinem Start davon und kehrt nach einer gewissen Zeit zurück. Er kann sich deshalb nicht ständig mit einer gleichförmigen und geradlinigen Geschwindigkeit durch den Raum bewegen. Irgendwann einmal muß er das Raumschiff abbremsen und anschließend entsprechend wieder in die entgegengesetzte Richtung beschleunigen. Während dieser Zeit der Umkehrung befindet er sich aber nicht in einem Inertialsystem, und unsere Betrachtungen zur Zeitdilatation, insbesondere die Berechnung des Gammafaktors, sind in diesem Fall für den Weltraumfahrer nicht zulässig, wohl aber für den in Ruhe verbleibenden Bruder auf der Erde.

Es handelt sich also keineswegs um eine symmetrische Situation. Der Weltraumfahrer ist benachteiligt, weil er diverse Brems- und Beschleunigungsmanöver ausführen muß, während der auf der Erde verbleibende Zwillingsbruder dies nicht nötig hat. Deshalb ist es der letztere, der nach der Reise seines Bruders zwanzig Jahre älter ist.

Newton: Ich gebe zu, daß es den von Ihnen gerade geschilderten Unterschied zwischen den beiden Zwillingen gibt, aber lassen Sie uns die Sache noch klarstellen, indem wir die Reisen unserer Zwillinge durch Raum und Zeit mittels der entsprechenden Weltlinien darstellen.

– Er nahm Papier und Bleistift zur Hand, skizzierte darauf ein Raum-Zeit-Diagramm und zeichnete die Weltlinien der beiden Zwillinge.

Newton: Der Unterschied zwischen den beiden Zwillingen wird bei der Betrachtung ihrer Weltlinien deutlich. Die Weltlinie des ruhenden Zwillings ist eine Gerade, während die Weltlinie des herumreisenden Bruders selbstverständlich keine Gerade ist, sondern je nach den auftretenden Beschleunigungen eine mehr oder weniger komplizierte Kurve, die nach Ablauf der Reisezeit mit der Weltlinie des in Ruhe verbleibenden Zwillings zusammentrifft.

Einstein: Sie haben ganz richtig die Umkehr des Reisenden nicht abrupt dargestellt, sondern durch eine gekrümmte Kurve veranschaulicht. Allerdings sollte man auch berücksichtigen, daß der Reisende nicht mit der vollen Geschwindigkeit gleich von Anfang an davonfliegen kann, sondern seine Endgeschwindigkeit erst durch eine entsprechende Beschleunigung nach einiger Zeit erreichen wird. Aber auf solche Feinheiten wollen wir hier lieber verzichten.

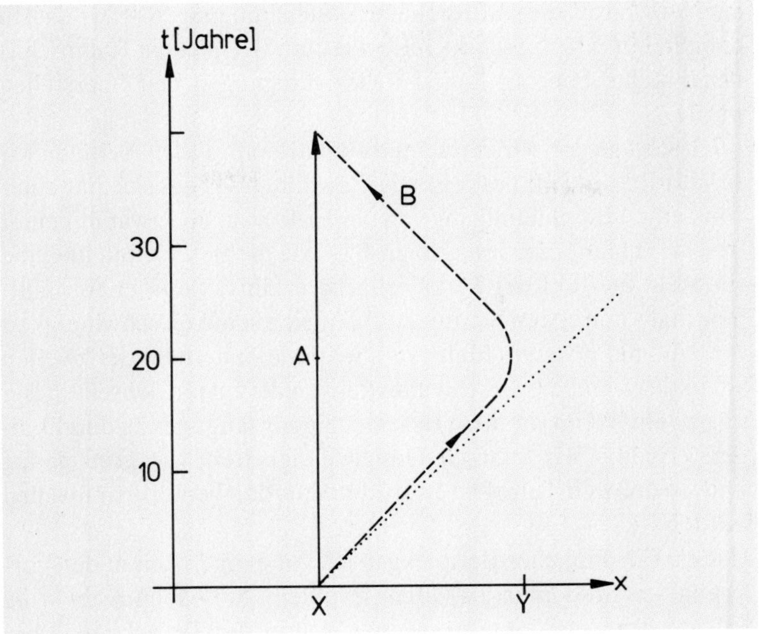

Abb. 11–2 Raum-Zeit-Diagramm zur Veranschaulichung des Zwillingsparadoxons. Die Weltlinie des in Ruhe am Punkt X verbleibenden Zwillings verläuft parallel zur Zeitachse, während sein Bruder vom Punkt X zu einem entfernt liegenden Punkt Y reist, dort umkehrt und nach X zurückkehrt. Die punktierte Linie veranschaulicht die Weltlinie eines von X zur Zeit der Abreise ausgestrahlten Lichtsignals. Die Weltlinie des reisenden Zwillings verläuft fast parallel zur Weltlinie des Lichtsignals, also fast parallel zum Lichtkegel, da er sich fast mit Lichtgeschwindigkeit bewegen soll (im diskutierten Beispiel mit 260000 Kilometern in der Sekunde).

Newton: Im Grunde kommt es wohl gar nicht darauf an, ob sich der reisende Zwilling während des größten Teils seiner Reisezeit mit einer konstanten Geschwindigkeit durch das All bewegt oder nicht, denn die Zeitdilatation tritt ja in jedem Fall auf, also auch dann, wenn eine Beschleunigung oder eine Verzögerung vorliegt. Bei einer möglichen technischen Ausnutzung der Zeitdilatation in der Weltraumfahrt dürfte es allerdings sehr wohl darauf ankommen, wie groß die auftretenden Beschleunigungen sind, da ein kompliziertes technisches Gerät wie zum Beispiel ein Raumschiff sicher keine beliebig hohen Beschleunigungen heil überstehen würde.

Ich schlage vor, wir betrachten einmal ein Beispiel. Nehmen wir an, das Raumschiff des reisenden Zwillings bewegt sich mit einer konstanten Beschleunigung von der Erde weg, und zwar mit einer Beschleunigung, die genauso groß ist wie die Beschleunigung, die ein Stein hier auf der Erdoberfläche erfährt, wenn er frei fällt. Innerhalb der ersten Sekunde erhöht sich seine Geschwindigkeit von Null auf etwa 9,8 Meter pro Sekunde, innerhalb der zweiten Sekunde nimmt die Geschwindigkeit wiederum um denselben Betrag zu etc. Wenn wir diese Beschleunigung lange genug durchführen, erhalten wir letztlich Geschwindigkeiten, die groß genug sind, so daß sich die Effekte der Zeitdilatation bemerkbar machen werden.

Haller: Ein ähnliches Beispiel gab ich vor einiger Zeit in der Vorlesung den Studenten als Übungsproblem. Sie haben recht – die Effekte der Zeitdilatation machen sich in der Tat sehr bald bemerkbar. Nehmen wir einmal an, der reisende Zwilling macht sich bereits als junger Mann auf den Weg, und zwar in Richtung der Andromedagalaxie, die etwa 2 Millionen Lichtjahre von der Erde entfernt ist. Nachdem er die Hälfte des Wegs zur Andromedagalaxie zurückgelegt hat, stoppt er die Beschleunigung des Raumschiffs. Man kann berechnen, daß bis dahin im Raumschiff 15 Jahre vergangen sind.

Von nun an verringert er seine Geschwindigkeit in der gleichen Rate, wie er sie vorher vergrößert hat, so daß er nach weiteren 15 Jahren mit der Geschwindigkeit Null im Gebiet von Andromeda eintrifft.

Nach der Ankunft beschleunigt er das Raumschiff wieder und fliegt zur Erde zurück, auf der er nach weiteren 30 Jahren schließlich eintreffen wird. Allerdings wird er bei der Ankunft feststellen, daß sich niemand auf der Erde mehr an seinen Zwillingsbruder erinnert. Auf der Erde sind nämlich mittlerweile 4 Millionen Jahre vergangen.

Einstein: Übrigens wäre die gleichmäßige Beschleunigung oder Verzögerung des Raumschiffs in diesem Beispiel recht nützlich für den Raumfahrer, da er dann nicht den Nachteilen der Schwerelosigkeit ausgesetzt sein würde. Da die Beschleunigung genauso groß wäre wie die Beschleunigung, die ein frei fallender Körper auf der Erdoberfläche erfährt, könnte sich der Raumfahrer genau wie auf der Erde fühlen, denn die Beschleunigung ersetzt in vieler, vielleicht sogar in jeder Hinsicht das Schwerefeld der Erde.
Newton: Jedenfalls wird durch Mr. Hallers Beispiel klar, daß die Effekte der Zeitdilatation auch dann relevant werden, wenn vergleichsweise kleine Beschleunigungen, wie etwa die Erdbeschleunigung, über längere Zeiträume hinweg wirken. Eine Rakete zu konstruieren, die eine solche Beschleunigung viele Jahre lang aufrechterhält, ist allerdings wohl auch mit den heute zur Verfügung stehenden Mitteln nicht möglich – oder meinen Sie?
Haller: Genau hier liegt das Problem. Ob es überhaupt jemals möglich sein wird, sei dahingestellt. Jedenfalls wird es mindestens noch einige Jahrhunderte dauern, bis man vielleicht einmal in der Lage sein mag, das unterschiedliche Altern von Zwillingen infolge der Zeitdilatation direkt im Experiment nachzuweisen.

Einstein räusperte sich und sagte: »Meine Herren! Nach meiner Uhr ist es jetzt schon später als sechs Uhr, und da wir uns alle drei relativ zueinander in Ruhe befinden, darf ich annehmen, daß wir die Zeitdilatation in diesem Fall vernachlässigen können und auch Ihre Uhren dieselbe Zeit anzeigen. Wollen wir nicht unsere Sitzung für heute beenden und zum Abendessen gehen?«

Das wurde einstimmig akzeptiert, und kurz darauf spazierten wir durch die immer noch recht belebten Straßen der Berner Altstadt zum »Aarbergerhof«, in dem wir traditionsgemäß das Abendessen einnahmen.

12

Der verkürzte Raum

Am Morgen des nächsten Tages trafen sich die Mitglieder unserer kleinen Berner Akademie zur gewohnten Zeit in Einsteins Wohnung. Als ich eintraf, waren der Hausherr und Newton schon anwesend. Einstein paffte bereits an seiner ersten Zigarre und sagte, indem er zum Nebenzimmer zeigte, wo Newton den Morgentee zubereitete: »Sir Isaac hat mir gerade ein Thema für unsere heutige Sitzung vorgeschlagen. Gestern sprachen wir ja ausgiebig über die Zeit. Heute wird es wahrscheinlich um den Raum gehen. Newton glaubt nämlich einen Widerspruch bei der Zeitdilatation entdeckt zu haben. Warten wir aber ab, bis er fertig ist. Dann kann er Ihnen seine Geschichte selber erzählen.«

In diesem Augenblick erschien Newton mit der Teekanne und begrüßte mich mit den Worten: »Gut, daß Sie schon da sind, Mr. Haller. Dann können wir ja endlich beginnen. Ich möchte, daß wir heute zunächst ein Problem betrachten, das ich gestern abend gefunden habe, und zwar bezüglich der Zeitdilatation. Mr. Einstein weiß schon Bescheid.«

»Warum nicht. Ein gutes Problem zu lösen ist besser als einen Vortrag anzuhören, selbst wenn es ein Vortrag von Einstein ist«, sagte ich etwas respektlos, wohl wissend, daß Einstein derselben Meinung war.

»Am besten, ich erläutere mein Anliegen, indem wir erneut die bereits diskutierten Myonen betrachten«, begann Newton. »Nehmen wir einmal an, wir machen folgendes Gedankenexperiment: Die meisten der in der oberen Erdatmosphäre durch die kosmische Strahlung erzeugten Myonen fliegen ja fast mit Lichtgeschwindigkeit durch den Raum, und das ist, wie wir wissen, wegen der auftretenden Zeitdilatation der Grund, daß sie trotz ihrer recht kurzen Lebenszeit überhaupt auf der Erdoberfläche ankommen, ohne vorher zu zerfallen. Als Beispiel möchte ich ein Myon betrachten, daß sich derart schnell bewegt, daß der entsprechende Gammafaktor zwanzig ist, das Myon also vom Standpunkt eines ruhenden Beobachters aus zwanzigmal länger lebt als ein in Ruhe befindliches. Das Myon soll in einer Höhe von, sagen wir, 9 km bei einer Kollision eines kosmischen Teilchens mit einem Atomkern erzeugt werden und fliegt dann senkrecht nach unten, in Richtung Erdoberfläche, die es aufgrund der Zeitdilatation auch, ohne vorher zu zerfallen, erreicht. Wir wollen annehmen, daß das Myon genau bei der Ankunft auf der Erdoberfläche zerfällt, was ja ohne weiteres möglich sein kann.«

Bei dem letzten Satz hatte Newton mir einen fragenden Blick zugeworfen, als wäre er nicht absolut sicher mit seiner Annahme. So antwortete ich: »Wir können ohne weiteres Myonen betrachten, die gerade in dem Moment zerfallen, wenn sie die Erdoberfläche erreichen. Zwar ist es nur ein kleiner Prozentsatz aller Myonen, die gerade in diesem Moment zerfallen. Viele Myonen zerfallen bereits vor ihrer Ankunft auf der Erdoberfläche, andere dringen einige Meter oder mehr in den Erdboden ein und zerfallen dort. Einige werden auch durch Kollisionen mit Atomkernen abgebremst und zerfallen dann mehr oder weniger in Ruhe. Jedenfalls sehe ich bei Ihrer Annahme kein Problem.«

»Also gut. Die Höhe von 9 km habe ich übrigens deshalb gewählt, weil ein Myon, das genau 1,5 Mikrosekunden lebt und obendrein sich dermaßen schnell bewegt, daß der Gammafaktor 20 ist, genau 9 km durch den Raum fliegen und dann zerfallen wird, denn 1,5 Mikrosekunden, multipliziert mit 20 und mit der Lichtgeschwindigkeit von 300000 km/s, ergibt 9 km: $1{,}5 \cdot 10^{-6} \cdot 20 \cdot 300000 = 9$.

Jetzt aber kommt mein Problem: Ich stelle mir einen Beobachter vor, der genauso schnell durch den Raum fliegt wie das Myon, also faktisch mit Lichtgeschwindigkeit. Nehmen wir an, Mr. Einstein selbst sei dieser Beobachter.«

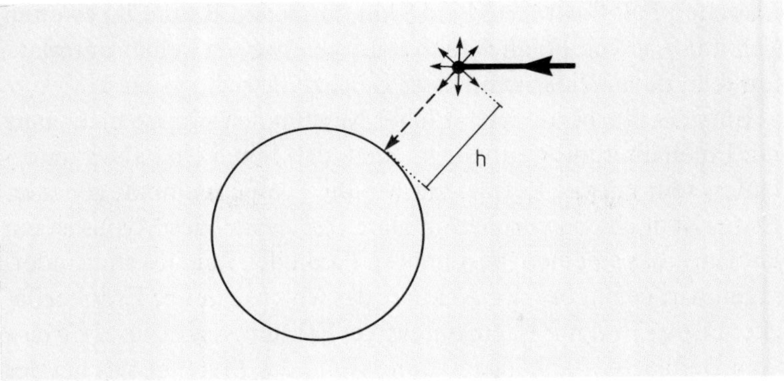

Abb. 12–1 Ein Myon wird auf einer Höhe von h = 9 km erzeugt und fliegt senkrecht nach unten in Richtung Erdoberfläche, und zwar mit einer Geschwindigkeit, die einem Gammafaktor von 20 entspricht, also praktisch mit Lichtgeschwindigkeit. Ein auf der Erdoberfläche befindlicher Beobachter mißt eine Flugzeit von 30 Mikrosekunden, bis das Myon genau bei seiner Ankunft auf der Erde zerfällt. In seinem eigenen Bezugssystem hat das Myon eine Lebenszeit von 30 Mikrosekunden, geteilt durch 20, also 1,5 Mikrosekunden. Ein mitbewegter Beobachter würde nur eine Lebensdauer von 1,5 Mikrosekunden registrieren, aber ebenfalls den Zerfall des Myons bei dessen Ankunft auf der Erdoberfläche beobachten.

Einstein lächelte und bemerkte lakonisch: »Gut, wenn es der Auffindung der Wahrheit dient, bin ich durchaus bereit, fast mit Lichtgeschwindigkeit durch den Raum zu fliegen.«

»Also, Sie fliegen mit dem Myon in Richtung Erdoberfläche; genauer gesagt, bezüglich Ihnen ist das Myon in Ruhe, und die Erdoberfläche nähert sich Ihnen beiden fast mit Lichtgeschwindigkeit, jedenfalls mit jener Geschwindigkeit, die einem Gammafaktor von 20 entspricht. Da das Myon bezüglich Mr. Einstein in Ruhe ist, zerfällt es mit einer Halbwertszeit von 1,5 Mikrosekunden. Während dieser Zeit kann das Myon nicht weit kommen, denn 1,5 Mikrosekunden, multipliziert mit der Lichtgeschwindigkeit von 300 000 km/s, ergibt genau ein Zwanzigstel von 9 km, also 0,45 km. Das Myon hätte also gar keine Chance, bis zur Erdoberfläche vorzudringen. Damit haben wir einen Widerspruch, denn im ersten Fall fliegt das Myon 9 km durch den Raum, im zweiten Fall nur 0,45 km. Folglich muß mir irgendwo ein Fehler unterlaufen sein, denn beides kann nicht gleichzeitig richtig sein.«

Einstein räusperte sich: »Lieber Newton, ich stimme nicht ganz mit Ihnen überein, wenn Sie meinen, daß Ihnen ein Fehler unterlaufen sein müsse. Betrachten wir Ihr Problem einmal genauer. Etwas ist doch von vornherein klar: Der Zerfall des Myons ist ein Ereignis, das an einem bestimmten Punkt des Raumes stattfindet, sagen wir, genau bei der Ankunft des Myons auf der Erdoberfläche. Dieses Ereignis ist ein objektives Faktum, das in keiner Weise vom Beobachter abhängen kann. Wenn das Myon genau bei der Ankunft auf der Erdoberfläche zerfällt, dann werde ich dies entsprechend registrieren, unabhängig davon, ob ich mich nun auf der Erdoberfläche in Ruhe befinde oder ob ich mit dem Myon fast mit Lichtgeschwindigkeit durch den Raum fliege. Ich muß also fordern: Sowohl für den ruhenden als auch den mitfliegenden Beobachter zerfällt das Myon genau bei der Ankunft auf der Erdoberfläche.«

»Entschuldigen Sie, Mr. Einstein, wenn ich Sie unterbreche. Mir scheint, ich habe mich vorhin nicht klar genug ausgedrückt. Ich habe ja gerade betont, daß Sie als mitfliegender Beobachter eben nicht feststellen würden, daß das Myon auf dem Boden zerfällt, sondern bereits nach 0,45 km Flug, also auf einer Höhe von mehr als 8 km.«

»Ich habe Ihr Argument schon verstanden, nur Ihre Schlußfolgerung bezüglich des Zerfalls in mehr als 8 km Höhe stimmt eben nicht. Schauen wir uns die Angelegenheit einmal vom Standpunkt des mitfliegenden Beobachters an, also meiner Wenigkeit: Ich muß wie der ruhende Beobachter den Zerfall des Myons genau dann registrieren, wenn es am Boden ankommt. Wir wissen aber, daß es zu diesem Zeitpunkt nur 0,45 km weit gekommen sein kann. Hierin stimme ich noch mit Ihnen überein. Nun kommt das entscheidende Argument: Die Zeitdilatation bedeutet, daß der Zeitablauf vom Bewegungszustand des Beobachters abhängt. Wir haben aber bisher noch nicht über den Raum gesprochen. Jetzt ist der Punkt gekommen, wo wir das tun müssen. Ich behaupte nämlich, daß bei einer Veränderung des Bewegungszustands des Beobachters gleichzeitig eine Veränderung der Struktur des Raumes stattfindet. Genauer gesagt, der Raum wird in Richtung der entsprechenden Bewegung verkürzt, und zwar um denselben Gammafaktor, der die Zeitdilatation beschreibt.

Angewandt auf unser Beispiel heißt dies: Wenn ich mit dem Myon durch den Raum fliege, erscheint mir die Höhe des Erzeugungsortes nicht 9 km, sondern 9 km dividiert durch 20, also 0,45 km. Wenn das Myon nach unten fliegt, braucht es nur 0,45 km zurückzulegen, also genau die Strecke, die es bei seiner Geschwindigkeit von fast 300 000 km/s und einer Lebensdauer von 1,5 Mikrosekunden ohne weiteres zurücklegen kann.«

Ich warf ein: »Die Relativitätstheorie fordert nicht nur die Dehnung der Zeit um den entsprechenden Gammafaktor, sondern gleichzeitig eine Verkürzung des Raumes um denselben Gammafaktor. Nur wenn beides gleichzeitig durchgeführt wird, ist sichergestellt, daß wirklich in allen Bezugssystemen die Lichtgeschwindigkeit universell ist und daß Ereignisse, die zum selben Zeitpunkt und am selben Ort stattfinden, etwa in Ihrem Beispiel die Ankunft des Myons auf der Erdoberfläche und gleichzeitig sein Zerfall, in allen Bezugssystemen in gleicher Weise stattfinden.«

Bei meinen Worten war Newton erregt aufgesprungen und zum Fenster gelaufen. Er starrte einen Augenblick auf die belebte Straße hinaus.

Newton: Was haben Sie nur mit Raum und Zeit angestellt, Mr. Einstein. Erst verändern Sie den Fluß der Zeit, deren Maßstab vom Beobachter abhängt, jetzt wird auch noch der Raum in analoger Weise degradiert. Mir scheint, daß von meiner absoluten Raum-Zeit, dem zentralen Thema meiner »Principia«, praktisch nichts mehr übrigbleibt. Sowohl die Zeit als auch der Raum sind relativ, das heißt, sie sind dem Diktat des Beobachters unterworfen.

Haller: Ich kann verstehen, daß Ihnen manche von Einsteins Schlußfolgerungen nicht gefallen, Herr Newton. Aber Einstein trägt keinerlei Schuld daran. Er hat weder den Raum noch die Zeit verändert, sondern neue, bislang unbekannte Eigenschaften von Raum und Zeit aufgedeckt. Sowohl die Zeitdilatation als auch die Raumverkürzung sind Fakten, die mittlerweile vom Experiment bestätigt sind und die sich, wie wir gesehen haben, als direkte Folgen des universellen Charakters der Lichtgeschwindigkeit erwiesen.

Newton: Das ist mir schon klar. Schließlich sind wir kein Verein von Philosophen, wo es auf Standpunkte und Meinungen ankommt, sondern Naturforscher. Das einzige, was zählt, ist das Experiment, und das ist schließlich auf Ihrer Seite, Mr. Einstein. Allerdings verstehe ich eines nicht: Die Länge einer Distanz wird ja mit Maßstäben gemessen, etwa mit diesem Lineal hier. Wie kann die Länge dieses Lineals, das, wie Sie sehen, 30 cm lang ist, vom Zustand des Beobachters abhängen? Wenn ich Sie recht verstanden habe, dann ist dieses Lineal nicht mehr 30 cm lang, sondern nur 30 cm geteilt durch den Gammafaktor 20, also 1,5 cm, wenn Sie es als mitbewegter Beobachter betrachten, der sich genauso schnell wie das von uns betrachtete Myon durch den Raum bewegt.

Einstein: Ja, vorausgesetzt, Sie halten das Lineal nach oben, also in meine Flugrichtung. Ich setze voraus, daß ich wie das Myon von oben komme, denn die Verkürzung des Raumes tritt nur in der Bewegungsrichtung des Beobachters auf. Ich hoffe allerdings, daß dieses Experiment ein Gedankenexperiment bleibt – andernfalls würde ich wohl nach Abschluß des Experiments nicht mehr zur Verfügung stehen.

Newton: Beim Studium der Atomphysik vor Tagen in Cambridge habe ich gelernt, daß die Stabilität der Materie, zum Beispiel dieses Lineals, letztlich von der Stabilität der Atome abhängt. Wenn ich etwa eine Milliarde Atome aneinanderreihe, erhalte ich eine Länge von 10 cm. Daß diese Länge sich im Laufe der Zeit nicht verändert, liegt daran, daß die Größe der Atome universell ist. Es spielt keine Rolle, ob wir ein Wasserstoffatom hier auf der Erde oder in einem fernen Sternensystem betrachten. Es hat überall dieselbe Struktur und insbesondere denselben Radius. Diese Universalität erscheint mir übrigens ganz analog zur Universalität der

Lichtgeschwindigkeit. Wenn Mr. Einstein als schnell bewegter Beobachter feststellt, daß unser Lineal nicht mehr 30 cm, sondern nur noch 1,5 cm lang ist, dann verstehe ich dies vom Standpunkt eines Atomphysikers aus nicht. Die Länge des Lineals wird durch die Anzahl der Atome, die es aufbauen, bestimmt. Um eine Länge von 30 cm zu erhalten, muß ich etwa 3 Milliarden Atome aneinanderreihen. Wie kann sich dann das Lineal zusammenziehen, da die Anzahl der Atome, die das Lineal aufbauen, sicher nicht vom Zustand des Beobachters abhängen darf?
Einstein, auf mich zeigend: Bitte, sagen Sie es, Herr Kollege!
Haller: Die Anzahl der Atome verändert sich selbstverständlich nicht, denn das würde ja bedeuten, daß Materie ad libitum erzeugt oder vernichtet werden kann. Ihr Problem, Sir Isaac, hat eine einfache Lösung: Es stimmt eben nicht, daß der Durchmesser eines Atoms, etwa eines Wasserstoffatoms, von dem wir wissen, daß sein Radius im Normalfall 10^{-8} cm groß ist, universell und damit unabhängig vom Bewegungszustand des Beobachters ist. Die Kontraktion des Raumes macht sich ebenso bei den Atomen bemerkbar. Sie erscheinen in der Bewegungsrichtung zusammengedrückt.

Wenn wir zu unserem Beispiel zurückkehren, so erscheinen alle Atome des schnell bewegten Lineals in der Bewegungsrichtung um den Gammafaktor, hier also 20, zusammengedrückt. Die Atome sehen daher nicht mehr wie kleine Kugeln aus, sondern wie flache Ellipsoide, also fast wie kleine Scheiben.

Ein unbefangener Beobachter könnte jetzt fragen: Was sind die Atome nun wirklich, kleine Kugeln oder kleine Scheiben? Die Antwort hierauf kann nur lauten: Sowohl als auch. Es hängt vom Bewegungszustand des Beobachters ab, wie sich die Atome manifestieren. Die Struktur des Raumes und damit auch das Erscheinungsbild der Atome und darüber hinaus das Erscheinungsbild aller Dinge sind vom Beobachter abhängig.
Newton: Sie sagten eben, daß sich also auch die Atome, die ja einen Längenmaßstab aufbauen, verkürzen. Wie kann man aber die Verkürzung überhaupt feststellen? Verkürzung eines Gegenstandes kann ja nur heißen: Verkürzung bezüglich eines fest vorgegebenen Maßstabs. Wenn sich sowohl der Gegenstand wie auch

der Maßstab verkürzen, so würde man doch gar keinen Effekt feststellen.
Haller: Ich würde Ihnen sofort zustimmen, wenn wir die Messung einer Distanz immer mit einem Maßstab vornehmen würden. Dies ist allerdings bei sich schnell bewegenden Systemen nicht möglich. Ich weise darauf hin, daß wir Distanzen immer messen, indem wir die Zeit messen, die ein Lichtsignal zum Durchmessen der betreffenden Distanz braucht, und diese Zeit dann mit der Lichtgeschwindigkeit multiplizieren. Wenn wir von einer Verkürzung des Raumes sprechen, so ist stets gemeint, daß alle Entfernungen zwischen den Punkten des Raumes auf eben diese Weise gemessen werden.
Newton: Gut, Mr. Haller. Die Sache ist mir jetzt klar. Ich hatte vergessen, daß wir ja stets Distanzen messen, indem wir die Laufzeiten von Lichtsignalen messen.
Einstein: Herr Haller, wir haben ja bereits über die mittlerweile recht zahlreichen Tests der Zeitdilatation gesprochen, und mir scheint, daß es heute keinen ernsthaften Physiker mehr gibt, der den Effekt bestreiten würde. Wie sieht es aber mit der experimentellen Nachprüfung der Raumkontraktion aus? Wurde der Effekt experimentell nachgewiesen? Nicht, daß ich am Erfolg meiner Theorie zweifeln würde. Aber Sie wissen, letztlich zählt nur das Experiment, auch wenn die Theorie noch so schön und einleuchtend ist.
Haller: Wie bei der Zeitdilatation hat man auch bei der Raumkontraktion heutzutage nur eine Chance, diese einem experimentellen Test zu unterziehen, wenn man Objekte untersucht, die sich fast mit Lichtgeschwindigkeit bewegen. Die einzigen Objekte dieser Art, die man heute zur Verfügung hat, sind schnell bewegte Atomkerne oder Teilchen, etwa Elektronen oder Protonen. Wir wissen, daß die Protonen ausgedehnte Objekte sind, die sich in vieler Hinsicht wie kleine Kügelchen verhalten. Allerdings ist der Radius eines Protons winzig im Vergleich zum Radius des einfachsten Atoms, des Wasserstoffatoms: Das Proton ist zehntausendmal kleiner als das Wasserstoffatom. Nehmen wir jetzt einmal an, wir lassen ein schnell bewegtes Proton, das sich fast mit Lichtge-

schwindigkeit bewegt, auf ein anderes Proton oder auf einen Atomkern auftreffen. Was dann passiert, ist im allgemeinen ein recht komplizierter Prozeß, auf den ich hier nicht weiter eingehen will. Wir wissen allerdings, daß ganz spezifische Details dieses Kollisionsprozesses davon abhängen, ob das auf den Atomkern auftreffende Proton wie eine kleine Kugel aussieht oder wie eine flache Scheibe.

Man hat solche Experimente durchgeführt, insbesondere am CERN. Die Resultate waren eindeutig. Die Protonen verhalten sich in der Tat wie flache Scheiben, wobei diese Scheiben um so dünner sind, je schneller die Protonen sich bewegen, also genau so, wie von Ihrer Theorie vorhergesagt.

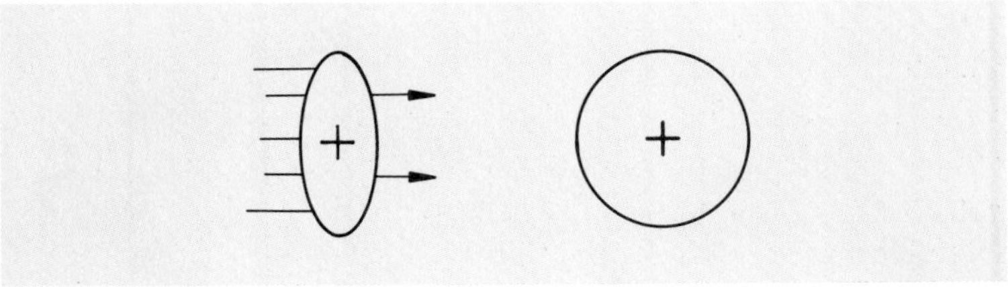

Abb. 12–2 Ein schnell bewegtes Proton trifft auf ein Proton in Ruhe. Vom Standpunkt eines Beobachters, der sich mit dem einen Proton in Ruhe befindet, sieht das einfallende Proton wie ein abgeflachtes Ellipsoid aus. Die Materie des bewegten Protons erscheint in der Bewegungsrichtung zusammengepreßt.

Übrigens ist die Tatsache, daß der CERN-Beschleuniger überhaupt arbeitet und in der Lage ist, Protonen fast bis auf Lichtgeschwindigkeit zu beschleunigen, schon für sich ein Beweis sowohl für die Zeitdilatation als auch für die Raumkontraktion. Ohne die letzteren würde er überhaupt nicht funktionieren. Man hat deshalb die Effekte der Relativitätstheorie schon beim Bau der Maschine mitberücksichtigt, das heißt, zumindest bei dem Bau von Beschleunigern ist die Relativitätstheorie eine Wissenschaft für die Ingenieure geworden.

Nach meinen Worten schien Einstein sichtlich erleichtert zu sein. Jedenfalls ging er in die Ecke des Zimmers und holte eine Flasche Weißwein aus der Region von Neuchâtel hervor, samt drei Weingläsern, und bemerkte: »Bitte glauben Sie nicht, daß ich wirklich an der Relativitätstheorie gezweifelt habe. Aber was gibt es Schöneres für uns Physiker als den erfolgreichen Test unserer Ideen. Im Grunde ist es doch eine phantastische Angelegenheit: Da steht man im Jahre 1904 an seinem Schreibpult, denkt viele Stunden über Raum und Zeit nach, und siebzig Jahre später erweisen sich

Abb. 12–3 Ein Blick auf einen Sektor des Tunnels am CERN, der den Beschleuniger SPS (Superprotonensynchrotron) beherbergt. Der Protonenstrahl durchläuft eine Vakuumröhre, die von Magneten umgeben ist. Die von den Magneten erzeugten Magnetfelder lenken den Strahl, so daß er sich in der vorgegebenen ringförmigen Vakuumröhre bewegt. Bei der Konstruktion des Beschleunigers ist es unumgänglich, daß die Effekte der Relativitätstheorie, speziell die Zeitdilatation und die Raumkontraktion, berücksichtigt werden. (Foto: CERN)

diese Ideen als notwendig für den Bau von Teilchenbeschleunigern, die viele Kilometer lang sind. Ich glaube, darauf sollten wir anstoßen. Herr Newton, es lebe unsere Wissenschaft, die Sie begründeten!«

Obwohl es erst kurz nach elf Uhr war, beendeten wir unsere Sitzung. Das freundliche Sommerwetter, das seit Tagen in der Schweiz herrschte, lud zu einem Spaziergang entlang der Aare ein, der seinen Abschluß in einem Restaurant im Aaretal fand.

13

Das Wunder der Raum-Zeit

Nach dem Essen saßen wir einige Zeit schweigend am Tisch. Einstein rührte geistesabwesend mit dem Löffel in seinem Glas Tee herum und beobachtete, wie sich die herumwirbelnden Teeblätter in der Mitte sammelten. Schließlich sagte Newton: »Seltsam – bei der Zeitdilatation tritt der Gammafaktor als Dehnungsfaktor auf, da sich die Zeitintervalle entsprechend verlängern, während bei der Raumkontraktion derselbe Faktor entsprechende Raumintervalle verkürzt – ich muß also durch den Gammafaktor teilen. Wenn ich also den Dehnungsfaktor und den Kontraktionsfaktor miteinander multipliziere, erhalte ich einfach den Gammafaktor, geteilt durch den Gammafaktor, also 1.«

»Das ist nicht seltsam«, brummte Einstein, »sondern eine Konsequenz der Universalität der Lichtgeschwindigkeit. Andernfalls würde die Lichtgeschwindigkeit vom Beobachter in irgendeiner Form abhängen.«

»Mr. Einstein, soviel ist mir auch klar. Nur habe ich das Gefühl, daß sich mehr hinter der Sache verbirgt. Wenn das Produkt dieser beiden Faktoren immer 1 ist, so könnte das schließlich bedeuten, daß zwar weder der Raum noch die Zeit bei einer Änderung des Bewegungszustandes des Beobachters unverändert bleiben, dafür aber etwas Drittes. Wissen Sie, als ich beim Verfassen der »Principia« über den Raum nachdachte, hat mich immer die Tatsache beeindruckt, daß zwar die Beschreibung der Lage eines Gegenstandes im Raum ganz wesentlich vom Koordinatensystem abhängt, jedoch nicht die Länge einer Strecke. Die Länge ℓ einer Strecke, die sich zwischen zwei Punkten A und B erstreckt und deren Quadrat mathematisch gegeben ist durch

$$\ell^2 = (x_A - x_B)^2 + (y_A - y_B)^2 + (z_A - z_B)^2$$

[x_A: x-Koordinate des Punktes A usw.],

ist ja unabhängig vom Koordinatensystem. Wie ich auch mein System drehe und wende, wobei sich jedesmal alle Koordinaten ändern – die Länge ℓ oder das Quadrat der Länge ändern sich nicht; sie sind invariant. Ebenso ist die Länge einer Strecke unabhängig davon, ob sich der betreffende Beobachter bewegt oder nicht.

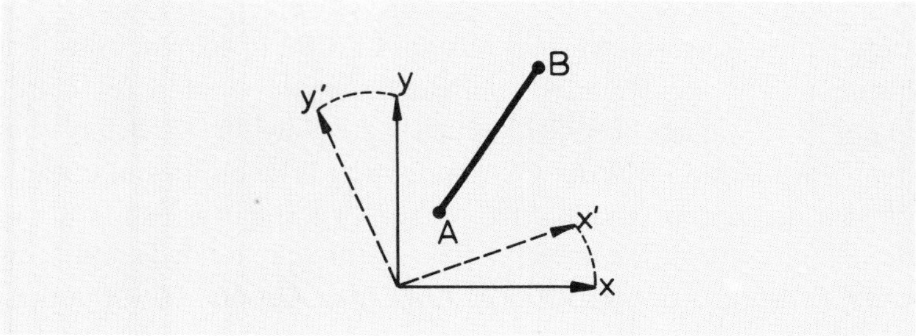

Abb. 13–1 Die Länge einer Strecke zwischen zwei Punkten A und B ist unabhängig vom benutzten Koordinatensystem. Man kann diese Länge berechnen, indem man die Koordinaten des x-y-Achsenkreuzes benutzt, oder die Koordinaten, die man im x'-y'-Achsenkreuz erhält, das bezüglich des ersteren um einen Winkel verdreht ist.

In der Relativitätstheorie sieht die Angelegenheit aber plötzlich anders aus. Die Länge ℓ zwischen zwei Punkten des Raumes ist, wie wir mittlerweile wissen, nicht eine absolute Größe, sondern hängt vom Bewegungszustand des Beobachters ab. Dasselbe gilt für die Zeitdifferenz zwischen zwei verschiedenen Ereignissen. Trotzdem glaube ich, daß es in Ihrer Theorie etwas, irgendeine Größe geben muß, die unverändert bleibt, auch wenn sich der Beobachtungszustand des Betrachters, also das Koordinatensystem, ändert.«

Einstein warf Newton einen anerkennenden Blick zu: »Sir Isaac, Sie sind durchaus auf einer richtigen Fährte. In der Tat gibt es etwas in der Relativitätstheorie, was sich nicht ändert, wenn man zu einem neuen Bezugssystem übergeht, was also für alle Beobachter gleich bleibt. Lassen Sie mich erneut mit einem kleinen Gedankenexperiment beginnen. Wir betrachten noch einmal jene hypothetischen Einsekunden-Teilchen, mit denen wir vor Tagen unsere Erläuterungen der Zeitdilatation begannen. Ich nehme also an, ich verfüge über Teilchen, die ich von einer Raumstation aus in den Weltraum schießen kann, und zwar mit beliebigen Geschwindigkeiten, die allerdings – aber das ist mittlerweile wohl selbstverständlich – immer kleiner als die Lichtgeschwindigkeit sein müssen.

Die Teilchen zerfallen genau eine Sekunde nach dem Abschuß, haben also eine Lebensdauer von einer Sekunde. Allerdings gilt diese Zeitangabe der Lebensdauer nur für dasjenige System, in dem das davonfliegende Teilchen ruht, also im mitbewegten Koordinatensystem. Wegen der Zeitdilatation leben die davonfliegenden Teilchen im Ruhsystem des Raumschiffs länger, nämlich genau eine Sekunde, multipliziert mit dem Gammafaktor.«

Einstein nahm ein Blatt Papier und zeichnete die verschiedenen Wegstrecken der emittierten Teilchen auf. [Siehe Abb. 13–2.]

Einstein erläuterte seine Skizze und setzte seinen Vortrag fort: »Es ist klar, daß die Längen der Wegstrecken, die die Teilchen zurücklegen, von der Anfangsgeschwindigkeit abhängen. Verschwindet letztere, dann bleibt das Teilchen natürlich am Ursprung liegen und zerfällt dort nach einer Sekunde, legt also gar keinen Weg zurück. Interessant ist nun, die verschiedenen Fälle in einem Raum-Zeit-Diagramm zu betrachten, wobei wir wie bei früheren Gelegenheiten den Raum nur mit einer Dimension ausstatten, mit der x-Achse, und die anderen Dimensionen ignorieren.«

Einstein nahm erneut ein Blatt Papier und zeichnete darauf ein Raum-Zeit-Achsenkreuz. [Siehe Abb. 13–3.]

»In dieses System trage ich nun die beiden Ereignisse ein, die für den Lebensweg eines unserer Einsekunden-Teilchen wichtig sind, also das Ereignis der Geburt und das Ereignis des Todes, des Zerfalls. Da sich die Teilchen während ihres kurzen Lebens geradlinig und gleichförmig durch den Raum bewegen, sind die entsprechenden Weltlinien Geraden in dem Raum-Zeit-System.«

Newton nahm Einstein den Bleistift aus der Hand und fing an, einige Weltlinien einzuzeichnen:

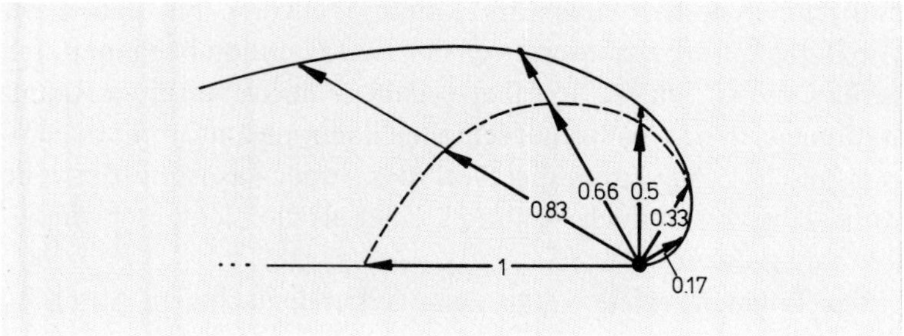

Abb. 13–2 Von einem Raumschiff werden Teilchen mit einer Lebensdauer von einer Sekunde nach verschiedenen Richtungen hin abgestrahlt. Die Geschwindigkeiten der Teilchen werden schrittweise größer, in Abhängigkeit von der Richtung. Die Zahlen an den verschiedenen Pfeilen geben die entsprechende Geschwindigkeit in Einheiten der Lichtgeschwindigkeit an. So bedeutet die Angabe 0,5, daß sich das Teilchen mit der Hälfte der Lichtgeschwindigkeit, also mit 150000 km/s, bewegt. Gäbe es keine Zeitdilatation, so würde die Länge der Wegstrecke vom Ort der Abstrahlung bis zum Zerfall genau das Produkt der Geschwindigkeit, multipliziert mit der Lebensdauer, sein. Diese Wegstrecken sind durch die dicken Pfeile angegeben. Die Einhüllende dieser Pfeile ist die gestrichelte Spirale. Falls die Teilchen mit Lichtgeschwindigkeit ausgestrahlt werden, so wäre die zurückgelegte Strecke bis zum Zerfall genau eine Lichtsekunde (bezeichnet hier mit 1).

Durch den Effekt der Zeitdilatation vergrößern sich die zurückgelegten Wegstrecken bis zum Zerfall – sie werden um den Gammafaktor gestreckt. Der Effekt ist durch die verlängerten Pfeile angedeutet. Die Einhüllende der verlängerten Pfeile ist durch die ausgezogene Kurve beschrieben. Der Grenzfall der Lichtgeschwindigkeit läßt sich nicht erreichen, da in diesem Fall die zurückgelegte Wegstrecke unendlich groß würde.

»Nehmen wir einmal an, ich interpretiere den Nullpunkt Ihres Raum-Zeit-Systems als denjenigen Ereignispunkt, der die Geburt des Teilchens beschreibt. Falls die Geschwindigkeit des emittierten Teilchens verschwindet, es also an seinem Ort, dem Raumpunkt $x = 0$, verbleibt, ist die Weltlinie einfach die Gerade, die bei Null anfängt und bei $t = 1s$ aufhört. Wollen wir mal einige andere Fälle betrachten. Mr. Haller, Sie haben doch so einen kleinen automatischen Rechenapparat: Rechnen Sie bitte einmal die Weglängen für einige Werte aus.«

Ich nahm meinen programmierbaren Hewlett-Packard zur Hand und berechnete folgende kleine Tabelle von Werten:

Geschwindigkeit v	0,25	0,50	0,75	0,9
Gammafaktor γ	1,03	1,16	1,51	2,29
Wegstrecke x	0,26	0,58	1,13	2,07

In dieser Tabelle sind die Geschwindigkeiten in Einheiten der Lichtgeschwindigkeit angegeben, der dazugehörige Gammafaktor und die Wegstrecke, die das jeweilige Teilchen bis zum Zerfall zurücklegt. Letztere ist durch das Produkt von Geschwindigkeit mal Gammafaktor gegeben, da die Lebensdauer der Teilchen genau eine Sekunde betragen soll. Die Wegstrecke ist dabei in Lichtsekunden gemessen. Die Angabe 0,26 bedeutet dementsprechend 0,26 Lichtsekunden = $0{,}26 \times 300\,000$ km = 78 000 km.

Newton trug nun in das Raum-Zeit-Diagramm die Weltlinien der verschiedenen Teilchen ein. [Siehe Abb. 13–3.] Er erhielt einige Punkte, die er durch eine mit der Hand gezeichnete Kurve verband, starrte einige Augenblicke fasziniert auf das Papier und wandte sich dann an mich:

»Da die Lebensdauer im Ruhsystem der Teilchen genau eine Sekunde beträgt, ist die jeweilige wirkliche Lebensdauer t im System des Beobachters einfach durch den Gammafaktor γ gegeben, also $t = \gamma$. Mr. Haller, rechnen Sie mal für alle Werte in Ihrer Tabelle den Ausdruck $(t^2 - x^2)$ aus.«

Mittlerweile wußte ich schon, worauf Newton hinauswollte, und rechnete das Geforderte aus:

$$(1{,}032)^2 - (0{,}262)^2 = 0{,}99$$
$$(1{,}162)^2 - (0{,}582)^2 = 1{,}01$$
$$(1{,}512)^2 - (1{,}133)^2 = 1{,}00$$

Einstein unterbrach uns: »Herr Newton, ich glaube, Haller braucht gar nicht weiterzurechnen. Das Ergebnis ist klar. Ihre Dif-

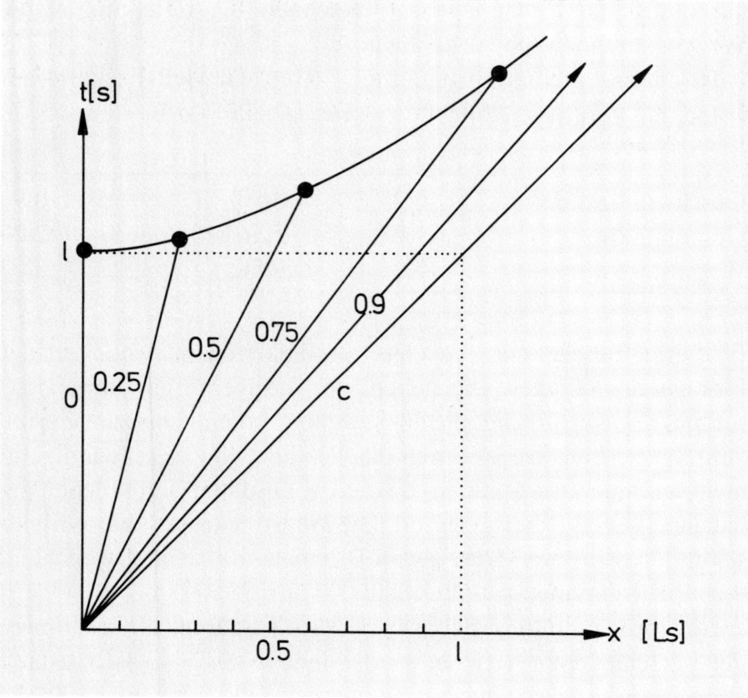

Abb. 13–3 Das Raum-Zeit-Achsenkreuz, in dem Newton die Weltlinien verschiedener Einsekunden-Teilchen einzeichnete. Falls das Teilchen ruht, verläuft seine Weltlinie entlang der Zeitachse vom Ereignispunkt der Geburt (Nullpunkt) zum Ereignispunkt des Zerfalls (bei $x = 0$, $t = 1\,s$). Gäbe es keine Zeitdilatation, so wären die Ereignispunkte des Zerfalls alle auf der gestrichelten Geraden mit $t = 1\,s$ zu finden. Infolge der Zeitdilatation liegen diese Ereignispunkte jedoch auf der angegebenen Kurve. (Die Mathematiker bezeichnen eine Kurve dieses Typs als eine Hyperbel.) Die in der Tabelle angegebenen Spezialfälle sind eingezeichnet.

ferenz $t^2 - x^2$, also das Quadrat der Zeit des Zerfallsereignisses minus dem Quadrat der Ortskoordinate des Zerfallsereignisses, ist eine Konstante, die in den von uns betrachteten Fällen gleich 1 ist. Daß Hallers Taschenrechner nicht genau 1 ergab, liegt an den gemachten Rundungsfehlern.«

Newton sagte: »Mir wurde dieser Sachverhalt schon klar, als ich die Kurve im Raum-Zeit-System betrachtete. Schließlich kenne ich solche Kurven zur Genüge von meinem Studium der Planetenbewegungen. Aber lassen Sie mich die Differenz einmal genau ausrechnen. Es ist

$$t^2 - x^2 = \gamma^2 - (v\gamma)^2 = \gamma^2 (1 - v^2) = 1,$$

denn das Quadrat des Gammafaktors γ ist weiter nichts als $1/(1-v^2)$, wobei zu beachten ist, daß v die Geschwindigkeit des Teilchens in Einheiten der Lichtgeschwindigkeit darstellt, also eine reine Zahl ist.«

Newton schaute uns strahlend an; er schien sichtlich erleichtert und setzte fort:

»Mr. Einstein, das hätten Sie mir gleich sagen sollen, wie einfach alles wird, wenn man die Ereignisse in der Raum-Zeit anschaut. Ich glaube, wir sollten Ihre Theorie, also die Relativitätstheorie, jetzt umbenennen, und zwar in Absolutheitstheorie. Was in der Physik wirklich zählt, ist das, was absolut gilt, was also unabhängig vom zufälligen Zustand des Beobachters ist. Und das haben wir jetzt gefunden, nämlich das Quadrat der Zeit minus dem Quadrat des Ortes. Diese Zahl bleibt für alle Beobachter gleich, ist also absolut, eine Invariante der Raum-Zeit. Kein Wunder, daß es die seltsamen Phänomene der Zeitdilatation und der Raumverkürzung gibt. Alles dient nur ein und demselben Zweck, nämlich diese Differenz konstant zu halten, koste es, was es wolle. Zum Teufel mit der Relativität, es lebe das Absolute! Weg mit dem Raum und mit der Zeit – künftig sei nur noch von einer Union der beiden, der Raum-Zeit, die Rede und dem, was unabhängig vom Beobachter ist, nämlich der Differenz der Quadrate von Zeit und Raum.«

Einstein und ich hatten Isaac Newton noch nie in einer solch angeregten Stimmung gesehen. Es war offensichtlich, daß er sich nunmehr in einen überzeugten Jünger der Relativitätstheorie verwandelt hatte.

Einstein: Gegen Ihren Vorschlag der Umbenennung der Relativitätstheorie habe ich keine sachlichen Einwände. Der Name hat mir ja selbst am Anfang nicht gefallen. Mittlerweile dürfte es aber zu spät für eine Änderung des Namens sein, so daß es wohl besser ist, wir belassen es bei dem alten Namen. Dem Vorschlag aber, künftig nur noch von einer Union von Zeit und Raum, der Raum-Zeit, zu reden, stimme ich voll zu. Es war übrigens nicht ich selbst, sondern der Mathematiker Hermann Minkowski, mein früherer Mathematikprofessor in Zürich, der als späterer Professor der Mathematik an der Universität Göttingen diesen Vorschlag gemacht hat.

Zurück zu unserem Problem. Für die Differenz $t^2 - x^2$ sollte man genauer schreiben: $(ct)^2 - x^2$, also die Lichtgeschwindigkeit c explizit mit aufführen, wenn wir den Raum nicht in Lichtsekunden vermessen, sondern in den üblichen Einheiten wie Meter oder Kilometer. Wir können auch jetzt den Raum mit seinen drei Koordinaten berücksichtigen. Aus der obigen Differenz wird dann einfach

$$(ct)^2 - (x^2 + y^2 + z^2).$$

Wir sehen jetzt auch, was eigentlich passiert, wenn wir von einem Bezugssystem zu einem anderen Bezugssystem, das sich bezüglich des ersten bewegt, übergehen. Wie wir bereits wissen, ändert sich hierbei der Ablauf der Zeit als auch die Länge einer Strecke. Raum und Zeit werden gewissermaßen ineinander »verdreht«. Was sich jedoch hierbei nicht ändert, ist die Differenz der Quadrate von Raum und Zeit.

Man wird an die Drehung eines Achsenkreuzes im Raum erinnert. Obwohl sich bei einer solchen Drehung die Koordinaten der einzelnen Punkte gänzlich ändern, bleibt die Länge einer Strecke, die zwei Punkte verbinden, unverändert – auf diese Eigenschaft unseres Raumes haben Sie, Herr Newton, ja schon vorhin hingewiesen.

Wenn wir jetzt die Länge einer Strecke, genauer das Quadrat der Länge einer Strecke, ersetzen durch das »Quadrat der Zeit minus Quadrat der Länge«, sind wir in der Relativitätstheorie angelangt. Der Übergang von einem ruhenden zu einem schnell bewegten Bezugssystem ist also eine »Verdrehung« der Raum-Zeit in einer solchen Weise, daß diese Differenz gleich bleibt.

Es ist übrigens gar nicht so verwunderlich, daß ausgerechnet diese Differenz der Quadrate von Zeit und Raum zweier Ereignisse absolut ist, sich also bei einer Änderung des Zustands des Beobachters nicht ändert. Betrachten wir erneut ein Raum-Zeit-Diagramm.

– Einstein erläuterte dieses Diagramm [siehe Abb. 13–4] und sprach von Ereignissen, die lichtartig, zeitartig oder raumartig bezüglich eines anderen Ereignisses in der Raum-Zeit sind.

Einstein: Sie sehen also, daß unsere Differenz der Quadrate von Zeit und Raum für alle Ereignispunkte verschwindet, die vom Nullpunkt aus mit Hilfe eines Lichtsignals erreichbar sind, also zueinander lichtartig sind. Wenn ich einen Laserstrahl von der Erde zum Mond sende, so sind die beiden Ereignisse »Absenden des Lasersignals« und »Auftreffen des Signals auf dem Mond« zueinander lichtartig. Diese Eigenschaft ist unabhängig vom Zustand des Beobachters, denn wir wissen ja, daß sich die Differenz der Quadrate von Zeit und Raum nicht ändert, wenn man zu einem anderen Beobachtungssystem übergeht. Ein Beobachter, der den Weg unseres Lasersignals von der Erde zum Mond von einem an der Erde schnell vorüberfliegenden Raumschiff aus betrachtet, wird die beiden von uns betrachteten Ereignisse ebenso als lichtartig zueinander beobachten wie wir selbst auf der Erde. Dies ist eine unmittelbare Konsequenz der Universalität der Lichtgeschwindigkeit.

Newton: Das ist klar. Gäbe es keine solche Universalität, dann hätte es gar keinen Sinn, die Ereignisse relativ zueinander in lichtartig, zeitartig oder raumartig zu klassifizieren.

Einstein: Noch ein weiteres Beispiel. Betrachten wir ein Ereignis hier auf der Erde, etwa die Geburt Christi im Jahre 0, und ein weiteres Ereignis, den Ausbruch eines Vulkans auf einem Planeten des Sterns Vega (Entfernung von der Erde: 26 Lichtjahre) im Jahre 30 nach Christi Geburt. Die Differenz $(ct)^2 - \ell^2$ ist gegeben durch $30^2 - 26^2 = 15^2$, ist also zeitartig. Diese Differenz ist unabhängig vom Bezugssystem. Wenn ein Raumfahrer in einem schnell bewegten Raumschiff die beiden Ereignisse registriert hätte, wäre diese Differenz in seinem System genauso groß.

Beispielsweise könnten wir einen Raumfahrer betrachten, der genau zum Zeitpunkt von Christi Geburt mit seinem Raumschiff an der Erde vorüberbraust und Kurs auf Vega nimmt, so daß er genau beim Ausbruch des Vulkans im Gebiet von Vega eintrifft. Da die Entfernung dorthin 26 Lichtjahre beträgt, muß dieser Raumfahrer fast mit Lichtgeschwindigkeit fliegen, um es zur rechten Zeit zu schaffen. Wir können jetzt sofort angeben, wie viele Jahre der Raumfahrer in seinem Raumschiff braucht, um von der Erde zum Vega-Planeten zu gelangen. In seinem System ist der räumliche Abstand zwischen den beiden Ereignissen Null, denn zur Geburt Christi ist er hier in der Nähe der Erde, und beim Ausbruch des Vulkans ist er im Gebiet von Vega. Der zeitliche Abstand zwischen beiden Ereignissen ist allerdings nicht Null, sondern genau gegeben durch die oben betrachtete Differenz, nämlich etwa 15 Jahre. Der Raumfahrer ist also 15 Jahre älter, wenn er am Vega-Planeten vorüberbraust.

Newton, zustimmend nickend: Jetzt, nachdem wir gesehen haben, daß auch in Ihrer Theorie, Mr. Einstein, durchaus nicht alles relativ ist, sondern ein absolutes Maß existiert, nämlich die Differenz der Quadrate von Zeit und Raum, bin ich voll von der Richtigkeit der Theorie überzeugt. Nur ist es ein seltsames Maß fürwahr. Wer hätte zu meiner Zeit je gedacht, daß diese Differenz eine solch wichtige Rolle spielen könnte. Ich jedenfalls nicht, und auch nicht Leibniz, von allen anderen ganz zu schweigen.

Haller: Übrigens drückt sich in der Differenz der Quadrate von Zeit und Raum nicht nur aus, daß man letztlich eine Union von Raum und Zeit betrachten muß, sondern es wird auch ein erheblicher Unterschied zwischen Zeit und Raum offenbar. Schließlich handelt es sich um eine Differenz und nicht um die Summe. Hätten wir es mit einer Summe der Quadrate zu tun, dann könnte man von einer wirklichen Vereinigung von Raum und Zeit sprechen. Davon kann aber hier keine Rede sein. Obwohl bei einer Änderung des Bewegungszustandes des Beobachters Raum und Zeit

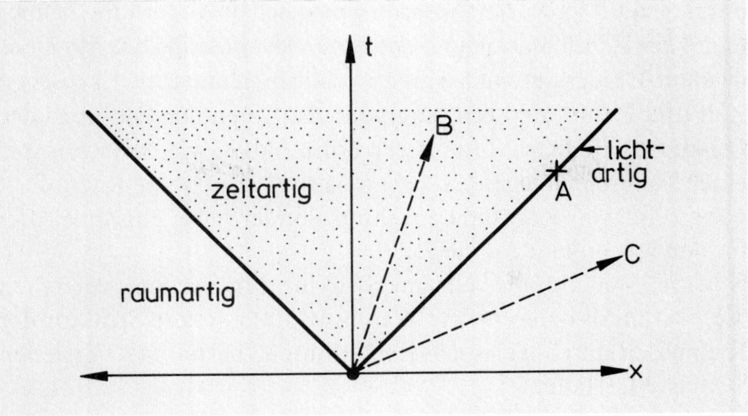

Abb. 13–4 Raum-Zeit-Diagramm. Jeder Punkt in der t-x-Ebene beschreibt ein Ereignis. Nur eine Dimension des Raumes wird hier betrachtet. Die Gesamtheit aller Ereignisse kann man in drei verschiedene Klassen einteilen, und zwar mit Hilfe eines vom Ereignisnullpunkt ausgestrahlten Lichtsignals. Die Weltlinie dieses Lichtsignals besteht aus zwei Geraden, die vom Nullpunkt ausgehen. Diese Geraden steigen im Winkel von 45° an, weil die Längen im Raum in Lichtsekunden gemessen werden.

Die beiden Geraden des Lichtsignals, die man auch als den »Lichtkegel« bezeichnet, beschreiben alle Ereignisse, für die die Differenz $(ct)^2 - x^2$ verschwindet. Man nennt diese Ereignisse deshalb auch lichtartig bezüglich des Nullpunkts. Ein solches Ereignis ist durch den Punkt A bezeichnet. Ein Ereignis, dessen Punkt innerhalb des Lichtkegels liegt (markierte Fläche), ist dadurch gekennzeichnet, daß die eben betrachtete Differenz positiv ist. Beispielsweise ist dies für den Punkt B der Fall, aber auch für alle Ereignispunkte, die auf der Zeitachse selbst liegen. Deshalb bezeichnet man diese Ereignisse auch als zeitartig bezüglich des Nullpunktes.

Die verbleibenden Ereignisse, die außerhalb des Lichtkegels liegen, etwa der Punkt C, haben die Eigenschaft, daß für sie die Differenz der Quadrate von Zeit und Raum negativ ist. Dies gilt auch für die Ereignispunkte, die auf der Raumachse selbst liegen. Deshalb bezeichnet man diese Ereignisse als raumartig bezüglich des Nullpunktes.

durcheinandergewürfelt werden, was sich ja durch die Phänomene der Zeitdilatation und der Raumverkürzung äußert, gibt es in allen Bezugssystemen einen wichtigen Unterschied zwischen Zeit und Raum, der sich durch das Auftreten der Differenz der Quadrate offenbart. In anderer Form haben wir das schon bei einer früheren Gelegenheit betont, als wir sagten, die Raum-Zeit habe keine vier Koordinatenachsen, sondern drei plus eine, drei für den Raum, eine für die Zeit.

Newton: Was für eine seltsame Struktur. Mr. Einstein, verstehen Sie, warum das alles so ist? Warum wird die innere Struktur der Raum-Zeit durch diese seltsame Differenz bestimmt? Verstehen Sie das, Mr. Haller?

Haller: Sie verlangen viel von mir, Sir Isaac. Bis heute versteht niemand, warum der Raum drei Dimensionen hat, die Zeit nur eine. Ebensowenig versteht man, warum Raum und Zeit durch die Relativitätstheorie zu einer Union zusammengeschmolzen werden. Gut, wir können die grundlegenden Eigenschaften von Raum und Zeit von einfachen Grundtatsachen ableiten, etwa der Universalität der Lichtgeschwindigkeit. Das ist aber auch alles.

Auch heute ist die Wissenschaft noch weit davon entfernt, auf solche Fragen eine Antwort zu geben. Mir erscheint es manchmal wie ein Wunder, daß wir die Frage nach der grundlegenden Struktur von Zeit und Raum überhaupt stellen können. Unsere Welt erscheint mir viel einfacher aufgebaut, als man aufgrund unserer täglichen Erfahrungen vermuten könnte. Es ist, als schimmere in der Grundstruktur von Raum und Zeit der Bauplan der Schöpfung hindurch, ein Plan, der von Einfachheit und Symmetrie durchdrungen ist – von einer Einfachheit, die allerdings nur mit Mühe zu entziffern ist. John Wheeler, einer meiner Theoretiker-Kollegen an der Universität von Texas, sagte einst sinngemäß: Wenn wir in Zukunft einmal die endgültigen Gesetze des Universums kennen sollten, eingeschlossen die Gesetze von Raum und Zeit, werden wir überrascht sein, daß diese nicht von vornherein selbstverständlich waren – sie sind das Einfache, das so schwer zu finden ist.

Einstein, der sich mittlerweile eine Zigarre angesteckt hatte, bemerkte lakonisch: »Newton, ich habe Sie immer für einen begabten Pragmatiker gehalten. Schließlich haben Sie auch nie, jedenfalls nicht in Ihrem Buch, danach gefragt, wo denn das seltsame universelle Gesetz der Massenanziehung, das Sie gefunden haben, herkommt. Erinnern Sie sich an Ihr ›Hypotheses non fingo‹?

Ich schlage vor, daß wir jetzt bei Ihrem Grundsatz bleiben und nicht erklären wollen, woher die Grundtatsachen der Raum-Zeit-Struktur letztlich kommen. Betrachten wir diese als vorgegeben, und versuchen wir lediglich, alle daraus folgenden Konsequenzen abzuleiten. Es gibt deren noch eine ganze Menge, die wir bislang nicht diskutiert haben, zum Beispiel die Konsequenzen für die dynamischen Eigenschaften der Materie, die meiner Meinung nach die interessantesten und folgereichsten der Relativitätstheorie sind.«

»Ganz Ihrer Meinung«, erwiderte ich. »Wir sind jetzt bei unseren Diskussionen über die Relativitätstheorie an einem Punkt angelangt, an dem wir beginnen müssen, über die Materie zu sprechen. Da es von Anfang an mein Plan war, einen Teil unserer Gespräche am CERN-Forschungszentrum durchzuführen, glaube ich, daß der beste Zeitpunkt gekommen ist, um unsere Akademiesitzungen hier in Bern abzubrechen und nach Genf zu fahren. Ich habe schon einige Vorbereitungen dafür getroffen und möchte Sie bitten, daß wir jetzt die Details der Reise nach Genf festlegen.«

Da es schon später Nachmittag war, kamen wir überein, daß wir erst am Morgen des nächsten Tages, einem Sonntag, nach Genf fahren würden, und zwar in meinem Auto. Für unsere Unterkunft hatte ich bereits drei Zimmer im Gästehaus des CERN bestellt.

14
Masse in Raum und Zeit

Das seit Tagen in der Schweiz herrschende warme und sonnige Wetter blieb uns auch am nächsten Tag treu, und so machten wir uns bereits früh am Morgen auf die Fahrt nach Genf. In der Nähe von Vevey erreichten wir das Hochufer des Genfer Sees. Ich blieb kurz auf einem Parkplatz über der Stadt Vevey stehen, von dem aus wir das Panorama der Alpen in der Morgensonne bewundern konnten. Unter uns glitzerte der Genfer See – wir befanden uns auf einem der schönsten Aussichtsplätze Europas.

Newton hatte sich auf der bisherigen Fahrt offenbar etwas gelangweilt. Aber der Blick über das Rhonetal in Richtung Martigny nahm ihn doch eine Weile gefangen. Schließlich wandte er sich an Einstein:

»Gestern hatten Mr. Haller und Sie bereits angedeutet, daß die Relativitätstheorie für mich noch einige Überraschungen bereithalten werde, insbesondere in bezug auf die Dynamik der Materie. In der vergangenen Nacht habe ich versucht, Ihre Andeutungen in etwas konkretere Vorstellungen umzusetzen, aber ich muß gestehen, daß ich nicht weit gekommen bin. Da Sie mit meinen Definitionen der Begriffe von Raum und Zeit gründlich aufgeräumt haben, könnte ich mir vorstellen, daß auch andere Begriffe meiner Mechanik einer tiefgreifenden Revision unterworfen werden müssen, beispielsweise der Begriff der Masse. Nur frage ich mich, was an die Stelle der Masse eines Körpers, die ja in Kilogramm angegeben wird, in der Relativitätstheorie wohl treten soll.«

Einstein erwiderte lächelnd: »Lieber Sir Isaac, ich verstehe vollkommen, daß Sie mittlerweile unsicher bezüglich aller Begriffe und Definitionen geworden sind, die in Ihrer Mechanik und Dynamik eine Rolle spielen. Ich möchte im Moment nicht auf Einzelheiten eingehen, aber ich versichere Ihnen, daß es auch in der Relativitätstheorie Sinn macht, von der Masse eines Körpers zu sprechen. Wir werden sogar sehen, daß Ihre Vorstellungen von der Masse – bis auf eine allerdings sehr wesentliche Änderung – auch in der Relativitätstheorie gültig sind.«

Inzwischen war ich weitergefahren. Newton und Einstein sprachen noch über verschiedene andere Aspekte der Relativitätstheorie, die ich hier überspringen möchte, denn es dauerte nicht lange, bis wir die Autobahn verließen, am Genfer Flughafen vorbeifuhren und schließlich in die zum CERN führende Route Meyrin einbogen. Kurz danach waren wir am Haupttor des CERN. Ich parkte den Wagen am Eingang und holte im Büro die Schlüssel für unsere Zimmer im Gästehaus ab. Nach wenigen Minuten passierten wir den Sicherheitsposten. Einstein blickte interessiert durchs Fenster und sagte:

»Mein Gott, das soll ein physikalisches Institut darstellen? Zu meiner Zeit bestanden die Einrichtungen der Experimentalphysik aus ein paar Geräten, die gut in einigen Zimmern Platz hatten. Das hier erinnert mich mehr an ein Stahlwerk als an ein Forschungsinstitut. Kann man denn in einem so riesigen Unternehmen überhaupt noch Forschung treiben?

Forschung bedeutet für mich vor allem Freiheit des Denkens und nicht zuletzt auch die Freiheit, meine Forschung ohne Behinderung durchzuführen. Ich kann mir schwer vorstellen, daß dieser Betrieb hier ohne eine übermächtige und alles kontrollierende bürokratische Organisation oder zumindest ohne eine langfristige Planung überhaupt funktioniert. Forschung jedoch, zumindest was ich unter Forschung verstehe, kann man nicht langfristig planen. Da kommt es auf Phantasie und Einfälle an, und die kommen, wie wir alle wissen, nicht geplant, sondern, wenn überhaupt, spontan und meistens nicht zum richtigen Zeitpunkt.«

Ich antwortete: »Zweifellos kann die Forschung hier am CERN nur durchgeführt werden, weil die einzelnen Experimente langfristig geplant werden, aber das ist der Zug unserer heutigen Zeit.

Außerdem kann man durch eine sorgfältige Planung die Kosten senken, was notwendig ist, da Forschungsinstitute wie hier das CERN mit Mitteln der Steuerzahler errichtet werden. Hinzu kommt, daß man zumindest die Experimente in der Physik heute nicht mehr wie zur Zeit Faradays im vergangenen Jahrhundert durchführen kann. Meistens dauern die Experimente Monate, manchmal sogar Jahre, und eine ganze Reihe von Physikern sind mit einem einzigen Experiment beschäftigt, was allerdings nicht unbedingt zu bedauern ist. Es gibt viele Wissenschaftler, die es durchaus nicht als Nachteil empfinden, in Gruppen, die sich aus kleineren Gruppen von Universitäten verschiedener Länder zusammensetzen, zu arbeiten. Sie kann ich aber beruhigen, Herr Einstein. Offenbar sind Sie nicht jemand, der gerne in einer großen Gruppe arbeiten würde, wie die meisten Theoretiker. Übrigens: Wären Sie hier in CERN tätig, so würden Sie sich kaum durch bürokratische Zwänge eingeengt fühlen – selbst an einem so großen Forschungsinstitut wie hier hätten Sie völlige Freiheit, Ihren eigenen Interessen nachzugehen, wahrscheinlich sogar mehr Freiheit als seinerzeit am Berner Patentamt.«

»Sie haben Glück, Herr Haller, daß Ihre letzten Worte nicht von meinem früheren Direktor am Patentamt, der übrigens auch Haller, Friedrich Haller, hieß, gehört werden. Ich kann mich jedenfalls nicht beklagen. Haller ließ mir so viel Freiheit, wie ich mir nur wünschen konnte. Jedenfalls hatte ich mehr Muße, meinen Forschungen nachzugehen, als an einer Universität, wo jeder junge Wissenschaftler unweigerlich dem Druck ausgeliefert ist, in möglichst kurzer Zeit möglichst viele Arbeiten zu publizieren, wobei er kaum Zeit hat, die Arbeiten seiner Kollegen zu lesen. Was dabei herauskommt, wissen wir ja – meistens Material für den Papierkorb.«

Unser Gespräch wurde von Newton unterbrochen, der auf das Straßenschild deutete, an dem wir gerade vorbeifuhren: *Route Einstein*. Einstein meinte unbeeindruckt: »Ich hoffe, Sie sind nicht eifersüchtig, lieber Newton. Offenbar war meine Theorie hier etwas von Nutzen. Trotzdem würde ich wetten, daß es hier auch eine ›Route Newton‹ gibt. Stimmt es, Haller?«

Anstelle einer Antwort fuhr ich etwas langsamer und deutete auf das Straßenschild einer Querstraße, die von rechts einmündete: *Route Newton*. In der Tat schien Newton jetzt befriedigt; allerdings hatte ich den Eindruck, daß er »seine« Straße, bei der es sich um eine kleine Nebenstraße handelte, die zu einem langen Gebäude führte, nachdenklich musterte und insgeheim mit der breiteren und längeren »Route Einstein« verglich. Aber nach wenigen Augenblicken hatten wir das Gästehaus erreicht – unsere Fahrt war zu Ende.

Wir hatten uns rasch einquartiert. Da Sonntag war, beschlossen wir, die Zeit für einen Ausflug in die nahegelegenen Juraberge zu nutzen. Nach einer knappen Stunde Fahrt vom CERN durch das französische Städtchen Gex und über die Bergstraße zum Col de la Faucille, einem der Bergpässe in der Genfer Umgebung, erreichten wir das Hochplateau des Jura. Eine Fußwanderung über die Bergwiesen führte uns schließlich an den zum Genfer Becken hin steil abfallenden Rand des Juragebirges. Von hier aus hatten wir einen herrlichen Blick auf Genf, den See und die dahinter liegende französische Alpenkette. Wir machten es uns bequem und setzten die schon im Auto begonnene Diskussion fort.
Newton: Also heraus mit der Sprache, Mr. Einstein, wie steht es mit der Masse eines Körpers in der Relativitätstheorie? Meiner Ansicht nach ist es unmöglich, daß Sie das, was ich unter der Masse verstehe, ohne weiteres in die Relativitätstheorie übernehmen können. Ich erinnere daran, wie ich seinerzeit die Masse eines Körpers festgelegt habe. Da Materie aus Atomen besteht und diese wiederum aus den Atomkernen und den Elektronen, können wir die Masse eines makroskopischen Körpers einfach als die Summe der Massen seiner Atomkerne und der Elektronen auffassen. Es reicht also aus, wenn wir uns jetzt Gedanken über die Massen der Elektronen und Atomkerne machen.

Nehmen wir einmal an, ich beschleunige ein Proton, also den Kern des Wasserstoffatoms, zum Beispiel mit dem CERN-Beschleuniger da unten im Tal. Wir wissen bereits, daß es wegen der Relativität von Raum und Zeit nicht möglich ist, das Proton auf

eine Geschwindigkeit zu beschleunigen, die die Lichtgeschwindigkeit übersteigt. Meiner Ansicht nach muß es auch einen dynamischen Grund geben, warum das nicht geht. Nur sehe ich einen solchen Grund nicht, wenn sich am Begriff der Masse eines Teilchens in der Relativitätstheorie nichts ändert. Im Prinzip könnte man denken, daß man das Proton auf immer höhere Geschwindigkeiten zu beschleunigen vermag. Falls ich diesen Prozeß genügend lange fortsetze, würde die Lichtgeschwindigkeit irgendwann einmal erreicht und sogar überschritten werden. Andererseits kann dies aber nicht sein, da die Lichtgeschwindigkeit nicht überschritten werden darf. Also stimmt hier etwas nicht. Ich habe das Gefühl, daß sich die Masse eines Teilchens bei hohen Geschwindigkeiten ändert, genauer gesagt, daß sie sich vergrößert, und zwar in solch einer Weise, daß es prinzipiell nicht möglich ist, ein Teilchen auf Geschwindigkeiten zu beschleunigen, die die Lichtgeschwindigkeit übersteigen.
Einstein: Wie stets haben Sie den Kern der Sache bereits erfaßt. Sie erinnern sich: Heute morgen sagte ich, daß Ihr Begriff der Masse ohne weiteres in die Relativitätstheorie übernommen werden kann, allerdings mit einer kleinen Änderung. Bei dieser Änderung handelt es sich genau um den Effekt, den Sie gerade erahnten. Bei hohen Geschwindigkeiten wird die Masse eines Teilchens in der Tat größer, und zwar in einer Weise, die durch die Theorie eindeutig festgelegt ist.
Haller: Wenn Sie gestatten, kann ich den Effekt durch ein kleines Gedankenexperiment beschreiben. Da es unvermeidlich sein wird, daß wir Beobachter einführen, die sich fast mit Lichtgeschwindigkeit bewegen, ist es besser, wir begeben uns in den Weltraum, und zwar ausgerüstet mit einem Gewehr und einem dicken Holzbrett.

– Ich machte eine Zeichnung. [Siehe Abb. 14–1.]
Haller: Wir denken uns einen Kilometer vor das im Raum schwebende Brett postiert, so daß wir uns bezüglich des Bretts in Ruhe befinden, und feuern die Kugel in die Richtung des Mittelpunkts des Bretts ab. Wir wollen auch annehmen, daß sich die Gewehrkugel mit 1000 km/s durch den Raum bewegt. Die Kugel dringt ge-

nau eine Sekunde nach dem Abfeuern in das Holz ein und bleibt im Brett stecken, nachdem sie eine gewisse Strecke durch das Holz zurückgelegt hat. Gleichzeitig wird sich das Brett langsam von uns wegbewegen, da es von der Kugel weggestoßen wird. Übrigens ist die Eindringtiefe abhängig von der Geschwindigkeit der Kugel

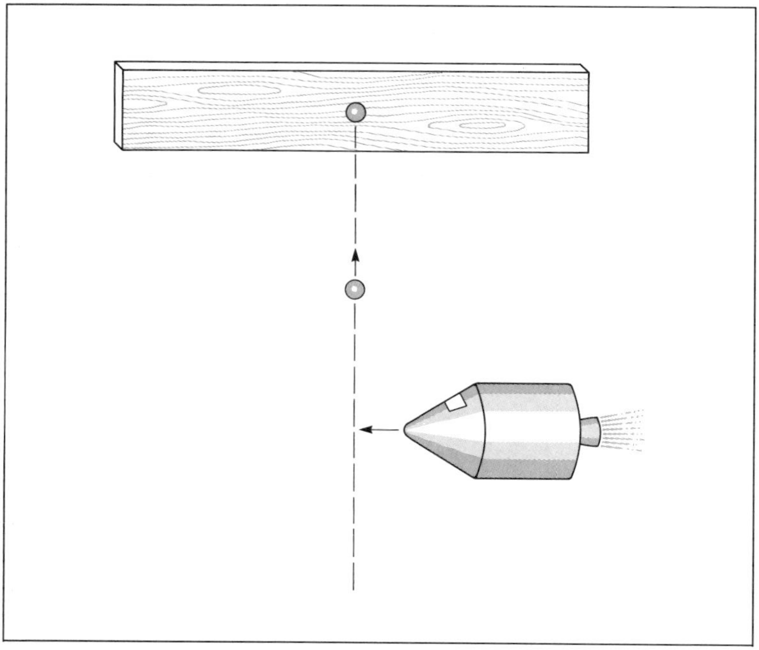

Abb. 14–1 Eine Gewehrkugel fliegt durch den Raum und dringt in ein Holzbrett ein. Die Eindringtiefe hängt vom Impuls der Kugel ab, also vom Produkt aus der Masse und der Geschwindigkeit. Je größer die Geschwindigkeit, um so größer die Tiefe des Einschlags. Bei gleichbleibender Geschwindigkeit ist der Einschlag um so tiefer, je größer die Masse der Kugel ist. Eine Bleikugel dringt zum Beispiel tiefer ein als eine Stahlkugel, vorausgesetzt, beide Kugeln sind gleich groß, denn Blei ist schwerer als Eisen.

Der Vorgang wird von einem Beobachter registriert, der in einem Raumschiff mit großer Geschwindigkeit vorbeifliegt. Für ihn bewegt sich die Gewehrkugel langsamer – eine Folge der Zeitdilatation.

und von deren Masse. Je größer die Geschwindigkeit ist, um so tiefer dringt die Kugel in das Holz ein. Bei gleichbleibender Geschwindigkeit ist die Eindringtiefe um so größer, je größer die Masse ist. Eine Stahlkugel dringt weniger tief ein als eine Bleikugel, vorausgesetzt, beide sind gleich groß, denn Blei ist schwerer als Eisen.
Newton: Warum sagen Sie nicht gleich, daß die Eindringtiefe vom Impuls der Kugel abhängt, also vom Produkt aus der Masse und der Geschwindigkeit?
Haller: Richtig – der Impuls der Kugel ist die Größe, auf die es hier ankommt. Jetzt aber wollen wir die ganze Angelegenheit von der Warte eines vorbeifliegenden Raumschiffs aus betrachten lassen. Das Raumschiff soll sich sehr schnell, also fast mit Lichtgeschwindigkeit, bewegen, und zwar mit einer Geschwindigkeit, die einem Gammafaktor von 10 entspricht. Zudem soll sich das Raumschiff genau parallel zum Brett, also senkrecht zur Flugrichtung des Geschosses, bewegen.

Wir wissen, daß sich die Raumkontraktion als Konsequenz der Relativitätstheorie nicht auf die Querrichtung auswirkt. Ebenso wie wir wird der Beobachter im Raumschiff feststellen, daß sich das Brett genau einen Kilometer vor dem Gewehr befindet. Nur befinden sich jetzt sowohl das Gewehr als auch das Holzbrett nicht in Ruhe, sondern rasen fast mit Lichtgeschwindigkeit am Raumschiff vorbei durch den Raum.

Nun zum entscheidenden Punkt: Wegen der Zeitdilatation wird der Beobachter im Raumschiff feststellen, daß die Kugel nicht eine Sekunde durch den Raum fliegt, sondern eine Sekunde, multipliziert mit dem Gammafaktor, also zehn Sekunden. Von seiner Warte aus bewegt sich die Gewehrkugel also nicht mit 1000 km/s in die Richtung des Bretts, sondern nur mit 100 km/s.
Newton: Moment! Wir als in bezug zum Brett ruhende Beobachter sehen ja, daß die Kugel in das Brett eindringt bzw. können dies leicht nach dem Experiment feststellen. Wenn ich die Kugel nicht mit 1000 km/s auf das Brett abfeuern würde, sondern nur mit der vergleichsweise geringen Geschwindigkeit von 100 km/s, dann würde die Kugel nur sehr wenig in das Holz eindringen. Die Ein-

dringtiefe der Kugel ist aber ein Faktum, das nicht vom Beobachter abhängen kann, denn schließlich wird bei unserem Experiment das Holz in ganz manifester Weise beschädigt. Der Beobachter im Raumschiff dürfte sich also ganz schön wundern, warum die relativ langsam auf das Brett zufliegende Kugel so viel Schaden anrichtet – eine seltsame Angelegenheit!
Einstein: Ob sich der Beobachter im Raumschiff wundern wird oder nicht, hängt ganz von seiner Bildung ab. Ist er zum Beispiel ein überzeugter Anhänger der Newtonschen Mechanik, so dürfte er sich in der Tat wundern. Ist der Beobachter jedoch ein Vertreter meiner Theorie, so wird er sich in keiner Weise wundern. Der Grund hierfür liegt auf der Hand: Sie haben gerade ganz richtig gesagt, daß der im Holz angerichtete Schaden, also die Eindringtiefe der Kugel, nicht vom Beobachter abhängen darf. Vorhin hatten wir aber gesehen, daß die Eindringtiefe vom Impuls der Kugel abhängt, also vom Produkt aus Masse und Geschwindigkeit. Eine langsamer fliegende Kugel kann sehr wohl denselben Schaden anrichten wie eine schneller fliegende, wenn sie schwerer ist. Damit liegt die Schlußfolgerung auf der Hand. Die Größe, auf die es hier ankommt und die auf jeden Fall nicht vom Beobachter abhängen darf, ist der Impuls, also das Produkt aus Masse und Geschwindigkeit. Da die Geschwindigkeit sich um den entsprechenden Gammafaktor vermindert, muß sich die Masse um genau denselben Faktor vergrößern.

Wenn wir die Gewehrkugel in Ruhe betrachten, so hat sie eine Masse, die ich mal mit m bezeichnen möchte. Übrigens ist dies genau die Masse, die diese Kugel haben würde, wenn die Newtonsche Mechanik exakt gültig sein würde.
Newton: Da dies bei Geschwindigkeiten, die klein gegenüber der Lichtgeschwindigkeit sind, der Fall ist, schließe ich daraus, daß Ihre Masse m identisch ist mit dem, was ich unter der Masse eines Körpers verstand, als ich die »Principia« schrieb.
Einstein: Genau so. Um diese Masse aber eindeutig festzulegen, spricht man auch von der Ruhemasse eines Körpers. Wir könnten sie aber genausogut als die Newtonsche Masse bezeichnen. Bewegt sich der Körper jedoch sehr schnell, so wächst seine Masse,

genauer seine bewegte Masse, die ich mal mit M bezeichnen möchte, im Vergleich zur Ruhemasse an, und zwar ebenso wie der Gammafaktor:

$$M = \gamma m = \frac{m}{\sqrt{1 - \left(\frac{v}{c}\right)^2}}$$

Die Masse wächst also genauso wie ein Zeitintervall, das ja um denselben Gammafaktor gedehnt wird.

– Um den Effekt zu veranschaulichen, zeichnete ich das Verhältnis der bewegten Masse M und der Ruhemasse m auf.

Haller: Da die Massenzunahme, die man in der Fachsprache übrigens als die relativistische Massenzunahme bezeichnet, um so stärker wird, je näher die Geschwindigkeit des betreffenden Körpers an die Lichtgeschwindigkeit heranrückt, ist es unmöglich, einen Körper so zu beschleunigen, daß er schließlich die Lichtgeschwindigkeit erreicht. Dies würde heißen, daß seine Masse unendlich

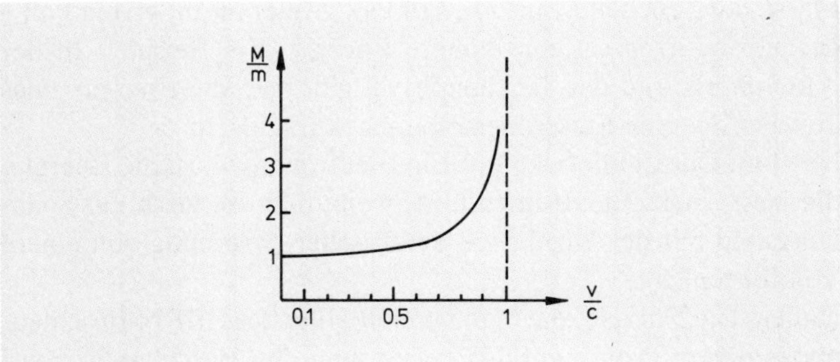

Abb. 14–2 Das Anwachsen der bewegten Masse M eines Körpers im Vergleich zur Ruhemasse m. Der Effekt, hier gezeigt in Abhängigkeit von der Geschwindigkeit v des Körpers, gemessen in Einheiten der Lichtgeschwindigkeit, macht sich ebenso wie die Zeitdilatation erst bemerkbar, wenn die Geschwindigkeit von derselben Größenordnung wird wie die Lichtgeschwindigkeit. Dann aber wächst die Masse schnell an. Je näher die Geschwindigkeit v an die Lichtgeschwindigkeit heranrückt, um so stärker ist das Anwachsen. Der Grenzfall $v = c$ kann nie erreicht werden, da dann die Masse unendlich groß werden würde.

groß werden würde. Man müßte folglich auch unendlich viel Energie aufbringen, um dies zu bewerkstelligen, und so viel Energie hat niemand zur Verfügung.
Einstein: Sie sehen, Mr. Newton, in der Relativitätstheorie verhält es sich genauso, wie von Ihnen vorhin bereits richtig vermutet wurde. Die Masse nimmt zu, und es ist prinzipiell unmöglich, einen massiven Körper so zu beschleunigen, daß er schließlich genauso schnell wie das Licht oder sogar noch schneller fliegt.
Haller: Der große Beschleuniger des CERN dort unten beschleunigt die Protonen so, daß sie schließlich fast mit Lichtgeschwindigkeit fliegen. Die Energie, die diese Teilchen dann besitzen, ist praktisch unabhängig von ihrer Geschwindigkeit, sondern hängt nur noch von der Masse ab. Wenn man etwa den Beschleuniger nur mit halber Kraft laufen läßt, dann besitzen die Teilchen nach der Beschleunigung nur die halbe Energie im Vergleich zu denjenigen Teilchen, die man erhält, wenn man den Beschleuniger mit voller Kraft laufen läßt. In beiden Fällen ist aber die Geschwindigkeit der Teilchen sehr nahe der Lichtgeschwindigkeit. Nur die Masse der Teilchen ist im zweiten Fall größer als im ersten Fall – deshalb besitzen sie eine höhere Energie. Ein Beispiel: In der Atomphysik und der Teilchenphysik gibt man die Energie eines Teilchens gern in Elektronenvolt, abgekürzt eV, an.
Newton: Das ist mir bekannt. Ein Elektronenvolt ist die Energie, die man einem Elektron zuführt, wenn man es durch ein Spannungsfeld mit der angelegten elektrischen Spannung von einem Volt fliegen läßt.
Haller: Die Energie, die man nun mit Hilfe des CERN-Beschleunigers einem Proton zuführt, wenn man den Beschleuniger mit voller Kraft laufen läßt, ist 400 Gigaelektronenvolt, abgekürzt GeV, also $400 \cdot 10^9$ eV – eine beträchtliche Menge. Die Geschwindigkeit der Teilchen ist natürlich praktisch gleich c, genauer: Sie ist 0,9999973 c. Wir können nun leicht ausrechnen, mit welcher Masse M sich die Teilchen im Beschleuniger bewegen:

$$M = \gamma m = \frac{m}{\sqrt{1 - (0{,}9999973)^2}} = 430\,m$$

Newton: My Goodness – die Protonen bewegen sich da unten im Beschleuniger tatsächlich mit einer Masse, die mehr als 400mal größer ist als ihre Ruhemasse m. Kann man diese enorme Massenzunahme eigentlich direkt beobachten? Ich vermute, wenn die Protonen tatsächlich mit einer so riesigen Masse herumfliegen, müßte sich das doch irgendwie bemerkbar machen.

Haller: So ist es auch. Die Protonen bewegen sich ja in einem großen ringförmigen Tunnel. Um sie auf ihrer Bahn zu halten, benötigt man Magnetfelder, denn ohne eine äußere Beeinflussung fliegt ein Proton wie jedes andere Teilchen einfach geradlinig durch den Raum.

Newton: Ich ahne, worauf Sie hinauswollen. Von der Stärke des Magnetfeldes hängt es ja ab, wie groß die Richtungsänderung ist, die das Teilchen erfährt, wenn es durch das Feld hindurchfliegt. Letztere ist aber auch von der Masse abhängig. Ist die Masse größer, wird die zugehörige Beeinflussung entsprechend kleiner sein. Um die Protonen auf ihrer Bahn zu halten, sobald die relativistische Massenzunahme einsetzt – sobald also die Protonengeschwindigkeit in die Nähe der Lichtgeschwindigkeit kommt –, braucht man stärkere Magnete.

Haller: Richtig. Gäbe es keine relativistische Massenzunahme, bräuchte man am CERN kein besonders starkes Magnetfeld; ganz schwache Elektromagnete würden ausreichen, um die Protonen auf ihrer Bahn zu halten. Wegen der Massenzunahme jedoch müssen die Magnete etwa 430mal stärker sein. Die erforderliche hohe magnetische Feldstärke kann man nur dadurch erreichen, daß man entsprechend viel Energie in Form von Elektroenergie zuführt. Die Energie, die CERN auf diese Weise verbraucht, entspricht der Leistung eines mittelgroßen Kraftwerks. Der Unterhalt des Beschleunigers wäre demnach viel billiger, wenn die von der Relativitätstheorie vorausgesagten Effekte nicht existieren würden.

Einstein: Es tut mir leid, daß meine Theorie den Beschleuniger verteuert. Würde Ihre Theorie, Herr Newton, richtig sein, wäre die Sache erheblich billiger. Ich hoffe jedenfalls, daß ich während unseres Besuches am CERN nicht dem Direktor begegne, sonst könnte es wohl noch passieren, daß er von mir die zusätzlichen Kosten zurückverlangt.

Haller: Von mir aus wollen wir darauf verzichten. Auf einen Effekt muß ich bei dieser Gelegenheit noch hinweisen. In den Teilchennachweisgeräten, zum Beispiel in Nebelkammern oder in Blasenkammern, kann man die Spuren der Teilchen beobachten. Fliegt ein Teilchen dabei durch ein Magnetfeld, so erscheint die Spur des Teilchens gekrümmt. Aus der Stärke der Krümmung kann man die Masse, genauer die bewegte Masse des Teilchens, bestimmen. Auf diese Weise ist es möglich, die relativistische Massenzunahme experimentell leicht zu beobachten.

Isaac Newton lag im Gras, seinen Kopf aufgestützt, und schaute nachdenklich auf Genf hinunter.

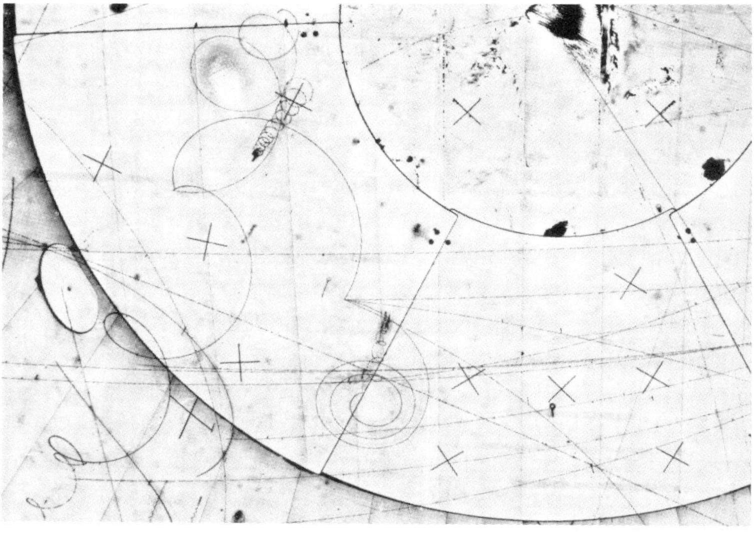

Abb. 14–3 Die Teilchenspuren in einer Blasenkammer sind deshalb gekrümmt, weil ein äußeres Magnetfeld angelegt ist. Die Stärke der Krümmung hängt nicht nur von der Geschwindigkeit des Teilchens, sondern auch von der Masse, genauer: der bewegten Masse, ab. Auf diese Weise kann man den Effekt der relativistischen Massenzunahme direkt beobachten. (Foto: CERN)

Newton: Ist das nicht merkwürdig? Da unten beschleunigen sie normale Materie, genauer gesagt Protonen, fast auf Lichtgeschwindigkeit. Andererseits gibt es Teilchen, ich meine die Lichtteilchen, also Photonen, die von Haus aus immer mit Lichtgeschwindigkeit durch den Raum fliegen, wobei sie allerdings auch Energie, aber keine Masse haben. Um den Begriff der Ruhemasse, den Sie, Mr. Einstein, vorhin eingeführt haben, zu verwenden, kann man auch sagen: Photonen sind Teilchen ohne Ruhemasse, die Energie besitzen. Mir scheint, daß es, abgesehen von der Ruhemasse, die bei Protonen vorhanden ist, bei Photonen aber nicht, etwas Gemeinsames zwischen Protonen und Photonen gibt – beide Teilchen können sich nur mit Geschwindigkeiten bewegen, die kleiner oder, wie bei den Photonen, maximal gleich der Lichtgeschwindigkeit sind.
Einstein: Warum erscheint Ihnen das so merkwürdig? Wir wissen doch, daß die Lichtgeschwindigkeit mehr ist als nur die Geschwindigkeit der Photonen, sondern eine Art Fundamentalgeschwindigkeit in unserem Universum.
Newton: Das weiß ich. Nur sehe ich, daß die Protonen, die fast mit Lichtgeschwindigkeit durch den Raum fliegen, etwa die CERN-Protonen da unten, fast so aussehen wie Photonen – zwischen einem Strahl schnell bewegter Protonen und einem Photonenstrahl, der etwa dieselbe Energie besitzt, gibt es keinen allzu großen Unterschied mehr.

Verstehen Sie mich nicht falsch – ich wundere mich nur etwas über den Begriff der Masse. Als ich die »Principia« schrieb, nahm ich an, daß ich genau wüßte, was die Masse ist. Jetzt, nach all dem Neuen, das ich über die Struktur von Raum und Zeit von Ihnen erfahren habe, muß ich gestehen, daß ich nicht mehr verstehe, was Masse eigentlich ist. Wäre es nicht einfacher, wenn alle Teilchen, eingeschlossen die Protonen, wie die Photonen masselos sein würden? Warum gibt es überhaupt massive Teilchen?

Auch wundere ich mich etwas über den seltsamen Zusammenhang, der anscheinend zwischen der Energie und der Masse existiert. Die Bewegungsenergie eines Objekts ist, wie wir wissen, abhängig von der Masse und vom Quadrat der Geschwindigkeit dieses Objekts – genauer gesagt: Die Energie ist gegeben durch $E = \frac{1}{2} mv^2$, jedenfalls solange die Geschwindigkeit des betreffenden Objekts viel kleiner als die Lichtgeschwindigkeit c ist. Erhöht man die Geschwindigkeit einer Gewehrkugel um den Faktor zwei, so ist die Bewegungsenergie, die in der Kugel steckt, um den Faktor 2^2, also 4, größer geworden. Jetzt betrachte ich aber einmal die fast mit Lichtgeschwindigkeit fliegenden Protonen da unten am CERN. Was ist denn die Energie dieser Protonen? Mit anderen Worten: Ich suche das Analogon meiner Formel $E = \frac{1}{2} mv^2$ für den Fall, daß die Geschwindigkeit v in der Nähe der Lichtgeschwindigkeit c liegt.

Erhöhe ich die Energie der CERN-Protonen, erhöhe ich, wie wir bereits wissen, nur die bewegte Masse M, denn die Geschwindigkeit ändert sich fast nicht. Energie und Masse sind also direkt proportional zueinander. Merkwürdig – man könnte meinen, es gäbe insgeheim einen Zusammenhang zwischen Masse und Energie – eine Masse-Energie-Beziehung. Mr. Einstein, Sie sind so schweigsam. Was ist denn Ihre Meinung hierzu?

Einstein: Meine Meinung hierzu ist eindeutig. Den Zusammenhang zwischen Energie und Masse, von dem Sie gerade sprachen, gibt es tatsächlich; er spielt in der Relativitätstheorie eine ganz spezifische und wichtige Rolle, über die wir noch viel zu reden haben werden. Ohne besonders zu übertreiben, kann man, glaube ich, sagen, daß dieser Zusammenhang die wohl interessanteste Konsequenz der Relativitätstheorie ist.

Aber Mittag ist schon vorüber, meine Herren – wollen wir nicht mit unserem Picknick beginnen? Ich für meinen Teil bin mittlerweile hungrig!

So kam es, daß wir die Suche nach der Formel, die den in der Relativitätstheorie möglicherweise existierenden Zusammenhang zwischen Masse und Energie beschreiben sollte, erst einmal aufgaben. Statt dessen aßen wir vergnügt die Sandwiches, die ich aus der Cafeteria des CERN mitgebracht hatte.

15

Eine Formel, die die Welt veränderte

Nach dem Picknick wanderten wir eine Zeitlang über den Jurakamm. Newton lief schweigend neben uns her, während ich Einstein die Vorzüge der Juraberge pries – die Einsamkeit und Unberührtheit der Wälder, wie man sie sonst kaum noch in Westeuropa findet. Oft, wenn ich mit Problemen, die ich gerade am CERN bearbeitete, nicht recht weitergekommen war, hatte ich hier oben neue Ideen gefunden. In der Nähe eines Wäldchens ließen wir uns nieder. Sir Isaac überfiel uns sofort mit einem Problem, über das er wohl die ganze Zeit gegrübelt hatte.

Newton: Der Zusammenhang zwischen Masse und Energie, der offensichtlich in der Relativitätstheorie besteht, geht mir nicht aus dem Sinn. Ich habe nun folgende Überlegung: Der Ausdruck für die Energie eines schnell bewegten Objekts, genauer eines Objekts, das sich fast mit Lichtgeschwindigkeit bewegt, etwa eines Protons im CERN-Beschleuniger, wird sicherlich proportional der bewegten Masse M sein – wenn ich die Masse verdoppele, wird auch die Energie doppelt so groß sein. Da die bewegte Masse M immer größer wird, wenn wir uns der Lichtgeschwindigkeit Schritt für Schritt nähern, würde dies heißen, daß auch die Energie des betreffenden Objekts immer größer wird. Zum anderen sollte der gesuchte Ausdruck ebenso wie meine alte Formel $E = \frac{1}{2} mv^2$ das Quadrat der Geschwindigkeit beinhalten, denn die Bewegungsenergie eines Objekts ist nun einmal schon aufgrund der physikalischen Dimensionen eine Größe, die sich aus der Masse und dem Quadrat einer Geschwindigkeit zusammensetzen muß. Da letztere faktisch gleich der Lichtgeschwindigkeit c ist, könnte man vermuten, daß die gesuchte Beziehung zwischen der Masse und der Energie irgendwie das Produkt Mc^2 enthält, wobei M, wie gesagt, die bewegte, also von der Geschwindigkeit abhängige Masse des Objekts ist.

Ich habe auch schon mit dem Gedanken gespielt, daß die Energie einfach gegeben ist durch diese Formel, also durch $E = Mc^2$, oder auch durch einen Bruchteil oder ein Vielfaches dieses Ausdrucks, etwa durch $E = \frac{1}{2} Mc^2$. Zumindest was die physikalischen Dimensionen anbelangt, könnte dies ja durchaus zutreffen, denn die Formel Mc^2 erfüllt, was man von der Energie erwartet – sie enthält sowohl die Masse als auch das Quadrat einer Geschwindigkeit, in diesem Fall der Lichtgeschwindigkeit. Jedenfalls geht mir dieses Mc^2 nicht aus dem Sinn. Da ich mit M hier die Masse des sich schnell bewegenden Teilchens meine, kann ich diese Formel mit Hilfe des Gammafaktors auch umschreiben zu

$$E = m\gamma c^2,$$

wobei hier jetzt die Ruhemasse m auftritt. Ich würde es nicht für unmöglich halten, daß diese Formel für sehr schnell bewegte Teilchen richtig ist, zum Beispiel für Protonen im CERN-Beschleuniger, also für Teilchen, deren bewegte Masse M groß gegenüber der Ruhemasse ist.

Für kleine Geschwindigkeiten kann sie wohl nicht gelten, denn wir wissen ja, daß dann meine – beg your pardon – die Newtonsche Mechanik gültig ist, und diese besagt eben, daß die Bewegungsenergie eines Körpers durch $E = \frac{1}{2} mv^2$ gegeben ist. Wie erwartet, verschwindet diese Energie, wenn die Geschwindigkeit Null ist. Ein ruhender Körper besitzt entsprechend meiner Mechanik keine Energie.

Obige Gleichung ist nun sehr kurios. Wenn ich sie auch für kleine Geschwindigkeiten einmal ernst nehme, kann ich ohne weiteres zu dem Grenzfall übergehen, bei dem die Geschwindigkeit verschwindet, und in diesem Fall erhalte ich nicht Null. Da der Gammafaktor dann genau 1 ist, bekomme ich die recht merkwürdige Gleichung $E = mc^2$.

Ich nehme an, es handelt sich hier um eine unsinnige Beziehung, müßte man doch nach dieser Formel erwarten, daß auch in einem ruhenden Körper eine Energie vorhanden ist, und sogar eine – gemessen an unseren normalen Maßstäben – unglaublich große Energie, denn die Lichtgeschwindigkeit c ist nun einmal sehr groß.

Haller: Bevor wir weiter über diese Ihrer Meinung nach unsinnige Beziehung reden, möchte ich Sie auf eine kleine mathematische Kuriosität aufmerksam machen. Nehmen wir einmal an, wir betrachten die Formel, die Sie vorhin bereits einmal erwähnt haben, nämlich $E = Mc^2$, als absolut richtig für alle Geschwindigkeiten.

Newton: Aber das ist doch...

Haller: Nichts für ungut – lassen Sie mich das Argument bitte zu Ende bringen. Wir wollen diese Beziehung einmal für den Fall ausrechnen, daß v gegenüber der Lichtgeschwindigkeit c sehr klein ist. Eine kleine Hilfsrechnung vorher ist recht nützlich: Wenn x eine Zahl ist, die klein im Vergleich zu 1 ist, kann man schreiben:

$$\frac{1}{\sqrt{1-x}} \approx 1 + \frac{x}{2}$$

Diese mathematische Beziehung ist selbstverständlich nicht exakt richtig, sondern gilt eben nur für genügend kleine x, wobei sie auch da nicht exakt gültig ist, sondern nur angenähert. Nehmen wir als Beispiel einmal den Fall $x = 0{,}02$ an. Auf der linken Seite steht dann 1,0102. Auf der rechten Seite findet man 1,0100 – die Beziehung stimmt also recht gut.

Newton: Selbstverständlich, aber wozu brauchen Sie das?

Haller: Ganz einfach – ich benutze diese Beziehung und forme die Gleichung für die Energie entsprechend um, indem ich das Quadrat $(v/c)^2$ gleich x setze:

$$E = m\gamma c^2 = E = \frac{mc^2}{\sqrt{1-\left(\frac{v}{c}\right)^2}} \approx mc^2 \left(1 + \frac{v^2}{2c^2}\right) = mc^2 + \frac{1}{2} mv^2$$

– Mein Gesprächspartner sah kurz auf die Gleichung, die ich niedergeschrieben hatte, und sprang erregt auf, mit seinem Finger auf das Papier deutend.

Newton: Da steht sie, Mr. Einstein – meine Formel für die Energie, $\frac{1}{2}mv^2$. Warten Sie – lassen Sie mich die Rechnung noch einmal überprüfen – aber es gibt keinen Zweifel, es stimmt. Und weiter steht da mc^2. Gentlemen, wissen Sie, was das heißt? Falls unsere ursprüngliche Beziehung $E = Mc^2$ für alle Geschwindigkeiten richtig ist, nicht nur angenähert bei sehr großen Geschwindigkeiten, besteht die Energie eines bewegten Körpers bei kleinen Geschwindigkeiten aus zwei Teilen, meiner Bewegungsenergie, gegeben durch das wohlbekannte $\frac{1}{2}mv^2$, und einem weiteren Teil, dem mysteriösen $E = mc^2$. Wenn das stimmt, würde dies bedeuten, daß meine Bewegungsenergie, also $\frac{1}{2}mv^2$, eine winzige Korrektur darstellt, denn der Hauptteil der Energie eines Körpers steckt dann in der Ruhemasse, gegeben durch das vergleichsweise riesige mc^2.

Einstein: Das ist mir nichts Neues, Newton. Die Gesamtenergie eines Körpers ist in der Tat gegeben durch die Formel $E = Mc^2$. Ich habe diese Beziehung schon in meiner Arbeit zur Relativitätstheorie im Jahr 1905 abgeleitet. Die Energie eines massiven Körpers, der sich mit einer im Vergleich zu c kleinen Geschwindigkeit durch den Raum bewegt, besteht demzufolge aus den zwei Teilen, die Sie gerade erwähnten. Wenn die Geschwindigkeit Null ist, dann ist die Energie des Körpers in der Tat nicht Null, wie in Ihrer Mechanik, sondern ist gegeben durch $E = mc^2$, also aus der Ruhemasse des Körpers, multipliziert mit dem Quadrat der Lichtgeschwindigkeit.

Newton: Aber das ist doch eine riesige Energie! Wollen Sie wirklich behaupten, daß in einem ruhenden Körper, zum Beispiel in diesem Stein hier, den ich gerade in die Hand nehme, eine schier unermeßliche Energie verborgen ist?

Einstein: Genau das will ich sagen, Sir Isaac. Nach meiner Vorstellung gibt es keinen grundlegenden Unterschied zwischen Masse und Energie. Soweit ich eine frühere Bemerkung Hallers richtig verstanden habe, weiß man zwar auch heute noch nicht, warum manche Teilchen eine Masse haben. Die Masse eines solchen Teilchens jedoch ist in meinen Augen nichts weiter als »eingefrorene Energie«.

Newton lief nachdenklich einige Schritte hin und her und fragte dann mit erregter Stimme: »Wollen Sie mit der Bezeichnung ›eingefrorene Energie‹ etwa zum Ausdruck bringen, daß man die riesige ›eingefrorene Energie‹, die beispielsweise in diesem Stein ›eingefroren‹ ist, eventuell ›auftauen‹ kann? Das kann doch wohl nicht sein?«

»Eventuell könnte dies möglich sein.«

»Ist das Ihr Ernst?«

Newton sah plötzlich bleich und fahl aus, als hätte er nächtelang gearbeitet.

»Wenn Sie mir nicht glauben, fragen Sie Haller«, antwortete Einstein lakonisch.

Newton warf mir einen ungläubigen Blick zu: »Ich hoffe, Ihnen beiden ist klar: Wenn diese Formel stimmt, dann ergeben sich daraus schier unglaubliche Konsequenzen für unser Verständnis der Natur und vielleicht auch katastrophale Folgen für den ganzen Planeten. Wer könnte dann garantieren, daß die Materie in unserer Welt überhaupt stabil ist und sich nicht plötzlich in Energie, zum Beispiel in Lichtenergie, auflöst, etwa in Gestalt einer kaum vorstellbaren riesigen Explosion?«

Newton lief einige Schritte die Anhöhe hinauf, von der man eine gute Aussicht auf den See und die Alpenkette hatte. Einstein und ich blieben im Gras liegen.

Einstein: Wie denkt die Wissenschaft denn heute über meine Masse-Energie-Beziehung? Obwohl diese Formel jedem massiven Teilchen oder Körper eine sehr große Energie zuschreibt, ist ja noch nicht klar, ob man diese Energie überhaupt freisetzen kann, entweder ganz oder eventuell zu einem gewissen Teil. Darüber möchte ich gern Näheres erfahren. Doch ich glaube, wir müssen das noch etwas verschieben – Newton kommt zurück.

Newton: Wissen Sie, was ich mir gerade überlegt habe? Die Sonne – wir alle wissen, daß die Sonne täglich gewaltige Mengen an Energie abstrahlt, das meiste wohl als elektromagnetische Strahlungsenergie, und das schon Millionen, vielleicht sogar Milliarden Jahre lang.
Haller: Die Sonne existiert bereits mehr als 4 Milliarden Jahre.
Newton: Um so besser. Jedenfalls strahlt sie schon sehr lange. In Cambridge, zur Zeit, als ich mein Buch schrieb, wunderte ich mich bereits darüber: Wo soll diese Energie herkommen? Wenn es in der Tat so ist, daß Masse eine Art »eingefrorene Energie« darstellt, könnte man das Problem auf einfache Art lösen, vorausgesetzt, in der Sonne finden Prozesse statt, die es erlauben, diese riesige eingefrorene Massenenergie zu nutzen. Allerdings stellt sich dann die Frage, was das für Prozesse sind. Und wenn es überhaupt so ist, dann könnte es in der Tat möglich sein, diese Energie auch auf der Erde freizusetzen. Welche Aussichten! Man hätte für alle Zukunft genug Energie zur Verfügung.
Einstein: Mehr als genug, um den ganzen Planeten in die Luft, genauer ins Weltall zu sprengen.
Newton: Wir können ja einmal abschätzen, wie groß die Energiemenge ist, die laut Ihrer Formel einem Kilogramm Masse entspricht, und zwar in den heute gebräuchlichen Energieeinheiten Wattsekunden (Ws) oder Kilowattstunden (kWh). Wenn sich die Masse von 1 kg mit der Geschwindigkeit von 1 m/s bewegt, dann besitzt sie entsprechend meiner Mechanik eine Energie von $\frac{1}{2}\,mv^2$, also $\frac{1}{2}$ kg $(m/s)^2$, also $\frac{1}{2}$ Wattsekunden. Um den Energieinhalt entsprechend der Einstein-Beziehung herauszubekommen, muß ich nur v durch c ersetzen und mit 2 multiplizieren:

$$1\,\text{kg} \cdot c^2 = 1\,\text{kg} \cdot (3 \cdot 10^8\,\text{m/s})^2 = 9 \cdot 10^{16}\,\text{Ws} = 25 \cdot 10^9\,\text{kWh}$$
$$[1\,\text{kWh} = 3600\,\text{s} \cdot 1000\,\text{W} = 3{,}6 \cdot 10^6\,\text{Ws}]$$

Also fast 30 Milliarden Kilowattstunden, eine kaum noch vorstellbare Energiemenge.

Haller: Sie entspricht etwa der Energie, die ein sehr großes Kraftwerk mit der Leistung von 3 Megawatt in einem Jahr produziert. Ein Land wie die Schweiz könnte mit dieser Energie fast ein Jahr lang auskommen.

Ich glaube aber, es hat keinen Sinn, wenn wir hier noch weiter über die Masse-Energie-Formel philosophieren. Auch wenn Einsteins Formel aussagt, daß jeder Masse ein gewisses, vergleichsweise großes Energieäquivalent zuzuordnen ist, so bedeutet das ja noch nicht, daß man diese Energiemengen auch wirklich vollständig freisetzen kann. In den Jahren seit dem Zweiten Weltkrieg, seit 1945, hat sich allerdings einiges ereignet, was mit dieser Umsetzung von Masse in Energie, also mit Einsteins Formel, verbunden ist. Ich halte es für das beste, wenn wir die Angelegenheit in der Folge systematisch besprechen.

Einstein: Wir wollen sogleich damit beginnen, Herr Haller. Bei dieser Diskussion müssen Sie allerdings die Initiative übernehmen, weil Newton als auch ich – nun, Sie verstehen...

Haller: Ich habe hier eine Kopie der Arbeit von Ihnen aus dem Jahre 1905 mitgebracht. [Siehe Abb. 15–1.]

Einstein: Sie meinen die zweite, nur drei Seiten lange Arbeit über die Relativitätstheorie in den »Annalen der Physik«?

Haller: Ja – eine kurze Arbeit, aber gemessen an ihren Konsequenzen nicht nur für die Physik, sondern für unser heutiges Verständnis der Natur und für den heutigen Zustand der Welt vielleicht die bedeutungsvollste naturwissenschaftliche Arbeit des 20. Jahrhunderts. Ich schlage vor, Sie lesen die entscheidenden Schlußfolgerungen am Ende der Arbeit einmal vor.

Einstein: »Gibt ein Körper die Energie L in Form von Strahlung ab, so verkleinert sich seine Masse um L/V^2 – V ist übrigens hier die Lichtgeschwindigkeit, die wir neuerdings immer mit c bezeichnen. Hierbei ist es offenbar unwesentlich, daß die dem Körper entzogene Energie gerade in Energie der Strahlung übergeht, so daß wir zu der allgemeineren Folgerung geführt werden: Die Masse eines Körpers ist ein Maß für dessen Energieinhalt; ändert sich die Energie um L, so ändert sich die Masse in demselben Sinne um $L/9 \cdot 10^{20}$, wenn die Energie in Erg und die Masse in

13. ***Ist die Trägheit eines Körpers von seinem Energieinhalt abhängig?***
von A. Einstein.

Die Resultate einer jüngst in diesen Annalen von mir publizierten elektrodynamischen Untersuchung[1]) führen zu einer sehr interessanten Folgerung, die hier abgeleitet werden soll.

Ich legte dort die Maxwell-Hertzschen Gleichungen für den leeren Raum nebst dem Maxwellschen Ausdruck für die elektromagnetische Energie des Raumes zugrunde und außerdem das Prinzip:

Die Gesetze, nach denen sich die Zustände der physikalischen Systeme ändern, sind unabhängig davon, auf welches von zwei relativ zueinander in gleichförmiger Parallel-Translationsbewegung befindlichen Koordinatensystemen diese Zustandsänderungen bezogen werden (Relativitätsprinzip).

Gestützt auf diese Grundlagen[2]) leitete ich unter anderem das nachfolgende Resultat ab (l. c. § 8):

Ein System von ebenen Lichtwellen besitze, auf das Koordinatensystem (x, y, z) bezogen, die Energie l; die Strahlrichtung (Wellennormale) bilde den Winkel φ mit der x-Achse des Systems. Führt man ein neues, gegen das System (x, y, z) in gleichförmiger Paralleltranslation begriffenes Koordinatensystem (ξ, η, ζ) ein, dessen Ursprung sich mit der Geschwindigkeit v längs der x-Achse bewegt, so besitzt die genannte Lichtmenge — im System (ξ, η, ζ) gemessen — die Energie:

$$l^* = l \frac{1 - \frac{v}{V} \cos \varphi}{\sqrt{1 - \left(\frac{v}{V}\right)^2}},$$

wobei V die Lichtgeschwindigkeit bedeutet. Von diesem Resultat machen wir im folgenden Gebrauch.

1) A. Einstein, Ann. d. Phys. **17.** p. 891. 1905.

2) Das dort benutzte Prinzip der Konstanz der Lichtgeschwindigkeit ist natürlich in den Maxwellschen Gleichungen enthalten.

42*

Abb. 15–1 Die erste Seite der Arbeit von Albert Einstein in den »Annalen der Physik«, Band 18 (1905), S. 639, über den Energieinhalt massiver Körper. In dieser Arbeit wird zum erstenmal die Relation zwischen Masse und Energie diskutiert. (Abgedruckt mit Erlaubnis von: Albert Einstein Archives, American Friends of Hebrew University, New York.)

Grammen gemessen wird. Es ist nicht ausgeschlossen, daß bei Körpern, deren Energieinhalt in hohem Maße veränderlich ist (z. B. bei den Radiumsalzen), eine Prüfung der Theorie gelingen wird.« Zitat Ende.
Haller: Nebenbei, Sir Isaac – Erg ist eine heute nur noch selten gebrauchte Energieeinheit: $1\,\mathrm{Ws} = 10^7\,\mathrm{Erg}$. Nun zur Sache. Wie wir sehen, hat Einstein bereits in dieser ersten Arbeit über die Energie-Masse-Beziehung vorausgesagt, daß es möglich sein werde, die Theorie zu prüfen, indem man zum Beispiel die Energieabstrahlung des Elements Radium näher untersucht. Zugleich hat er ein Beispiel angegeben, bei dem man die Wichtigkeit der Energieformel sofort einsehen kann. Herr Einstein, ich hoffe, Sie gestatten mir, daß ich dieses Beispiel hier anführe, allerdings in einer etwas modifizierten Form. Wenn ein Körper Energie abstrahlt, zum Beispiel in Gestalt von elektromagnetischer Strahlung, dann verliert er gleichzeitig an Masse. Eine glühende Stahlkugel etwa strahlt elektromagnetische Energie in Gestalt von Wärmestrahlung ab. Nehmen wir mal an, daß die Kugel insgesamt die Energie E abstrahlt, bis sie sich schließlich auf Zimmertemperatur abgekühlt hat. Entsprechend der Einsteinschen Formel hat diese Energie ein Massenäquivalent von E/c^2. Wenn ich also die Kugel vor dem Abkühlen und nach dem Abkühlen genau wiegen würde, so müßte ich feststellen, daß die Kugel nach dem Abkühlen um den Betrag E/c^2 leichter geworden ist. Wegen der Größe der Lichtgeschwindigkeit ist dieser Massenunterschied indes so winzig, daß man ihn nicht direkt messen kann.

Ein anderes Beispiel: Eine brennende Glühbirne, die eine Leistung von 100 Watt hat, emittiert im Verlauf einer Stunde die Energie, die einer Masse von 10^{-12} kg entspricht, ebenfalls eine winzige, nicht direkt nachweisbare Masse.

Es gibt jedoch Prozesse, bei denen man den Massenunterschied sofort bemerkt. Allerdings handelt es sich hierbei immer um Prozesse der Atom-, Kern- und Teilchenphysik. Einen davon will ich hier näher erläutern. Schauen wir uns doch einmal den Atomkern des schweren Wasserstoffs näher an.

Newton: Ich weiß zwar, was normaler Wasserstoff ist, aber schwerer?
Haller: Es gibt eine seltene Form des Wasserstoffs, dessen Atomkern nicht aus einem Proton besteht, wie beim normalen Wasserstoff, sondern aus einem gebundenen System, das sich aus einem Proton und einem Neutron zusammensetzt. Neutronen – Sie erinnern sich – sind elektrisch neutrale Teilchen, die sich in vieler Hinsicht wie Protonen verhalten. Jedenfalls verbinden sich ein Proton und ein Neutron zu einem neuen Objekt, das man als Deuteron bezeichnet. Die elektrische Ladung des Deuterons ist natürlich gleich der Ladung des Protons. Deshalb ist es ohne weiteres möglich, ein normales Wasserstoffatom zu nehmen und seinen Atomkern, also das Proton, mit einem Deuteron zu vertauschen. Dieses Atom hat jetzt eine größere Masse als das normale Wasserstoffatom, da die Deuteronen schwerer sind als die Protonen – deshalb nennt man diese Art von Wasserstoff den schweren Wasserstoff, oft auch Deuterium. Ein geringer Teil, ungefähr 0,016% des Wasserstoffs, den man in natürlicher Form auf der Erde findet, etwa chemisch gebunden im Wasser der Ozeane, ist schwerer Wasserstoff. Wenn man die Größe der Ozeane berücksichtigt, ist die Gesamtmenge des auf der Erde vorhandenen Deuteriums trotz des sehr kleinen Prozentsatzes natürlich sehr groß.
Einstein: Warum verbinden sich überhaupt das Proton und das Neutron zu einem Deuteron? Liegt das womöglich an den Atomkernkräften?
Haller: Ja. Zwischen dem Proton und dem Neutron herrschen sehr starke Kräfte, die Kernkräfte. Ein Proton und ein Neutron ziehen sich sehr stark an, wenn man sie nahe zueinanderbringt: Sie verbinden sich dann zu einem Deuteron.
Einstein: Ich glaube schon zu begreifen, worauf Sie hinauswollen. Können Sie uns etwas Genaueres über die Massen der Protonen, Neutronen und Deuteronen sagen?
Haller, ein kleines Buch hervorziehend: Ich habe hier ein Buch, das in regelmäßigen Abständen neu herausgegeben wird und das eine Menge von Angaben über die Elementarteilchen enthält,

darunter natürlich auch die Massen der Teilchen. Übrigens gibt man in der Teilchenphysik die Massen der Teilchen im allgemeinen nicht in Gramm oder Kilogramm an, da man dann mit sehr kleinen Zahlen rechnen müßte, sondern man benutzt gleich Einsteins Energieformel und rechnet die Massen in Energieeinheiten um, wobei meist das schon erwähnte Elektronenvolt Verwendung findet.

Newton: Ein interessanter Trick. Wie groß ist denn die Masse eines Protons, genauer eines ruhenden Protons, wenn man sie in Elektronenvolt ausdrückt?

Haller: Ich habe hier eine Tabelle, der Sie die Massen entnehmen können, sowohl in Elektronenvolt, genauer in Megaelektronenvolt, abgekürzt MeV – ein MeV ist eine Million eV, also 10^6 eV –, als auch in Kilogramm.

Protonmasse	938,3 MeV $\div$ 1,673 $\cdot$ 10^{-27} kg
Neutronmasse	939,6 MeV $\div$ 1,674 $\cdot$ 10^{-27} kg
Deuteronmasse	1875,7 MeV $\div$ 3,343 $\cdot$ 10^{-27} kg

Wenn Sie erlauben, kann ich bei dieser Gelegenheit auch die Masse meines eigenen Körpers in MeV ausdrücken:

Masse Haller $4{,}49 \cdot 10^{31}$ MeV $\div$ 80 kg

Einstein, nachdem er zwei Zahlen addiert hatte: Habe ich es mir doch gleich gedacht. Sehen Sie, Newton – da das Deuteron aus einem Proton und einem Neutron besteht, könnte man denken, daß seine Masse gleich oder ungefähr gleich der Summe von Protonmasse und Neutronmasse ist. Wenn Sie beide Massen addieren, erhalten Sie jedoch 1877,9 MeV, das sind 2,2 MeV bzw. $0{,}004 \cdot 10^{-27}$ kg mehr als die Deuteronmasse.

Newton: Wie kann das sein? Mr. Haller, Sie sagten doch vorhin, daß man ein Deuteron zusammenbauen kann, wenn man ein Pro-

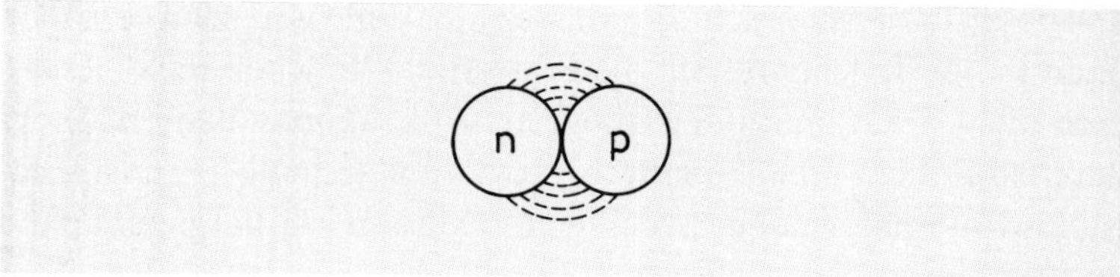

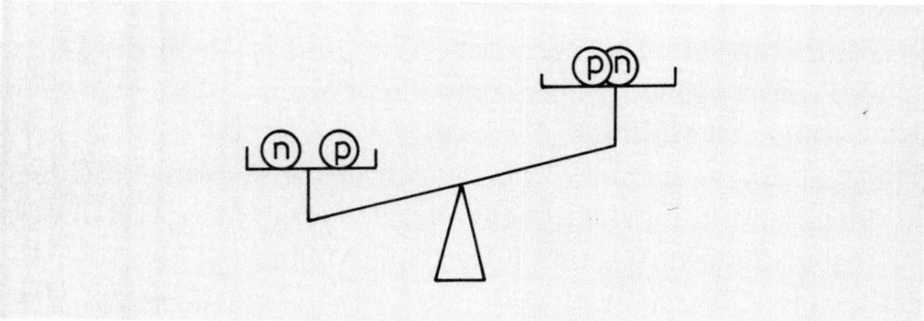

Abb. 15–2 Der Atomkern des schweren Wasserstoffs, das Deuteron, besteht aus einem Proton p und einem Neutron n, die durch die Kernkraft zusammengehalten werden. Um die beiden Teile voneinander zu trennen, muß man eine Energie von mindestens 2,2 MeV zuführen. Um diesen Betrag ist die Masse des Deuterons, ausgedrückt in Energieeinheiten, geringer als die Summe der Massen der beiden Konstituenten.

Abb. 15–3 Die Masse des Deuterons ist etwa 0,12% geringer als die Summe der Proton- und der Neutronmasse; man spricht von einem Massendefekt.

ton und ein Neutron zusammenfügt. Wieso ist dann die Deuteronmasse nicht gleich oder zumindest angenähert gleich der Summe der Massen der beiden Teile?
Haller: Wenn Sie das Experiment im Labor, etwa am CERN, wirklich durchführen, also ein Proton und ein Neutron langsam immer näher zusammenbringen, erhalten Sie nicht nur ein Deuteron, sondern gleichzeitig wird Energie in Gestalt von Photonen, also von elektromagnetischer Strahlungsenergie, abgestrahlt. Diese Energie entspricht genau der fehlenden Masse. Da die Summe der Massen der beiden Konstituenten des Deuterons etwas größer als die Deuteronmasse ist, spricht man hier übrigens

von einem Massendefekt – man könnte aber ebenso von einem Massendefizit sprechen. Wir haben hier also einen Prozeß vor uns, der genau dem entspricht, was Einstein in seiner dreiseitigen Arbeit geschildert hat: Ein System gibt Energie in Gestalt von elektromagnetischer Strahlung ab und verliert dabei an Masse.
Einstein: Bei der Bildung des Deuterons werden also 2,2 MeV an Energie freigesetzt, das sind etwa 1 Promille der Masse des Deuterons. Das bedeutet: Etwa ein Tausendstel der ursprünglich zur Verfügung stehenden Masse hat sich in Energie umgesetzt.
Haller: Übrigens muß man genau diese 2,2 MeV aufwenden, wenn man ein Deuteron wieder in seine Bestandteile zerspalten will, also in ein Proton und ein Neutron. Im Labor ist das ohne weiteres durchführbar – nur, wie gesagt, es kostet Energie.
Newton: Ich habe kein rechtes Gefühl, wie groß die Energiemenge von 2,2 MeV wirklich ist, während ich mir die Energiemenge von einer Kilowattstunde ganz gut vorstellen kann.
Haller: Kein Problem. Wir können diese Energie, also die Bindungsenergie des Deuterons, ebenso in Kilowattstunden ausdrükken. Nur fürchte ich, daß dies bezüglich Ihres und auch meines

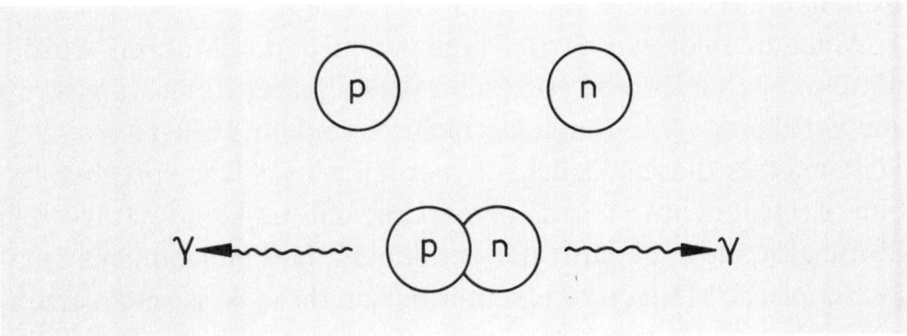

Abb. 15–4 Wenn man ein Proton und ein Neutron zusammenfügt, wird Strahlung in Gestalt von Photonen abgegeben. Beispielsweise können ein Photon nach der einen Seite und ein zweites Photon genau nach der entgegengesetzten Seite abgestrahlt werden, wobei jedes Photon die Energie von 1,1 MeV besitzt. Die Summe der beiden Photonenenergien, also 2,2 MeV, entspricht genau dem Unterschied zwischen der Deuteronmasse und der Summe der Massen der beiden Konstituenten.

Vorstellungsvermögens nicht viel hilft, denn man erhält einen winzigen Betrag, laut Aussage meines Taschenrechners ziemlich genau 10^{-19} kWh.
Newton: Nehmen wir einmal an, ich habe eine große Menge von Protonen, Neutronen als auch Elektronen. Jeweils ein Proton und ein Neutron füge ich zu einem Deuteron zusammen. Das Deuteron wird noch mit einem Elektron zusammengebracht, so daß ich damit ein Atom des schweren Wasserstoffs konstruiert habe. Wenn ich auf diese Weise eine makroskopische Menge, sagen wir 1 kg, des schweren Wasserstoffs produziert habe, dürfte doch eine ganze Menge Energie freigesetzt worden sein.
Einstein: Das läßt sich leicht ausrechnen. Vorhin sagten wir bereits, daß sich bei der Bildung des Deuterons etwa ein Tausendstel der Gesamtmasse in Energie umsetzt. Wenn wir nun von einem Kilogramm schweren Wasserstoffs ausgehen, dann haben wir ein Tausendstel davon, also ein Gramm, in Energie umgewandelt. Entsprechend meiner Formel $E = mc^2$ und der Rechnung, die wir vorhin durchgeführt haben, entsprechen ein Gramm Masse etwa 25 Millionen Kilowattstunden an Energie. Diese enorme Energie würde also freigesetzt, vornehmlich in Gestalt von elektromagnetischer Strahlung, wenn wir ein Kilogramm Deuterium aus Neutronen und normalem Wasserstoff herstellen.

Wenn man diesen Prozeß ganz schnell durchführen würde, hätte man eine Bombe von kaum vorstellbarer Zerstörungskraft zur Verfügung. Gibt Ihnen das nicht zu denken, Haller?
Haller: Über diese Möglichkeit werden wir noch zu sprechen haben. Jetzt möchte ich nur bemerken, daß es keine natürlichen Stoffe gibt, die nur Neutronen beinhalten. Deshalb kann man makroskopische Mengen von Deuterium auf diese Weise nicht erzeugen – damit läßt sich jedenfalls auf die angegebene Art weder Energie gewinnen noch eine Bombe herstellen.

Aber es ist spät geworden. Wollen wir noch hierbleiben oder zurückfahren?
– Keiner von uns hatte Lust, jetzt schon die Rückfahrt anzutreten; statt dessen wollten wir auch noch den Abend auf dem Jura verbringen. Da es kühler wurde, gingen Newton und Einstein in den

Wald, etwas trockenes Holz zu sammeln, während ich eine vorhandene Feuerstelle reinigte und Feuer zu machen versuchte, was nach einigen vergeblichen Versuchen gelang. Newton und Einstein brachten Holz in Fülle, um damit den ganzen Abend ein prasselndes und wärmendes Feuer zu unterhalten.

16

Die Kraft der Sonne

Wir machten es vor dem Feuer bequem, um die Wärme zu genießen – die Sonne stand schon tief im Westen und hatte kaum noch Kraft.

Newton, mit etwas Ironie in der Stimme: Wenn wir uns jetzt hier am Feuer wärmen können, haben wir das im Grunde auch Ihnen, Mr. Einstein, zu verdanken, denn die elektromagnetische Strahlungsenergie, die unser Feuer hier abstrahlt, kommt ja letztlich dadurch zustande, daß sich ein kleiner Teil der Masse des Brennmaterials in Energie umwandelt.

Einstein, ebenso ironisch: Das würde ich nicht so sehen, Mr. Newton. In erster Linie ist es für unser Feuer wohl wichtig, daß wir überhaupt Brennmaterial zur Verfügung haben. Ohne das trokkene Holz, das wir herangeschleppt haben, gäbe es kein Feuer – mit Steinen kann man eben kein Feuer machen, obwohl auch sie eine Masse haben.

In meine Masse-Energie-Beziehung geht jedoch nur die Masse ein – ich will damit sagen, daß diese Formel nur einen kleinen, hier allerdings recht unerheblichen Teil der Angelegenheit beschreibt. Ob man letztlich Energie wirklich aus Masse gewinnen kann, hängt von ganz anderen Details der Materie ab. Mich und meine Formel können Sie dafür schwerlich verantwortlich machen.

Newton: Das will ich auch in keiner Weise. Ich finde es lediglich interessant, daß mir Ihre Masse-Energie-Beziehung völlig neue Horizonte eröffnet hat, und ich bin gerade dabei, das wechselvolle Panorama dieser Horizonte zu erkunden.

Haller: Meine Herren, sollten wir nicht in unseren Betrachtungen fortfahren? Bei chemischen Prozessen, wie hier bei der Verbrennung des Holzes, von einer Umwandlung der Masse in Strahlungsenergie zu sprechen ist zwar nicht falsch, aber kaum von Nutzen – der Effekt ist so winzig, daß man ihn getrost vernachlässigen kann. Zwar sind die Verbrennungsprodukte, die von unserem Feuer übrigbleiben, etwas leichter als die Ausgangsprodukte vor der Verbrennung, jedoch nur um etwa ein Zehnmilliardstel der Ausgangsmasse. Übrigens sind die Chemiker heute in der Lage, die Stoffe vor und nach einer Verbrennung bis auf ein Zehnmillionstel der entsprechenden beteiligten Massen zu bestimmen. Man müßte also die Genauigkeit solcher Messungen um einen weiteren Faktor 1000 verbessern, um den durch die Relativitätstheorie vorausgesagten Massenschwund zu bestimmen. Im Grunde haben also die Chemiker ganz recht, wenn sie nicht nur von einer Erhaltung der Energie sprechen, sondern auch von einer Erhaltung der Masse. Letztere ist zwar nicht ganz exakt, aber im Rahmen der heute erzielbaren Meßgenauigkeit eben doch zu rechtfertigen.

Immer wenn ein wesentlicher Teil der beteiligten Masse in Energie umgewandelt wird, handelt es sich um Reaktionen aus dem Bereich der Atomkern- oder Teilchenphysik – so bei dem vorhin besprochenen Beispiel der Erzeugung von Deuterium.

Newton: Demnach würde ich vermuten, daß es sich bei den Reaktionen, die für die Energiegewinnung der Sonne verantwortlich sind, um Atomkernreaktionen handelt.

Haller: Wenn man die Materie in der Sonne oder auch in den Sternen untersucht, stellt man fest, daß ein großer Teil der Sternenmaterie aus Helium, einem Edelgas, besteht. Etwa 1/4 der Materie im Universum ist nichts weiter als Helium. Das Atom des Helium besteht aus zwei Elektronen in der Hülle und einem Kern, der sich aus zwei Protonen und zwei Neutronen zusammensetzt und für den es eine spezielle Bezeichnung gibt – man nennt dieses Gebilde ein Alphateilchen bzw. α-Teilchen.

Interessant wird es, wenn wir diesen Kern etwas näher betrachten. Wenn wir entsprechend der Einsteinschen Beziehung seine Masse in Energieeinheiten ausdrücken, erhalten wir

$$m_\alpha = 3727{,}5 \text{ MeV}.$$

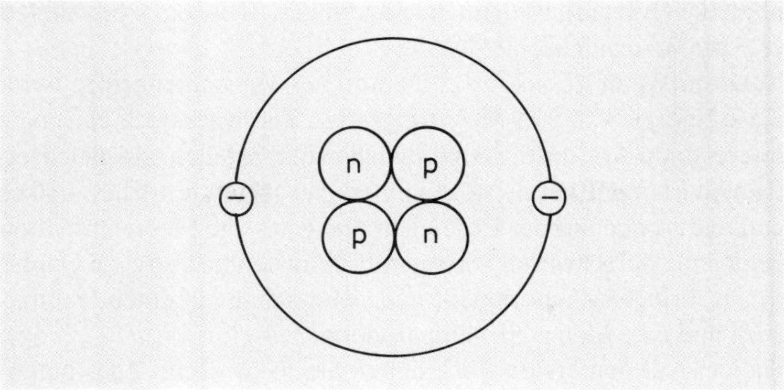

Abb. 16–1 Ein schematisches Bild des Heliumatoms, bestehend aus zwei Elektronen in der Hülle und einem Kern, der sich aus zwei Protonen und zwei Neutronen zusammensetzt. Der Kern ist überproportional groß dargestellt.

Newton: Was für ein merkwürdiger Atomkern! Ich habe seine Masse gerade mit der Summe der Massen der Konstituenten, also zwei Protonenmassen plus zwei Neutronenmassen, verglichen. Letztere ist immerhin 3755,8 MeV, das sind 28,3 MeV mehr als die Masse des Alphateilchens. Das ist eine ganz ansehnliche Energie oder Masse: Sie entspricht immerhin fast 0,8 % der Gesamtmasse des Alphateilchens. Diese Energie wird also freigesetzt, wenn man zwei Neutronen und zwei Protonen zu einem Alphateilchen zusammenfügt. Beim Deuteron waren es nur 2,2 MeV Bindungsenergie – nur etwa ein Promille der Masse des Deuterons.
Einstein: Das bedeutet wohl, der Atomkern des Helium ist ein relativ stabiles Gebilde – die vier Konstituenten sind besonders stark gebunden.
Haller: Übrigens hängt diese Eigenschaft des Heliumkerns mit ganz spezifischen Eigenschaften der Kernkräfte zusammen, über die wir jetzt allerdings nicht näher reden sollten.

Man kann das Alphateilchen durchaus als ein gebundenes System betrachten, das aus zwei Deuteronen besteht. Der Massendefekt, der sich bei der Bindung der beiden Deuteronen zum Alphateilchen ergibt, ist dann etwas geringer als die oben erwähnten 28,3 MeV, nämlich 23,9 MeV.

Newton: Wenn ich also zwei Deuteronen zusammenbringe, wird diese Energie von 23,9 MeV freigesetzt. Das wäre doch eine ganz interessante Art, um ein Alphateilchen herzustellen und gleichzeitig eine Menge Energie zu gewinnen. Sie sagten ja vorhin, daß es an Deuteronen auf der Erde nicht mangelt – die Meere enthalten genügend viel schweren Wasserstoff. Man nehme also zwei Deuteronen, bringe sie zusammen, und siehe – man hat einen Heliumkern und eine Menge Strahlungsenergie.

Haller: Auf den ersten Blick haben Sie recht. Beim Zusammenbringen zweier Deuteronen – man nennt so etwas auch die Fusion zweier Deuteronen – wird etwas mehr als zehnmal soviel Energie frei wie bei der Fusion eines Protons und eines Neutrons. Wenn wir ein Kilogramm Helium durch die Fusion von Deuterium herstellen würden, dann erhielten wir die stattliche Energie von 200 Millionen kWh.

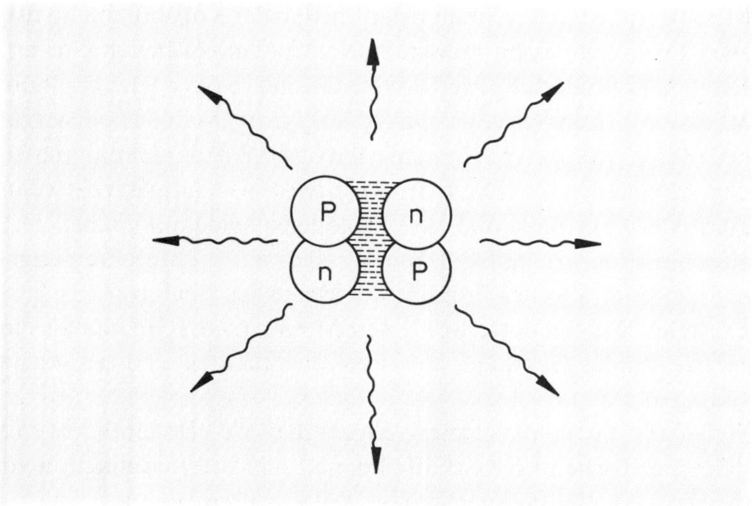

Abb. 16–2 Bei der Fusion zweier Deuteronen zu einem Alphateilchen, also zu einem Heliumkern, werden etwa 24 MeV an Energie freigesetzt, die in Gestalt elektromagnetischer Strahlung abgeführt wird.

Das klingt recht einfach, ist es jedoch in keiner Weise. Ein ernstes Problem besteht in der Tatsache, daß die Deuteronen ebenso wie die Protonen elektrisch positiv geladen sind. Zwei Deuteronen stoßen sich also elektrisch ab. Um sie zu einem Alphateilchen zu verschmelzen, muß man diese Abstoßung überwinden und die Deuteronen so nahe zueinanderbringen, daß letztlich die Atomkernkräfte wirksam werden.

Einstein: Bei welchem Abstand passiert das etwa?

Haller: Bei etwa 10^{-12} cm – das ist etwa 1/10000 der Ausdehnung eines Atoms.

Einstein: Dann viel Vergnügen! Die Chance, daß sich zwei Deuteronen so nahe kommen, wenn man sie aufeinanderschießt, dürfte recht klein sein, zumal man die elektrische Abstoßung zwischen den beiden Teilchen überwinden muß.

Haller: Genau darin besteht das Problem. Es ist leicht, ab und zu einen Fusionsprozeß zu erhalten, wenn wir Deuteronen auf Deuteronen schießen. Nur muß die Energie der Teilchen hoch genug sein, um die Abstoßung zu überwinden. Allerdings gelingt es nur den wenigsten Deuteronen, an einem Fusionsprozeß teilzunehmen. Die meisten Deuteronen fliegen einfach aneinander vorbei. Man hat diese Prozesse genau untersucht, und es stellte sich heraus, daß die Energie, die man benötigt, um die Teilchen auf die erforderliche Energie zu beschleunigen, so daß die Fusion überhaupt möglich ist, weitaus größer als die Energie ist, die man durch die gelegentlichen Fusionsprozesse gewinnen könnte. Mit anderen Worten: Auf diese Weise läßt sich keine Energie gewinnen, sondern man verliert sogar Energie.

Einstein: Das habe ich von Anfang an vermutet. Mir kam aber gerade eine andere Idee. Wir könnten daran denken, schweren Wasserstoff zu erhitzen. Wenn wir einen Stoff stark aufheizen, so bedeutet dies ja weiter nichts, als daß die Bewegungsenergie der Atome oder der Teilchen, die den Stoff aufbauen, entsprechend erhöht wird. Bei irgendeiner wahrscheinlich recht hohen Temperatur wird es dann passieren, daß zuerst einzelne, bei noch höherer Temperatur dann viele Deuteriumkerne, also Deuteronen, bei ihren recht häufigen Zusammenstößen die elektrische Absto-

ßung überwinden und einen Fusionsprozeß durchführen. Mit anderen Worten: Wenn der schwere Wasserstoff heiß genug ist, würde der Fusionsprozeß automatisch eingeleitet – eine Art nukleares Brennen der Materie beginnt, ein Prozeß, der sich sogar explosionsartig ausbreiten dürfte, falls genügend Deuterium vorhanden ist.
Newton: Vielleicht ist das der Prozeß, der für die Energieerzeugung auf der Sonne verantwortlich ist?
Haller: Bitte, eins nach dem anderen. Zweifellos ist Einsteins Idee richtig. Die Kernfusion wird bei einer gewissen Temperatur automatisch einsetzen. Allerdings zeigt sich, daß diese Temperatur sehr hoch ist, jedenfalls gemessen an unseren Vorstellungen, die sich ja an den auf der Erdoberfläche üblichen Temperaturen orientieren. Um die elektrische Abstoßung der Deuteronen untereinander zu überwinden, müssen die beteiligten Deuteronen eine Energie von einigen MeV besitzen. Es ist leicht, daraus die nötige Temperatur zu berechnen. Wenn man sicherstellen will, daß die mittlere Energie der Deuteronen im Bereich von einigen MeV liegt, benötigt man Temperaturen von der Größenordnung von 10^{10}, also zehn Milliarden Grad. Das ist eine kaum vorstellbar hohe Temperatur.

Allerdings ist es für die Fusion nicht nötig, daß alle vorhandenen Deuteronen die erforderliche Energie besitzen. Auch bei erheblich geringeren Temperaturen ist die Energie eines kleinen Prozentsatzes der Deuteronen noch groß genug. Um den Fusionsprozeß einzuleiten, würde deshalb eine Temperatur von etwa 10^8, also 100 Millionen Grad, ausreichen.
Newton: Mir ist nicht klar, was es heißt, einen Stoff wie schweren Wasserstoff auf 100 Millionen Grad aufzuheizen. Was passiert denn bei so hohen Temperaturen mit den Atomen?
Haller: Die Antwort ist überaus einfach – es gibt keine Atome mehr. Sobald beim Erhitzen des Deuterium die Energie der kollidierenden Atome die Größenordnung von einigen 10 eV übersteigt, werden die Elektronen aus dem Atomverband herausgeschlagen. Die Energie, die benötigt wird, um ein Elektron aus dem Atom zu entfernen, ist nämlich von dieser Größenordnung. Beim normalen Wasserstoff beträgt sie beispielsweise 13,6 eV.

Damit ist klar, daß bei Temperaturen von mehr als einigen Millionen Grad keine Atome im schweren Wasserstoff mehr vorhanden sind. Statt dessen hat man es mit einem hocherhitzten Gemisch von Deuteronen und Elektronen zu tun, das man als Plasma bezeichnet. Wenn man allerdings ein solches Plasma herstellt und auf die erforderlichen Temperaturen von etwas weniger als 100 Millionen Grad erhitzt, wird der Fusionsprozeß einsetzen – das thermonukleare Brennen beginnt.

Newton: Kehren wir kurz zur Sonne zurück. Nach allem, was Sie bislang sagten, vermute ich, daß die Energie der Sonne tatsächlich auf diese Weise erzeugt wird, also durch thermonukleares Verbrennen von schwerem Wasserstoff.

Haller: Im wesentlichen trifft das zu. Im Inneren der Sonne sind die Temperaturen tatsächlich hoch genug, so daß eine Fusion stattfindet und damit ein erheblicher Teil der Masse entsprechend Einsteins $E = mc^2$ in Strahlungsenergie umgewandelt wird. Es stimmt auch, daß die Energie durch die Synthese von Helium gewonnen wird. Der Prozeß, den wir gerade betrachtet haben, also die Synthese eines Heliumkerns durch die Fusion von zwei Deuteronen, ist aber für die Energiegewinnung der Sonne nur von untergeordneter Bedeutung. Der Hauptteil der Sonnenenergie stammt aus einem etwas komplizierteren Prozeß, der über mehrere Stufen abläuft und der letztlich die Synthese des Heliums aus normalen Wasserstoffkernen, also aus Protonen, beinhaltet.

Einstein: Der Heliumkern enthält zwei Neutronen. Wo kommen die denn her, wenn der Ausgangsstoff normaler Wasserstoff ist, dessen Kern bekanntlich nur aus einem Proton besteht?

Haller: Wie gesagt, der Prozeß läuft über mehrere Stufen, wobei die Neutronen aus den Protonen gebildet werden. Wir wissen heute, daß die Protonen und die Neutronen eng miteinander verwandt sind, und es ist möglich, ein Proton in ein Neutron umzuwandeln. Bei einem solchen Prozeß spielen allerdings auch noch andere Teilchen eine Rolle, insbesondere die Elektronen und die schon früher einmal erwähnten Neutrinoteilchen. Aber auf die Details sollten wir hier nicht eingehen. Jedenfalls ist es möglich, in mehreren Schritten auch normalen Wasserstoff in Helium umzuwandeln.

Newton: Ich nehme an, es ist nicht besonders schwierig abzuschätzen, wieviel Energie die Sonne in der Zeiteinheit, sagen wir in einer Sekunde, abstrahlt. Hieraus könnten wir dann berechnen, wieviel die Sonne in der Sekunde an Masse verliert.
Haller: Das ist leicht getan. Wenn ich mich recht erinnere, beträgt die Energieleistung der Sonne etwa $3{,}7 \cdot 10^{23}$ Kilowatt, wovon natürlich nur ein verschwindend geringer Bruchteil unserer Erde in Gestalt der elektromagnetischen Sonnenstrahlung zugute kommt, ich glaube, es sind etwa 10^{11} Kilowatt – immerhin ungefähr 100000mal mehr, als alle heute auf der Erde befindlichen Kraftwerke erzeugen.

Aus dieser Energieleistung kann man leicht den Massenverlust berechnen, den die Sonne in der Sekunde als Folge der Einsteinschen Beziehung erleidet, nämlich 4 Millionen Tonnen pro Sekunde.
Newton: Eine beachtliche Menge. Wenn man bedenkt, daß die Sonne diesen Verlust schon mehrere Milliarden Jahre erfährt, könnte man vermuten, daß es nicht mehr lange so weitergehen kann.
Haller: Keine Bedenken. Die Sonne kann diesen Massenverlust noch einige Milliarden Jahre verkraften, ohne daß Probleme auftreten. Eines jedoch ist klar: Die Sonne und die Sterne leuchten nur, weil die Möglichkeit besteht, massive Materie in Strahlung umzuwandeln, wobei die Energiebilanz durch Einsteins Relation diktiert wird. Ohne diese Zerstrahlung der Sonnenmasse durch das thermonukleare Brennen des Wasserstoffs gäbe es keine Sonnenenergie, damit auch kein Leben auf der Erde.
Newton: Ohne Relativitätstheorie wäre also Leben im Weltraum nicht möglich – es würde nur kalte Materie existieren.
Einstein: Sie übertreiben, lieber Newton. Meine Gleichung bestimmt, wie Haller vorhin zutreffend sagte, nur die Energiebilanz. Daß die Kernfusion wirklich möglich ist, liegt nicht an meiner Gleichung, sondern an der speziellen Natur der Kernkräfte. Es ist wie bei einer Bank: Meine Gleichung garantiert, daß die Bilanzen stimmen und die Buchhaltung keine Fehler macht. Das nötige Geld muß die Bank sich auf andere Weise beschaffen.

Newton: Nun aber zurück auf die Erde. Was die Sonne kann, müßte der Mensch im Prinzip ja auch auf der Erde nachmachen können. Kann man heute die Fusion der Atomkerne auch auf der Erde durchführen?
Haller: Sie werden später verstehen, warum ich diese Frage jetzt nicht eindeutig mit Ja oder Nein beantworten möchte. Ich schlage vor, daß wir zunächst noch eine andere Art von Energiegewinnung durch Kernprozesse diskutieren, nämlich die Möglichkeit, durch eine Spaltung von Atomkernen Energie zu erzeugen, wobei natürlich wiederum die Energiebilanz durch Einsteins Beziehung gegeben ist.
Einstein: Einverstanden. Nur begreife ich nicht, wieso man bei einer Spaltung eines Atomkerns, wie immer man das auch bewerkstelligen mag, überhaupt Energie gewinnen kann. Wir hatten ja gerade gesehen, daß man durch die Fusion, also durch das Zusammenfügen von Deuteronen zu einem Heliumkern, eine beachtliche Energie erzeugen kann. Umgekehrt kann ich natürlich auch den Heliumkern in zwei Deuteronen aufspalten – nur muß ich dazu eine erhebliche Energie aufwenden. Von einer Gewinnung von Energie kann demnach keine Rede sein.
Haller: Das stimmt, wenn Sie Helium zerspalten, denn die Energie, mit der die Konstituenten des Heliumkerns, also des Alphateilchens, gebunden sind, ist erheblich. Nur hängt diese Energie der Bindung ganz erheblich von der Struktur des betreffenden Atomkerns ab, genauer von der Anzahl der Protonen und Neutronen im Kern.
Newton: Bei Atomkernen, die noch schwerer sind als der Heliumkern, ist also die Energie der Bindung für die einzelnen Kernteilchen noch größer?
Haller: Ja, sie kann noch größer sein. Am größten ist sie übrigens bei dem Atomkern des Eisens. In diesem Sinne ist der Eisenkern der stabilste Atomkern, was mit ein Grund dafür ist, warum es auf der Erde vergleichsweise viel Eisen gibt.
Einstein: Ich entnehme Ihren Worten, daß Atomkerne, die schwerer sind als der Eisenkern, also etwa die Kerne von Blei oder Gold, weniger stabil sind als der Eisenkern?

Haller: Ja. Dieses Phänomen ist übrigens leicht zu verstehen. Sehr schwere Kerne haben bekanntlich sehr viele Protonen. Der Atomkern etwa von Gold enthält 79 Protonen, die selbstverständlich alle elektrisch positiv geladen sind. Alle diese Protonen stoßen sich elektrisch ab. Wenn man die Kernkräfte plötzlich abschaltete, würde der Kern sofort zerplatzen – die Protonen würden mit großer Geschwindigkeit auseinanderstieben.

Man kann also die Anzahl der Protonen in einem Kern nicht beliebig erhöhen. Die elektrische Abstoßung zwischen den Protonen wird bei großen Kernen sehr wichtig und führt letztlich dazu, daß der Kern nicht mehr sehr stabil ist und bei der geringsten Beeinflussung zerstört wird, zum Beispiel in zwei Hälften gespalten wird.

Einstein: Ich verstehe – man erwartet also, daß ein Atomkern von einer gewissen Größe an die Tendenz hat, sich in zwei Hälften aufzuspalten, wobei dann Energie frei wird, denn die beiden Hälften enthalten jede für sich weniger Protonen als der Ausgangskern, sind also stärker gebunden.

Newton: Können Sie ein Beispiel für einen Kern angeben, der sich spontan zu spalten vermag?

Haller: Das bekannteste Beispiel ist der Atomkern von Uran, der 92 Protonen und meistens, aber nicht immer, 146 Neutronen enthält. Allerdings passiert es auch nur selten, daß sich ein Atomkern des Uran von sich aus in zwei Hälften aufspaltet, wobei dann Atomkerne entstehen, deren Protonenzahl viel niedriger ist und die demzufolge stärker gebunden sind. Beispielsweise kann sich ein Urankern in einen Bariumkern – Protonenzahl 56 – und einen Kryptonkern – Protonenzahl 36 – aufspalten. [Siehe Abb. 16–3.]

Es ist jedoch möglich, die an sich sehr seltene Spaltung des Urankerns sofort in die Wege zu leiten, indem man ein wenig nachhilft. Wenn man einen Urankern mit einem Neutron beschießt und auf diese Weise etwas Energie zuführt, gerät der Urankern wie eine große Seifenblase ins Schwingen und spaltet sich kurz darauf. Dabei muß die Energie des einfallenden Neutrons nicht hoch sein – der Kern braucht gewissermaßen nur einen kleinen Anstoß, um sich aufzuspalten. Die Analogie mit den Sei-

fenblasen ist übrigens ganz treffend. Je größer eine Seifenblase ist, um so größer ist ihre Tendenz, sich bei einem geringen Anstoß in kleinere Blasen aufzuspalten, wenn sie nicht bei dieser Gelegenheit selbst völlig zerplatzt.
Einstein: Wieviel Energie wird denn frei, wenn man einen Urankern spaltet?
Haller: Etwa 200 MeV. Man muß dabei allerdings bedenken, daß diese Energie auf die Energie zu beziehen ist, die entsprechend Ihrer Formel in der Masse des schweren Urankerns verborgen ist. Verglichen mit der letzteren handelt es sich nur um die Umwandlung von knapp 0,1 % der Urankernmasse in Energie.
Newton: Was die Umwandlung von Masse in Energie betrifft, so ist dieser Spaltprozeß also weitaus weniger effektiv als die Fusion der Deuteronen zu Helium, bei der immerhin fast 1 % der Masse in Energie umgewandelt wird.
Haller: Sicher. Trotzdem wird ein vergleichsweise großer Teil der

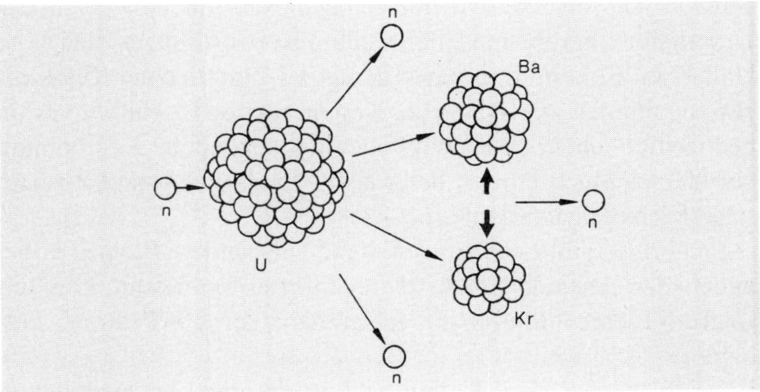

Abb. 16–3 Ein Neutron kollidiert mit einem Urankern, der 92 Protonen und meistens 146 Neutronen enthält. Das Neutron überträgt seine Energie auf den Urankern, der wie eine große Seifenblase ins Schwingen gerät und sich darauf in zwei Atomkerne und einige Neutronen aufspaltet. Hier zerfällt der Urankern in einen Kern des Elements Barium, dessen Kern 56 Protonen enthält – die verbleibenden 36 Protonen findet man in dem Atomkern des Elements Krypton.

Masse in Energie umgesetzt, jedenfalls viel mehr als hier bei unserem Lagerfeuer, wobei aber bei der Kernspaltung weniger elektromagnetische Strahlung als bei der Fusion des Heliumkerns entsteht. Die Energie findet sich vor allem in der Bewegungsenergie der beiden Atomkerne, die bei der Spaltung entstehen, wieder. Sie fliegen mit großer Geschwindigkeit voneinander weg.

Übrigens ist es wichtig, daß nach der Spaltung des Kerns nicht nur zwei Atomkerne übrigbleiben, sondern im Mittel auch mehrere Neutronen.

Newton: Warum ist es denn wichtig, daß da auch noch Neutronen übrigbleiben?

Haller: Für die ursprüngliche Spaltung ist es nicht wichtig. Die würde auch dann vonstatten gehen, wenn keine weiteren Neutronen übrigbleiben. Um aber die Kernspaltung in irgendeiner Form anzuwenden, muß es gelingen, nicht nur einen einzelnen Kern zu spalten, sondern viele Kerne, also eine makroskopische Menge von Materie. So etwas läßt sich nicht von außen arrangieren. Der Prozeß muß sich gewissermaßen von innen verstärken.

Newton: Ich verstehe. Die überzähligen Neutronen fliegen in der Uranmaterie herum und leiten weitere Kernspaltungen ein.

Haller: Ja. Es kommt, genauer gesagt: es kann zu einer Kettenreaktion kommen, die analog der Kettenreaktion ist, die wir vorhin beobachtet haben, als ich das Feuer hier anzündete: Erst brannte ein kleines Stück Papier, dann etwas Laub und kleine Zweige, schließlich der ganze Holzstoß.

Im übrigen gibt es neben dem Uran auch andere Elemente, bei denen man eine nukleare Kettenreaktion auslösen kann, zum Beispiel das Element Plutonium, dessen Atomkerne 94 Protonen enthalten.

Einstein: Wenn so eine Kettenreaktion einsetzt, kommt es also zu einer Art Brennen der Urankernmaterie. Ich könnte mir vorstellen, daß diese Reaktion sehr schnell vonstatten gehen kann, also eine regelrechte Kernexplosion stattfindet.

Haller: Zunächst muß man genügend viel spaltbare Materie zur Verfügung haben, so daß sichergestellt ist, daß die meisten der entstehenden Neutronen weitere Kernspaltungen einleiten. Man

spricht deshalb auch von einer kritischen Masse. Diese beträgt für das sogenannte Uran 235 – das ist eine spezielle Sorte von Uran, deren Kern genau 143 Neutronen und 92 Protonen enthält, also genau 235 Kernteilchen – etwa 50 kg.
Einstein: Wie groß ist diese Menge Uran ungefähr?
Haller: Sie entspricht etwa einer Urankugel von 17 cm Durchmesser, vergleichbar der Größe eines Fußballs.
Einstein: Wenn ich also hier jetzt so eine Kugel hätte, würde sie sofort explodieren, so daß sich etwa 0,1 % der Materie, also 50 g der vorhandenen Masse, in Energie umsetzt?
Haller: Ja, es käme zu einer ungewöhnlich starken Explosion. Man hat auf diese Weise eine Bombe konstruiert – eine Waffe, deren Vernichtungspotential enorm ist. Glücklicherweise haben wir eine solche Kugel jetzt nicht hier.

Newton, der aufgesprungen und vor dem Feuer hin und her gegangen war, blieb stehen und sagte: »Ich habe es geahnt. Schon als Sie, Mr. Haller, einmal andeuteten, daß es möglich sei, zumindest einen kleinen Bruchteil der Energie, die nach Einsteins Formel in der Materie steckt, freizusetzen, ahnte ich es. Das also sind die Kernwaffen.«

Ich antwortete: »Ja, die Kernwaffen, oft nicht ganz zutreffend auch Atomwaffen genannt, und man hat sie am Ende des Zweiten Weltkriegs, 1945, für Kriegszwecke eingesetzt. Als die physikalischen Zusammenhänge, über die wir heute abend sprachen, bekannt wurden – das war etwa 1940 –, befürchtete zu Recht eine Gruppe von Physikern in den USA, darunter auch Sie, Herr Einstein, daß es den Physikern in dem von den Nationalsozialisten regierten Deutschland gelingen würde, eine solche Bombe noch vor dem Ende des Krieges herzustellen, der damals Europa und die Welt verwüstete. Diese Physiker wandten sich an den damaligen Präsidenten Roosevelt, der im Einvernehmen mit der Armeeführung durchsetzte, daß ein spezielles Programm zum Bau der Atombombe gestartet wurde. Was folgte, ist eine längere Geschichte, aber ich möchte doch etwas näher darauf eingehen.«

Einstein sah mich mit sorgenvoller Miene an: »Ich bitte Sie darum. Verschweigen Sie uns nichts.«

»Im vorigen Jahr hielt ich mich mehrere Wochen an dem Ort auf, wo die erste Bombe hergestellt wurde, in Los Alamos im amerikanischen Bundesstaat New Mexico. Dort lernte ich einen Physiker kennen, der aktiv an diesem Projekt, dem sogenannten Manhattan-Projekt, mitgewirkt hatte. Eines Tages erzählte er mir auf einer Wanderung durch die Canyons bei Los Alamos Details aus jener Zeit, und ich will versuchen, seinen Bericht in gekürzter Form wiederzugeben.«

17
Der Blitz von Alamogordo

Aufmerksam hörten Newton und Einstein meinem Bericht über das Manhattan-Projekt zu. Ich begann mit dem Anfang des Vorhabens, das nicht lange nach dem Ausbruch des Zweiten Weltkriegs zunächst in den Köpfen einiger führender Physiker und einflußreicher Militärs in Washington Gestalt annahm. Auch ging ich kurz auf den Lebensweg von J. Robert Oppenheimer ein, des jungen, genialen Physikers, der in der Folge Direktor des Projekts wurde, das in Los Alamos in den Bergen New Mexicos verwirklicht wurde. Das Ziel des Manhattan-Projekts war die Herstellung einiger Atombomben, und zwar in möglichst kurzer Zeit. Das Hauptproblem bestand in der Gewinnung von Spaltmaterial, das in einem komplizierten Verfahren aus dem Uranerz extrahiert werden mußte. Der Zweite Weltkrieg war in Europa bereits zu Ende, als man schließlich in der Lage war, die erste Testexplosion in der Wüste von New Mexico durchzuführen.

»Jornada del Muerto« – die Reise des Toten – ist der Name, den die spanischen Eroberer vor 400 Jahren dem Landstrich im Süden des heutigen New Mexico, südlich der Stadt Socorro, gaben – zu Recht, denn es handelt sich um einen besonders trockenen und unwirtlichen Teil der Wüste. Hier, nahe dem Ort Alamogordo, hatte Oppenheimer den Platz für die erste Versuchsexplosion gefunden, der unter dem Namen »Trinity« in die Geschichte eingehen sollte.

Ein etwa 30 Meter hoher Stahlturm wurde errichtet. Man wollte den nuklearen Sprengsatz einige Meter über dem Erdboden zur Explosion bringen, um den Krater, der sich bei der Explosion bilden würde, möglichst klein zu halten und um die Bombe möglichst wenig Staub aufwirbeln zu lassen.

Der Test fand am 16. Juli 1945 statt. Bereits Tage zuvor hatte man mit der Montage begonnen. Ein wesentlicher Teil des Sprengsatzes bestand aus einem komplizierten Mechanismus, mit dessen Hilfe man die verschiedenen Teile des Spaltmaterials äußerst schnell zusammenbringen konnte; dies erreichte man mittels konventioneller Explosionen.

Am Morgen des 16. Juli, kurz nach 5 Uhr, bezogen Oppenheimer und der militärische Leiter des Unternehmens, General Groves, den Beobachtungsbunker. Kurz darauf wurde der Sprengsatz gezündet – das nukleare Zeitalter hatte begonnen. Die ersten Sekunden nach der Explosion beschrieb der Physiker Otto Frisch wie folgt:

»Und dann, ohne den geringsten Laut, schien die Sonne – oder es sah zumindest so aus. Die Sandhügel am Horizont gleißten in einem hellen Licht, fast farb- und gestaltlos. Dieses alles durchdringende Licht blieb unverändert für etwa zwei Sekunden, dann wurde es langsam dunkler. Ich drehte mich um, aber jenes Objekt am Horizont, das wie eine kleine Sonne aussah, war immer noch zu hell, als daß man direkt darauf blicken konnte. Ich blinzelte und versuchte, es genauer anzuschauen, und nach etwa zehn Sekunden hatte es sich vergrößert, war weniger gleißend und sah nun aus wie ein riesiges Ölfeuer, mit einer Struktur, die einer Erdbeere ähnelte. Langsam erhob es sich vom Boden, mit dem es durch einen immer länger werdenden Stamm wirbelnden Sandes verbunden war. Es kam mir vor wie ein rotglühender Elefant, der sich mit seinem Rüssel in der Luft hält. Dann, als die Wolke heißen Gases sich langsam abkühlte und dunkelrot wurde, konnte man sehen, daß das Ganze von einem bläulich glühenden Kranz umgeben war, verursacht durch das Glühen der ionisierten Luft... Es war ein beeindruckendes Schauspiel; jeder, der einmal in seinem Leben eine atomare Explosion gesehen hat, wird sie niemals vergessen. Und alles spielte sich in der Stille ab; der Explosionsknall kam Minuten später an, sehr laut, obwohl ich vorsichtshalber meine Ohren zugestopft hatte, gefolgt von einem dumpfen Gepolter. Ich kann es heute noch hören.«

Robert Oppenheimer erinnerte sich später an jenen denkwürdigen Augenblick: »Einige Leute im Bunker lachten, einige schrien, die meisten schwiegen. Durch meinen Kopf ging eine Zeile aus dem Bhagavad-Gita, in der Krishna versucht, den Prinzen zu überzeugen, daß er nunmehr seine Pflicht zu tun habe: ›Nun bin ich der Tod, der Zerstörer aller Welten.‹«

In Los Alamos war es gelungen, außer der Testbombe zwei weitere Atombomben herzustellen. Die erste dieser Bomben wurde auf Anordnung des amerikanischen Präsidenten Truman am 6. August 1945 über der japanischen Hafenstadt Hiroshima abgeworfen. Drei Tage später wurde die zweite Bombe über Nagasaki gezündet. Die beiden Bomben töteten mehr als 100000 Menschen.

So beendete ich meine Erzählung. Newton hatte die Augen geschlossen; Einstein starrte in die Flammen. Nach einer Weile hörte ich ihn leise wiederholen: »Nun bin ich der Tod, der Zerstörer aller Welten.«

Newton richtete sich auf und legte Einstein die rechte Hand auf die Schulter: »Kopf hoch, Mr. Einstein. Bedenken Sie: Die Physiker in Los Alamos haben das nukleare Feuer nicht neu erfunden, sondern es nur von der Sonne auf die Erde geholt. Es war allein eine Frage der Zeit, bis das geschehen würde. Ich behaupte, daß jede Zivilisation, wo immer sie sich im Weltall entwickelt, irgendwann dazu in der Lage sein wird und es dann auch durchführt. Ob man diese Energiequelle zum Bau von Bomben ausnutzt, ist allerdings eine andere Frage – diese Frage beantworten letztlich nicht die Physiker, sondern die Politiker.«

Ich sagte: »Ich möchte erwähnen, daß die Mehrheit der Physiker, die am Bau der ersten Atombomben beteiligt waren, für einen Einsatz über unbewohntem Gebiet, zum Zwecke der Demonstration und der Einschüchterung des Gegners, stimmten. Die Politiker haben sich anders entschieden, also gegen die Stimmen der Wissenschaftler. Lassen Sie mich auch aus einem Brief zitieren, den Sie, Herr Einstein, schrieben: ›Ich habe mich niemals an Unternehmungen militärisch-technischer Natur beteiligt und habe keine Forschungen gemacht, die irgendeinen Bezug auf die Herstellung von Atombomben hatten. Mein einziger Beitrag auf diesem Gebiet war, daß ich 1905 die Beziehung zwischen Masse und Energie feststellte, eine Wahrheit über die physikalische Welt von sehr allgemeiner Natur, deren mögliche Verknüpfung mit dem militärischen Potential meinen Gedanken vollkommen fremd war.‹« [Brief Einsteins aus dem Jahre 1950.]

Einstein antwortete: »Keine Frage, ich war immer Pazifist. An der Herstellung von Bomben würde ich nie mitarbeiten. Ihnen, Sir Isaac, stimme ich zu, daß es immer nur eine Frage der Zeit ist, wann eine sich entwickelnde Zivilisation die Möglichkeiten der Kernspaltung und Kernfusion entdeckt. Aber ich frage auch: Wird eine solche Zivilisation, wird beispielsweise unsere menschliche Zivilisation hier auf der Erde langfristig mit einem solchen Wissen überleben können? Oder wird die immerwährende Versuchung, mit dem nuklearen Feuer zu spielen, letztlich doch zu groß sein?«

An der Stelle Newtons antwortete ich: »Niemand weiß, ob es uns gelingen wird, langfristig mit dieser Versuchung fertig zu werden. Vielleicht ist es das Schicksal jeder Zivilisation im Universum, an dem nuklearen Feuer, das Leben überhaupt erst möglich macht, am Ende zu verbrennen. Vielleicht gelingt es aber auch, auf der Erde das nukleare Inferno und damit das Ende unseres Planeten zu vermeiden. Niemand weiß die Antwort auf Ihre Frage, Herr Einstein. Sicher ist nur, daß mit der Stunde Null, dem Zeitpunkt der ersten Kernexplosion im Jahre 1945, ein neues Zeitalter angefangen hat – ein Zeitalter, in dem der Krieg zwischen den mit Atomwaffen ausgerüsteten Nationen nicht mehr für die letzte Möglichkeit gehalten werden kann, Konflikte zu lösen. So sehe ich in der Konstruktion der Kernwaffen nicht zuletzt eine Herausforderung, Konflikte anders als durch Kriege zu lösen, und ich bin durchaus optimistisch, daß dies letztlich gelingen wird.«

Einstein schaute auf: »Das glauben Sie wirklich, Haller? Nehmen Sie wirklich an, die militärische Führung eines Staates würde auf den Einsatz von Kernwaffen verzichten, wenn alles auf dem Spiele steht? Man muß ein großer Optimist sein, um das zu glauben, aber vielleicht haben Sie recht. Ich hoffe, Sie haben recht.

Eines jedoch ist mir heute abend klargeworden: Die von mir am Berner Patentamt entdeckte Gleichwertigkeit von Masse und Energie hat dazu beigetragen, die in den Atomkernen schlummernde Kraft zu entfesseln – in diesem Sinn hat meine Formel die Welt verändert. Was sie aber nicht verändert hat, ist unsere Art zu denken und unsere Weise, Konflikte zu lösen. Ich glaube, eine neue Art menschlichen Denkens ist notwendig, damit die Menschheit nicht an der entfesselten Kraft der Atomkerne zugrunde geht. Von wo aber soll diese neue Denkweise ausgehen, wenn nicht vor allem von denen, die das thermonukleare Feuer auf die Erde geholt haben, also von den Physikern und darüber hinaus den Naturwissenschaftlern und Technikern? Herr Haller, mir scheint, die Geschichte hat Ihnen und Ihren heutigen Kollegen eine große Verantwortung übertragen.«

»Nach dem Abschluß des Manhattan-Projekts verließ Oppenheimer Los Alamos. Anläßlich seines Weggangs wurde eine Feier arrangiert, bei der er eine kleine Rede hielt, die mit folgenden Worten endete: ›Falls Atombomben in Zukunft Eingang in die Arsenale einer kriegslüsternen Welt finden, dann wird eine Zeit kommen, in der die Menschheit die Namen von Los Alamos und Hiroshima verfluchen wird. Die Menschen auf dieser Erde müssen miteinander auskommen, oder sie werden zugrunde gehen. Dieser Krieg, der so viel auf dieser Erde vernichtet hat, war es, der diese Worte schrieb. Die Atombombe hat sie nur in einer drastischen Weise buchstabiert, damit jeder sie versteht. Andere haben diese Worte auch schon früher gesprochen, zu anderen Zeiten, in anderen Kriegen. Sie haben sich nicht durchgesetzt. Es gibt einige, die glauben, irregeführt durch ein falsches Verständnis der menschlichen Geschichte, daß sie sich auch heute nicht durchsetzen werden. Es ist nicht unsere Sache, dies zu glauben. Durch unsere Arbeit, durch unsere Erfolge sind wir, angesichts dieser gemeinsamen Gefahr für alle, der gesamten Welt gegenüber verpflichtet.‹

Wir müssen heute alles daransetzen, daß die Zerstrahlung unseres Planeten, ausgelöst durch uns selbst – durch unsere eigene Unvollkommenheit und Dummheit –, nicht stattfindet. Ich setze mit

Oppenheimer auf unser Wissen, einschließlich des Wissens um die Gefahr. Letzteres könnte die Gefahr besiegen.

Die Frage jedoch bleibt: Wird das Wissen stark genug sein? Für die meisten Menschen beschreibt Einsteins Gleichung keine tiefe und wichtige Eigenschaft der Natur, der wir vermutlich unsere eigene Existenz zu verdanken haben, sondern ist eine magische Formel, die wie die Atombombe und die Wasserstoffbombe von den Physikern erfunden wurde, die man jetzt nicht mehr los wird und vor der man Angst hat. Die Angst ist aber kein guter Wegweiser.

Auch wäre zu klären, was man in diesem Zusammenhang unter Wissen verstehen sollte. Wir müssen zwischen Verstand und Vernunft unterscheiden. Der Verstand erlaubt uns, die Welt nach ihren eigenen Gesetzen zu erkennen, ohne Rücksicht auf uns selbst. Mit Hilfe des Verstandes haben wir die rationale Welt der Wissenschaft aufgebaut, die sich immer weiter fortentwickelt, mit immer größerer Geschwindigkeit, und die heute niemand mehr ganz zu überblicken vermag. Ein Maß, auf das wir uns hierbei beziehen können, gibt es nicht – es gibt nur dasjenige Maß, das uns immerfort veranlaßt, über alles bereits Erreichte hinauszugehen.

Die Vernunft dagegen erlaubt uns, Grenzen abzustecken, notfalls auch Grenzen, die man nicht überschreiten darf. Sie ist diejenige Instanz, die auch den Menschen, seine Unzulänglichkeiten und Begrenztheiten mit einbezieht und sich nicht auf die kalte, rationale und in sich maßlose Welt der wissenschaftlichen Erkenntnis beschränkt. Wird die Vernunft am Ende siegen? Ich weiß es nicht – niemand weiß es.«

Einstein erhob sich und schaute zum Sternenhimmel empor. Das Band der Milchstraße spannte sich über das Firmament. Er wandte sich an Newton: »Sir Isaac, welch ein Abend, den wir heute gemeinsam hier erleben durften! Sowohl Sie in Cambridge als auch ich haben uns in unserer Jugendzeit gewundert, warum die Sterne leuchten. Wie oft kletterte ich als Knabe in München auf den Dachboden unseres Hauses hinauf, um den Sternenhimmel zu studieren und mir diese Frage zu stellen. Jetzt wissen wir, warum das Licht der Sterne und Galaxien das Dunkel des Weltraums erhellt und warum das Sonnenlicht die Erde erwärmt. Als ich 1905 an einem Wochenende in Bern jene drei Seiten für die ›Annalen der Physik‹ niederschrieb, darunter auch meine Formel $E = mc^2$, hätte ich nicht geglaubt, daß ich damit den Schlüssel für den nahezu unerschöpflichen Energievorrat, der in den Sternen verborgen ist, gefunden hatte, gleichzeitig aber auch eine Formel, die letztlich zusammen mit den Gleichungen der Atomkernphysik die theoretische Grundlage neuer Waffen darstellt, deren Vernichtungspotential alles bisher Dagewesene in den Schatten stellt.

Es ist immer wieder dasselbe in der Physik: Wir konstruieren Theorien, die wir anfangs selbst nicht so ganz ernst nehmen. Als ich meine Formel aufstellte, konnte niemand, weder ich noch Max Planck in Berlin oder Arnold Sommerfeld in München, die Konsequenzen übersehen. Die Wirklichkeit hat uns dann eingeholt und überholt. Ich denke, wir sollten unsere Theorien nicht nur sehr ernst nehmen, sondern sogar ernster, als uns zum jeweiligen Zeitpunkt opportun erscheint. Und wir sollten stets bedacht sein, unsere Erkenntnisse nicht für uns zu behalten, sondern die Öffentlichkeit genau und auf ehrliche Weise informieren. Die Wissenschaft ist eine zu ernste Sache, als daß man ihre Fortentwicklung den Wissenschaftlern allein überlassen darf.«

18

Energie, die in den Kernen steckt

Am nächsten Morgen traf ich Einstein zum Frühstück auf der Terrasse vor der Cafeteria des CERN. Er schien nicht gut geschlafen zu haben und war bei der Begrüßung kurz angebunden. Schweigend trank er seinen Cappuccino. Schließlich erschien Newton, gut gelaunt und unternehmungslustig. Er hatte die Zeit vor dem Frühstück genutzt, um über einen Teil des CERN-Geländes zu spazieren.

Newton: Bei meinem Morgenspaziergang habe ich eine Menge gesehen, worüber ich Sie jetzt gern ausfragen würde. Aber wir hatten gestern ausgemacht, daß wir unsere Gespräche in systematischer Weise fortsetzen. Also besprechen wir erst einmal, wie es mit der Nutzung der Atomkernenergie heutzutage steht.

Haller: Seit der Explosion der ersten Atombomben gegen Ende des Zweiten Weltkriegs gab es zwar keine weiteren Atombombenabwürfe auf Wohngebiete mehr, dafür aber eine intensive Fortentwicklung der neuen Waffen. Ein bedeutsamer Schritt war die Konstruktion einer Bombe, bei der man die Kernfusion »ausnutzt«.

Einstein: Ich konnte heute nacht kaum schlafen und habe mir ausgemalt, was man alles mit den Uran- oder Plutoniumbomben anstellen könnte. Unter anderem kam mir die Idee, die für die Kernfusion notwendigen hohen Temperaturen wenigstens für ganz kurze Zeit durch die Explosion einer Uranbombe zu erzielen. Nur fürchte ich, diese Möglichkeit läßt sich auch nur wieder für eine Bombe ausnutzen, also für eine Wasserstoff- oder Deuteriumbombe, die allerdings noch ein viel größeres Vernichtungspotential haben dürfte als die Uranbombe.

Haller: Ich gebe zu, diese Idee ist sehr naheliegend. In der Tat war es kurz nach dem Ende des Zweiten Weltkriegs das Ziel der Experten sowohl in den USA und in der Sowjetunion, eine Wasserstoffbombe genau nach diesen Vorstellungen zu konstruieren. Dies gelang überraschend schnell, etwa zehn Jahre nach dem Start des Manhattan-Projekts. Man umgibt eine kleine Atombombe mit dem Fusionsmaterial, das durch die Explosion der Atombombe auf die erforderliche Fusionstemperatur gebracht wird und damit unmittelbar nach der Explosion der Atombombe eine weitere, viel stärkere Explosion auslöst.

In den vergangenen Jahrzehnten haben die Großmächte, vor allem die USA und die Sowjetunion, ein gewaltiges Arsenal verschiedener thermonuklearer Waffen angelegt, die nach dem eben geschilderten Prinzip konstruiert wurden. Der Wirkungsgrad und damit das Zerstörungspotential einer Wasserstoffbombe ist ungleich größer als das einer Atombombe. Der Lichtblitz, der durch die Explosion einer solchen Bombe ausgelöst wird, wäre ohne weiteres vom Mond aus mit bloßem Auge wahrzunehmen.

Eine große Wasserstoffbombe hat etwa die Sprengkraft von 200 Millionen Tonnen Trinitrotoluol, einem sehr wirksamen konventionellen Sprengstoff. Etwa die Hälfte der Energie, die bei der Explosion frei wird, findet sich in der Energie der gewaltigen Druckwelle wieder, die vom Explosionsort ausgeht, und etwa ein Drittel in der äußerst intensiven Wärme- und Lichtstrahlung, die bei der Explosion freigesetzt wird.

Man kann sich etwa ausmalen, was geschähe, wenn eine solche Bombe in 50 km Höhe über der Stadt Genf bei klarem Wetter gezündet würde. Nicht nur die Stadt Genf, sondern alle Orte am Genfer See und im angrenzenden französischen Gebiet würden dem Erdboden gleichgemacht. Im Umkreis von etwas mehr als 100 Kilometern, also bis nach Bern und weit in den Jura und in die Alpen hinein, würden die Wälder und alles leicht entzündliche Material verbrennen – mit anderen Worten: Die gesamte Westschweiz und ein großer Teil der angrenzenden französischen Landesteile wären eine Wüste. Die Anzahl der Opfer würde die Millionengrenze erreichen. Würde eine solche Bombe über einem

dichtbesiedelten Gebiet explodieren, etwa dem westdeutschen Ruhrgebiet oder über großen Städten wie New York oder Moskau, würde es sogar viele Millionen Opfer geben.
Newton: Ich glaube, wir sollten dieses grauenhafte Kapitel der »Ausnutzung« der Atomkernenergie abschließen. – Wie steht es nun mit der Möglichkeit, Energie für friedliche Zwecke aus den Atomkernen zu gewinnen, entweder durch die Fusion oder die Spaltung von Kernen?
Haller: Zunächst zur Fusion, also zu jener Form der Energiegewinnung, die im Inneren der Sonne stattfindet. Übrigens meine ich,wenn ich von der Kernfusion spreche, nicht ausschließlich die Fusion von Deuteronen zu Heliumkernen. Ein anderer interessanter Prozeß ist die Fusion von Deuteronen und Tritonen.

Unter einem Triton versteht man einen Atomkern, der aus einem Proton und zwei Neutronen besteht. Man kann einen solchen Kern beispielsweise herstellen, indem man ein Neutron an einem Deuteron anlagert. Umgeben wir diesen Kern mit einem Elektron, so erhalten wir ein Atom, das Atom des superschweren Wasserstoffs, genannt Tritium.

Wenn man ein Deuteron und ein Triton zusammenbringt, erhält man ein Heliumatom und ein Neutron:

$$d + t \rightarrow He + n$$

Man kann diese Reaktion auch umschreiben, indem man die einzelnen Kernteilchen explizit aufführt:

$$(p + n) + (p + 2n) \rightarrow He + n$$

Am Anfang hat man also zwei Protonen und drei Neutronen und ebenso am Ende. Nur sind die Kernteilchen in unterschiedlichen Atomkernen gebunden. Da Helium ein stark gebundener Kern ist, wird bei dieser Reaktion Energie frei, und zwar diesmal vor allem in Gestalt von Bewegungsenergie: Der entstehende Heliumkern und das Neutron bewegen sich schnell voneinander weg.

Eine genauere Analyse ergibt, daß sich bei dieser Reaktion insgesamt 0,4% der Ausgangsmasse in Energie umwandelt. Die eben diskutierte Reaktion ist übrigens diejenige, die man vorwiegend bei den thermonuklearen Waffen »ausnutzt«. Die Frage stellt sich, ob man diese oder auch andere Fusionsreaktionen zur Gewinnung von brauchbarer Energie ausnutzen kann. Trotz großer Anstrengungen ist dies bis heute nicht gelungen.

Einstein: Ich nehme an, das liegt an den Schwierigkeiten, das Fusionsmaterial, etwa Deuterium oder Tritium, auf die erforderlichen hohen Temperaturen von etwa 100 Millionen Grad zu erhitzen.

Haller: Es ist gelungen, Temperaturen von einigen zehn Millionen Grad für sehr kurze Zeiten, Bruchteile von Sekunden, zu erzeugen. Nur reicht das nicht aus. Ob es je gelingen wird, steht in der Tat dort, wo der Fusionsprozeß ohne Probleme stattfindet, nämlich in den Sternen.

Newton: Wie hat man denn diese Temperaturen überhaupt erzeugt?

Haller: Man erhitzt zunächst das Fusionsmaterial auf eine Temperatur von etwa 12000 Grad. Das reicht aus, um die Atome in ein Plasma von Kernen und Elektronen zu zerlegen. Dieses Plasma wird dann durch intensive Magnetfelder stark zusammengedrückt und auf diese Weise weiter erhitzt; so kann man letztlich Temperaturen bis zu 40 Millionen Grad erreichen, aber, wie gesagt, nur für sehr kurze Zeit.

Die zur Zeit am weitesten fortgeschrittene Anlage in Europa, genannt JET, mit deren Hilfe man sich langsam an die für die Fusion erforderliche Temperatur heranarbeitet, befindet sich übrigens in England bei Culham in der Nähe von Oxford.

In jüngster Zeit versucht man auch, die erforderliche Fusionstemperatur durch Beschuß des Fusionsmaterials mit Lichtteilchen, genauer: mit Laserstrahlen, zu erreichen. Wenn ein starker Laserstrahl auf das Deuterium trifft, kommt es zu einer Explosion des Materials, wobei die erforderliche Fusionstemperatur für kurze Zeit erreicht wird. Auf diese Weise hat man schon Millionen von Fusionsreaktionen induziert, ohne allerdings das – dann hof-

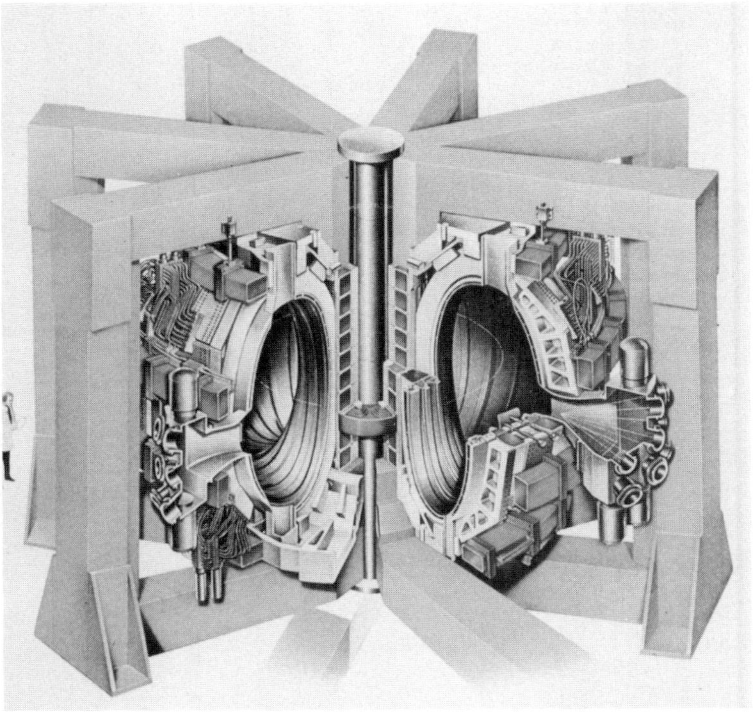

Abb. 18–1 Das europäische Fusionsexperiment JET (Joint European Torus) bei Culham in England; schematische Darstellung. (Bild: JET Joint Undertaking, Culham)

fentlich leicht steuerbare – thermonukleare Brennen des Materials in die Wege zu leiten.

Ob es je gelingen wird, Fusionskraftwerke, die brauchbare Energie erzeugen, zu bauen, ist völlig ungeklärt. Eines ist jedoch klar: Sollte es je gelingen, dann könnte man mit solchen Reaktoren praktisch beliebig viel Energie erzeugen. Das notwendige Fusionsmaterial, vor allem Deuterium, gibt es in weitaus genügender Menge auf der Erde. Beispielsweise könnte man die gesamte Energie, die ein großes Land wie die USA täglich benötigt, durch die Fusion von 250 kg Deuterium und Tritium erzeugen.

Abb. 18–2 Aufnahme von JET. (Foto: JET Joint Undertaking, Culham)

Einstein: Wie steht es mit der Kernspaltung zum Zweck der friedlichen Energieerzeugung?
Haller: Was die technische Durchführbarkeit der kontrollierten Kernspaltung anbelangt, so sieht es hier zum heutigen Zeitpunkt wesentlich günstiger als bei der Kernfusion aus. Der Grund hierfür ist einfach: Die Kernspaltung findet spontan statt, ohne eine Vorbehandlung des Spaltmaterials; hohe Temperaturen, beispielsweise, sind nicht notwendig.

Zum anderen läßt sich die Kernspaltung leicht steuern. Wir hatten ja schon gesehen, daß bei einer gewissen Menge spaltbaren Materials, zum Beispiel Uran, nur dann eine Kettenreaktion einsetzt, wenn genügend viel Spaltmaterial vorhanden ist, wenn also eine kritische Größe erreicht wird. Bei einem Kernreaktor steuert man die Spaltvorgänge durch geeignete Regelmechanismen derart, daß sich die Spaltprozesse nicht lawinenartig fortsetzen, wie bei der Explosion einer Bombe, sondern gleichmäßig stattfinden. Zu diesem Zweck muß man die Anzahl der Neutronen, die im Reaktor herumfliegen und ständig neue Kernspaltungen auslösen, genau regeln können. Nun ist diese Steuerung recht einfach mit Hilfe von Regelstäben zu erreichen, die aus einem Material bestehen, dessen Atomkerne die Neutronen besonders leicht absorbieren können, zum Beispiel Cadmium. Führt man diese Stäbe in das Uran ein, kommt es sofort zum Erliegen der Kettenreaktion. Zieht man sie ein wenig heraus, fängt der Spaltprozeß wieder an. Auf diese Weise ist es leicht, den Spaltprozeß zu steuern und bei etwa auftretenden Schwierigkeiten den Reaktor sofort abzuschalten.

Einstein: Trotzdem erscheint mir diese Prozedur doch etwas riskant. Könnte es nicht durch eine ungünstige Kombination aller möglichen Zufälle zu einer Explosion kommen?

Abb. 18–3 Das Innere der ringförmigen Brennkammer von JET. In diesem Ring wird das Plasma auf einige Millionen Grad mit Hilfe starker magnetischer Felder aufgeheizt. Die Größenverhältnisse werden durch den links stehenden Techniker veranschaulicht. (Foto: JET Joint Undertaking, Culham)

Haller: Sicher nicht zu einer regelrechten Kernexplosion, vergleichbar mit der Explosion einer »Atombombe«. Ein Reaktor ist ganz anders aufgebaut als eine Bombe. Selbst wenn es zu einem ernsthaften Störfall kommt und etwa die eingebauten Regelmechanismen versagen, kommt es schlimmstenfalls zu einer Zerstörung des Reaktors, aber nicht zu einer Kernexplosion, da in einem Reaktor nicht die Möglichkeit besteht, daß die für eine Atomexplosion notwendige kritische Menge an Spaltmaterial auf einen kleinen Raum konzentriert wird.

In diesem Zusammenhang möchte ich erwähnen, daß es nicht der Mensch war, der den ersten Kernreaktor auf unserem Planeten in Gang gesetzt hat, sondern die Natur. Vor Jahren fand man in den Uranlagerstätten von Oklo in dem westafrikanischen Staat Gabun eine merkwürdige Konzentration einer bestimmten Uran-

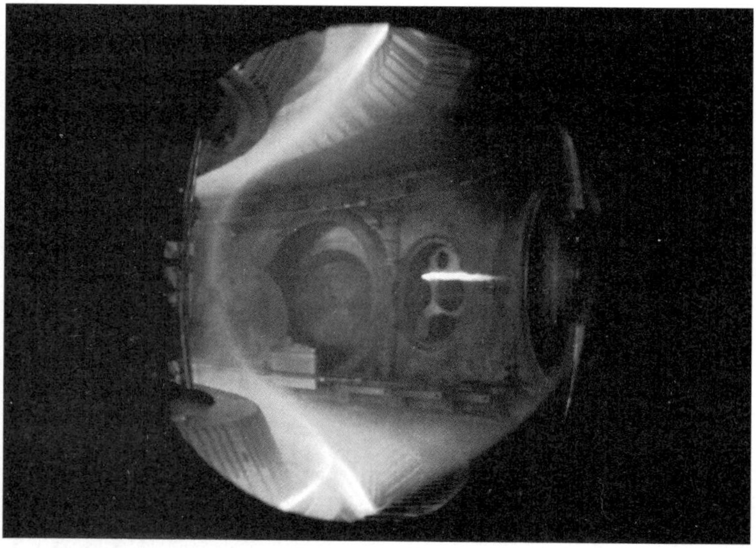

Abb. 18–4 Blick in das Innere der Brennkammer von ASDEX, einem Fusionsexperiment bei Garching/München, in der das Plasma auf mehr als 10 Millionen Grad erhitzt wurde. In diesem Plasma verdampft gerade ein Wasserstoffkügelchen, das im tiefgefrorenen Zustand von rechts her eingeschossen wurde. (Foto: Max-Planck-Institut für Plasmaphysik, IPP Garching bei München)

sorte. Die einzige Erklärung für dieses merkwürdige Phänomen war die Annahme, daß es sich hier um die Überreste eines natürlichen Kernreaktors handelte. Vor 1,8 Milliarden Jahren fand an jener Stelle eine nukleare Kettenreaktion statt, die lange Zeit, nämlich etwa eine Million Jahre lang, aufrechterhalten wurde. An den Überresten dieses natürlichen Reaktors konnte man eine Reihe nützlicher Studien über das Langzeitverhalten der Abfallprodukte eines Reaktors durchführen. Interessant ist auch, daß sich dieser Reaktor über Hunderttausende von Jahren selbst geregelt hat – eine Kernexplosion fand nicht statt.

Ich will aber keineswegs die Gefahren der Gewinnung von Energie aus Spaltprozessen herunterspielen. Nur muß man anerkennen, daß mittlerweile auf der Erde Hunderte von Kernkraftwerken existieren und daß diese bis auf wenige Ausnahmen gut funktionierten, und dies seit vielen Jahren. Mittlerweile produzieren manche Staaten bereits einen großen Teil ihrer Energie in Kernreaktoren. Nur einmal kam es Mitte der achtziger Jahre zu einem ernsthaften Störfall in einem sowjetischen Kernkraftwerk bei Tschernobyl in der Ukraine, bei dem der Reaktor vollständig zerstört und eine größere Menge radioaktiven Materials in die Atmosphäre geleitet wurde. Eine nachfolgende Untersuchung hat ergeben, daß diese Katastrophe durch eine Verkettung unglücklicher Zufälle und durch eine bemerkenswerte Inkompetenz des Bedienungspersonals zustande kam, also durch Verhältnisse, die sich bei mehr Sorgfalt hätten vermeiden lassen. Nur hat es an letzterer offensichtlich in Tschernobyl gefehlt, was in bemerkenswerter Offenheit von der Regierung in Moskau zugegeben wurde.

Einstein: Wer gibt denn eine Garantie, daß sich solche Fehler nicht irgendwo wiederholen?

Haller: Niemand. Ich bin jedoch davon überzeugt, daß man Kernreaktoren so betreiben kann, daß ein akzeptables Maß an Sicherheit erreicht wird. Eine absolute Sicherheit gibt es aber nicht.

Newton: Da gebe ich Ihnen recht. Absolute, immer gültige Aussagen haben in der Naturwissenschaft und Technik nichts zu suchen. In dieser Beziehung habe selbst ich in den vergangenen Tagen einiges lernen müssen.

Einstein: Bitte keine spitzfindigen Diskussionen, meine Herren. Wenn es in der Sowjetunion zu einer ernsthaften Katastrophe kam, dann kann sich das doch wohl ohne weiteres wiederholen. Oder haben Sie Gründe, die dagegen sprechen?
Haller: Absolut überzeugende Gründe habe ich nicht. Aus dem sowjetischen Reaktorunfall hat man aber viel gelernt, so daß jene Fehler, die dort gemacht wurden, mit einiger Sicherheit nicht wiederholt werden. Gegen Unfähigkeit und fachliche Inkompetenz des jeweils eingesetzten Bedienungspersonals ist jedoch niemand gefeit – die für den Reaktorunfall in Tschernobyl verantwortlichen Ingenieure hatten beispielsweise das automatische Sicherheitssystem des Reaktors bewußt abgeschaltet, um gewisse Experimente durchzuführen, deren Gefährlichkeit ihnen nicht bewußt war. So sehe ich denn auch die eigentliche Gefahr bei den Kernreaktoren nicht sosehr in den technischen Aspekten, sondern bei den Menschen, die sie betreiben, und bei den jeweils herrschenden politischen und wirtschaftlichen Verhältnissen.

Ein Land, in dem es Kernreaktoren gibt und das in einen Krieg verwickelt wird, ist durch die Reaktoren zweifellos besonders gefährdet. Ein feindliches Sonderkommando könnte ein Reaktorgelände besetzen und den Reaktor sprengen, beispielsweise mittels eines kleinen Atomsprengsatzes. Hierdurch würde ein großer Landstrich für lange Zeit unbewohnbar werden. Die Anzahl der Opfer eines solchen Anschlags könnte in die Millionen gehen. Deshalb sollten Kernreaktoren nur in Ländern gebaut werden, die wirtschaftlich und politisch stabil sind. Die Wirklichkeit sieht allerdings anders aus. Auch ist zu bedenken, daß die wirtschaftliche und politische Stabilität eines Landes oder einer Region nicht dauerhaft sein muß.
Einstein: Glauben Sie, daß man in der Lage sein wird, mit Hilfe der Energiegewinnung durch Kernreaktoren, also durch die Ausnutzung der Kernspaltung, das sich in der Zukunft stellende Energieproblem zu lösen? Ich will einmal Optimist sein und voraussetzen, daß man die von Ihnen angeschnittenen politischen Probleme in den Griff bekommen wird.
Haller: Theoretisch könnte man sich durchaus vorstellen, daß die

Hauptquelle für die Energie der Zukunft die Gewinnung von Energie durch die Kernspaltung ist – wiederum vorausgesetzt, daß die oben erwähnten politischen Aspekte in der fernen Zukunft nicht mehr als ernst betrachtet werden müssen. Leider gibt der heutige Zustand der Welt wenig Hoffnung, daß dies in absehbarer Zeit der Fall sein wird. Ganz andere Gründe veranlassen mich jedoch zu der Meinung, daß die Energiegewinnung durch Kernspaltung nicht die Lösung des Energieproblems an sich sein kann. Diese Meinung hat mit den Abfallprodukten der Kernreaktoren zu tun.

Newton: Sind diese Abfallprodukte gefährlicher als die Abfallprodukte, die beim Verbrennen von Kohle oder Öl auftreten? In Cambridge las ich in der Zeitung, daß es mit diesen bereits genug Probleme gibt.

Haller: Ja und nein. Das hängt von der Menge dieser Stoffe ab. Beim Verbrennen von Kohle oder Öl entstehen eine Menge von Schadstoffen, die in die Atmosphäre geleitet werden und zu Umweltschäden führen. Die Abfallprodukte der Kernreaktoren schädigen die Natur auf andere Weise, nämlich durch ihre Radioaktivität. Wie wir heute wissen, sind die meisten Atomkerne, die man mit Hilfe von Kernprozessen erzeugt, nicht stabil, sondern radioaktiv: Sie zerfallen im Laufe der Zeit in andere, stabile Atomkerne, wobei schnell bewegte Teilchen ausgesandt werden, zum Beispiel auch hochenergetische Photonen, also Gammaquanten.

Im übrigen gibt es auch in unserer natürlichen Umwelt eine gewisse Menge solcher radioaktiver Stoffe. Deshalb spricht man auch von einer natürlichen Radioaktivität der Natur. Früher, vor Milliarden von Jahren, als die Erde noch jung war, gab es auf der Erdoberfläche viel mehr radioaktive Materialien als heute – die natürliche Radioaktivität war also viel höher. Die Mehrheit dieser instabilen Atomkerne ist im Lauf der Zeit zerstrahlt, und so finden wir heute auf der Erdoberfläche zum größten Teil stabile Elemente. Trotzdem läßt sich die natürliche Radioaktivität nicht vernachlässigen. Jeder von uns ist ihr ausgesetzt.

Newton: Jetzt wird mir klar, warum Einstein in seiner dreiseitigen Arbeit über seine Formel, die er gestern auszugsweise vorlas, von

einer Prüfung seiner Theorie durch die Radiumsalze sprach. Radium ist also eines jener Elemente, die radioaktiv, also instabil sind.
Haller: So ist es. Die Energie, die das Radium abstrahlt, kommt direkt aus den Atomkernen. Herr Einstein hat also ganz richtig getippt, als er in seiner kurzen Arbeit auf das Radium hinwies. Zu jener Zeit konnte er jedoch noch nicht wissen, daß seine Formel bei den Kernreaktionen eine ganz entscheidende Rolle spielt.
Einstein: Ich entsinne mich an einen Brief, den ich kurz nach dem Verfassen meiner Arbeit über die Relativitätstheorie an meinen Freund Conrad Habicht schickte. Darin schrieb ich: »Eine merkliche Abnahme der Masse müßte beim Radium erfolgen. Die Überlegung ist lustig und bestechend; aber ob der Herrgott nicht darüber lacht und mich an der Nase herumgeführt hat, das kann ich nicht wissen.« Offensichtlich hat er das nicht getan – man sieht wieder einmal: Raffiniert ist der Herrgott, aber boshaft ist er nicht.
Haller: Die radioaktiven Strahlen, die von den instabilen Atomkernen ausgehen, also beispielsweise vom Radium, sind äußerst schädlich für unsere biologische Umwelt, nicht zuletzt auch für den menschlichen Körper: Sie schädigen das biologische Zellgewebe. Das Problem bei Kernreaktoren besteht nun darin, daß die Reaktoren unter anderem langlebige radioaktive Substanzen erzeugen, die fast ausschließlich aus schweren Elementen bestehen. Die Strahlungsleistung dieser Stoffe ist erst nach etwa 10000 Jahren so weit abgeklungen, daß sie mit der natürlichen Radioaktivität etwa eines stark radioaktiven Erzes vergleichbar ist.
Einstein: Das heißt also, man muß die Abfallprodukte eines Kernreaktors mindestens 10000 Jahre lang aufbewahren. Zehntausend Jahre sind eine lange Zeit – da kann viel passieren. Wir würden uns heute nicht gerade freuen, wenn die Menschen, die vor 10000 Jahren in ihren Höhlen lebten, ihre Abfallprodukte uns zur Aufbewahrung hinterlassen hätten – falls man damals schon ähnlich langlebigen Abfall produziert hätte.
Haller: Zweifellos ist das ein Problem. Andererseits müssen wir bedenken, daß man heute mit der modernen Technik in der Lage

ist, die Endlager für radioaktive Abfälle sehr tief in geologisch ruhigen Erdschichten anzulegen, etwa in ehemaligen Salzbergwerken in 1000 m Tiefe. Hierdurch dürfte ein hohes Maß an Sicherheit gewährleistet sein, vorausgesetzt, die anfallenden Mengen sind überschaubar, denn im Vergleich zu geologischen Zeiträumen, die in Millionen von Jahren gemessen werden, ist der Zeitraum von 10000 Jahren vernachlässigbar.

Letztlich kommt es bei den Abfällen der Reaktoren doch darauf an, wie stark deren Radioaktivität im Mittel ist, wenn man sie mit der gesamten, auf der Erdoberfläche vorhandenen natürlichen Radioaktivität vergleicht, der die Menschheit von Anfang an ausgesetzt war. Diesen Vergleich braucht man nicht zu scheuen. Nehmen wir einmal an, wir erzeugen mit Hilfe der Kernspaltung so viel Energie, wie man durch das Verbrennen der gesamten Kohlevorräte auf der Erde gewinnen würde, wobei allerdings beträchtliche Mengen an Schadstoffen entstehen würden. Selbst in diesem extremen Fall ist die Strahlungsleistung der bei den Reaktoren anfallenden langlebigen radioaktiven Substanzen gegenüber der natürlichen Radioaktivität noch sehr gering, nämlich etwa zehntausendmal weniger.

Einstein: Das klingt ja beruhigend. Nur gebe ich zu bedenken, daß die Abfälle der Reaktoren nicht gleichmäßig in der gesamten Erdkruste verteilt werden können, sondern stark konzentriert auftreten.

Haller: Das gebe ich Ihnen zu. Deshalb ist der Vergleich, den ich gerade anstellte, nicht ganz richtig. Trotzdem ist er nützlich, weil er ein Gefühl für die Größenordnung der bei Reaktoren anfallenden radioaktiven Stoffe selbst bei einem sehr massiven Einsatz von Kernreaktoren vermittelt. Die Abfallprodukte der Kernreaktoren sind nicht etwas ganz Neues, bisher noch nie Dagewesenes, sondern addieren sich zu den in der Natur sowieso vorhandenen radioaktiven Stoffen, wobei im Mittel dieser Effekt praktisch vernachlässigbar ist.

Einstein: Vorhin gaben Sie immerhin zu bedenken, daß Sie nicht an eine Lösung des Energieproblems durch die Kernreaktoren glauben.

Haller: Es erscheint mir gerechtfertigt, Energie mit Hilfe der Kernspaltung für eine gewisse Zeit zu gewinnen, solange die anfallenden Abfälle überschaubar bleiben. Zum gegenwärtigen Zeitpunkt wäre es unverantwortlich, ganz und gar auf die Kernenergie zu verzichten, ohne eine vernünftige Alternative zu haben, und die Verbrennung von Kohle und Öl, von wertvollen Rohstoffen also, ist keine solche Alternative, zumal hierbei eine allmähliche Verseuchung der Atmosphäre stattfindet.

Konkret denke ich an einen Zeitraum von etwa 50 bis 100 Jahren. Eine kontinuierliche Gewinnung der Energie aus Spaltprozessen auch für die ferne Zukunft halte ich für nicht realisierbar, es sei denn, man stellt sicher, daß auch in diesem Fall die Abfälle überschaubar und vor allem kontrollierbar bleiben. Das wäre jedoch nur dann möglich, wenn sich langfristig die Weltbevölkerung auf einen Bruchteil der heute lebenden 5 Milliarden Menschen reduzieren ließe, einige 100 Millionen Menschen. Zur Zeit nimmt die Weltbevölkerung immer noch zu, und ich kann mir nicht vorstellen, daß in ferner Zukunft die Energie für, sagen wir, 10 Milliarden Menschen durch Kernreaktoren erzeugt werden kann, ohne daß es in gewissen Abständen zu Katastrophen und einer radioaktiven Verseuchung weiter Landstriche kommt.

Einstein: Mit anderen Worten – auch die Kernspaltung stellt keine globale Lösung des Energieproblems dar.

Haller: Nein. Wenn jemand behauptet, er habe eine perfekte Lösung, dann glaube ich ihm nicht. Das Problem der Erzeugung von Energie in der Zukunft, also zu einer Zeit, in der die traditionellen Energiequellen wie Kohle und Öl versiegen, wird sich nur langsam und schmerzhaft lösen lassen, durch den Einsatz einer ganzen Reihe von Möglichkeiten, und die Kernenergie wird nur eine unter diesen sein. Dazu gehören nicht zuletzt auch die vielen Einsparungsmöglichkeiten von Energie mit Hilfe der modernen Technik, insbesondere der Elektronik – eingesparte, also nicht verbrauchte Energie ist immerhin Energie, die man nicht gewinnen muß.

In den südlichen Ländern wird die Gewinnung von Energie, vor allem Elektroenergie, aus der Sonnenstrahlung eine immer größer werdende Rolle spielen. Auch setze ich langfristig auf einen lang-

samen Rückgang der Weltbevölkerung. Sie sehen also, ich bin weder euphorisch im Hinblick auf eine Lösung der Energieprobleme der Zukunft noch besonders pessimistisch.
Newton: Mir fällt auf, daß in Ihren Überlegungen die Gewinnung von Energie aus der Kernfusion keine Rolle spielt.
Haller: Schon gestern habe ich betont, daß es bisher nicht klar ist, ob man je in der Lage sein wird, Energie aus der Kernfusion zu gewinnen – auf der Erde wohlgemerkt. Auf der Sonne ist das ja an der Tagesordnung, und die auf der Erde aus Sonnenstrahlung gewonnene Energie ist gewissermaßen indirekte Fusionsenergie. Vielleicht wird es bei dieser Anwendung der Kernfusion bleiben. Selbst wenn es gelingen sollte, die Kernfusion zu bändigen, ist längst nicht sicher, ob man damit Energie im großtechnischen Sinne gewinnen kann. Von der jetzigen Forschung bis zur Anwendung führt jedenfalls noch ein langer Weg.
Einstein: Und das Abfallproblem?
Haller: Auch bei der Kernfusion entstehen wie bei jedem Kernprozeß radioaktive Substanzen. Die Kernfusion bietet aber einen Vorteil: Die anfallenden Abfallprodukte sind meist leichte Elemente, die nicht sehr lange strahlen, jedenfalls nicht 10000 Jahre. Allerdings benötigt man für den Bau eines künftigen Fusionsreaktors auch schwere Elemente, zum Beispiel Metalle. Diese werden durch die bei der Fusion entstehenden Strahlen ebenfalls radioaktiv, und es ist nicht sicher, ob bei einem Fusionsreaktor nicht letztlich auch schwerwiegende Probleme mit radioaktiven Abfallprodukten auftreten. Ich denke aber, daß die Abfallprobleme insgesamt weniger gravierend sind.

Bezüglich der Kernfusion möchte ich nicht zu pessimistisch erscheinen. Wir wissen heute einfach nicht, ob es je möglich sein wird, Fusionsreaktoren zu bauen, die brauchbare Energie liefern. Zweifellos muß die Forschung auf diesem Gebiet aktiv betrieben werden. Wir wissen jedoch, daß man Erfolge in der wissenschaftlichen Forschung nicht planen kann; sie kommen oft unverhofft, bleiben oft aber auch unerwartet lange aus, und manchmal kommen sie nie, weil sich der begangene Weg als eine Sackgasse entpuppt. Selbst wenn es sich herausstellen sollte, daß die Energiegewinnung mittels der Kernfusion praktikabel ist, sagen wir in 50 Jahren, dürfte das schwerlich heißen, daß man dann beliebig viel Energie zur Verfügung hätte, zumal sich auch hier das Abfallproblem stellen würde. Andererseits hoffe ich nicht einmal, daß es einen Überfluß an Energie geben wird, denn die Erfahrung zeigt: Hat unsere Gesellschaft genügend Energie zur Verfügung, wird Energie rücksichtslos verschwendet, und gerade das ist aus vielen Gründen, nicht zuletzt zum Schutz unserer Umwelt, nicht wünschenswert.

Vielleicht klingt es paradox, aber ich glaube, daß die menschliche Zivilisation nur dann langfristig auf unserem Planeten existieren kann, wenn es ihr gelingt, äußerst sparsam und schonend mit den Energie- und Rohstoffquellen umzugehen, die Kernenergie eingeschlossen. Darin liegt unsere Chance – wohl die einzige, die wir haben.

Ich schaute auf meine Uhr – der Vormittag war schon zum größeren Teil vergangen. Gerade kam durch die Tür ein befreundeter Kollege der Experimentalphysik aus den USA, der mir zunickte und unsere kleine Gruppe neugierig musterte. Wir begrüßten uns, wobei ich es verständlicherweise vermied, meine Begleiter mit ihren vollen Namen vorzustellen, sondern nach amerikanischer Sitte nannte ich nur ihre Vornamen.

Wir kamen überein, daß mein Freund noch am selben Tag meine Begleiter durch das CERN führen sollte. Erst am späten Nachmittag wollten wir uns wieder treffen, diesmal in einem Büro in der Theorieabteilung, das ich stets bei kurzen Aufenthalten am CERN benutzte.

19
Rätselhafte Antimaterie

Auf dem Gang vor meinem Büro hörte ich die Stimmen von Einstein und Newton, die beide kurz darauf, lebhaft miteinander redend, das Büro betraten. Sie standen offensichtlich noch ganz unter dem Eindruck der Besichtigungen, die sie im Laufe des Tages gemacht hatten.

Wir sprachen noch einige Zeit über die großen Beschleuniger des CERN: SPS und LEP (die Abkürzungen stehen für *S*uper *P*roton *S*ynchrotron und *L*arge *E*lectron *P*ositron). Wie schon der Name sagt, ist die erstere der beiden Maschinen ein Protonenbeschleuniger, der in der Lage ist, Protonen bis auf etwa 400 GeV zu beschleunigen, d. h. die Energie der Protonen beträgt dann etwas mehr als das Vierhundertfache der Energie, die gemäß der Einsteinschen Formel der Ruhemasse des Protons entspricht. Mit Hilfe des SPS kann man auch die Antiteilchen der Protonen, die Antiprotonen, beschleunigen, und zwar gleichzeitig mit den Protonen. [Über Antiteilchen und allgemeiner über den Begriff der Antimaterie soll unten die Rede sein.] Auf diese Weise ist es möglich, die Protonen und die Antiprotonen frontal miteinander zur Kollision zu bringen und die bei einer solchen manifesten Kollision entstehenden Teilchen in den speziellen Nachweisgeräten zu analysieren. Mit Hilfe dieser Geräte, den Teilchendetektoren, hat man die Möglichkeit, die Spuren der Teilchen zu rekonstruieren.

Die Maschine LEP ist ein Beschleuniger, mit dessen Hilfe man Elektronen und gleichzeitig ihre Antiteilchen, die Positronen, auf Energien von mehr als 50 GeV beschleunigen kann. Auch hier studiert man die frontalen Kollisionen der Teilchen in Teilchendetektoren, die ebenso wie der Beschleuniger selbst unter der Erdoberfläche installiert sind.

Abb. 19–1 Einer der großen Detektoren, mit deren Hilfe man am CERN die Protonen-Antiprotonen-Kollisionen bei hohen Energien studiert. (Foto: CERN)

Newton: Ihr Freund hat uns die wesentlichen Prinzipien der Beschleuniger dargelegt. Als er dann auf die physikalische Forschung zu sprechen kam, die man mit Hilfe dieser Maschinen durchführt bzw. durchführen wird, fiel ständig der Begriff »Antiteilchen« oder »Antimaterie«. Unser Begleiter, der natürlich nicht wußte, wen er vor sich hatte, ging offensichtlich davon aus, daß wir darüber als theoretische Physiker bestens Bescheid wissen, und hat uns diese Begriffe nicht näher erklärt. Aus verständlichen Gründen haben weder Einstein noch ich nachgefragt. Deshalb jetzt meine Frage an Sie: Was ist ein Antiteilchen, was ist Antimaterie?
Haller: Um Ihre Frage zu beantworten, muß ich zunächst an den Ausgangspunkt unserer Geschichte zurückkehren, nach Cam-

bridge. Gegen Ende der zwanziger Jahre versuchte dort ein junger Physiker namens Paul A. M. Dirac, die damals sich schnell entwickelnde Atomphysik und die ihr zugrunde liegende physikali-

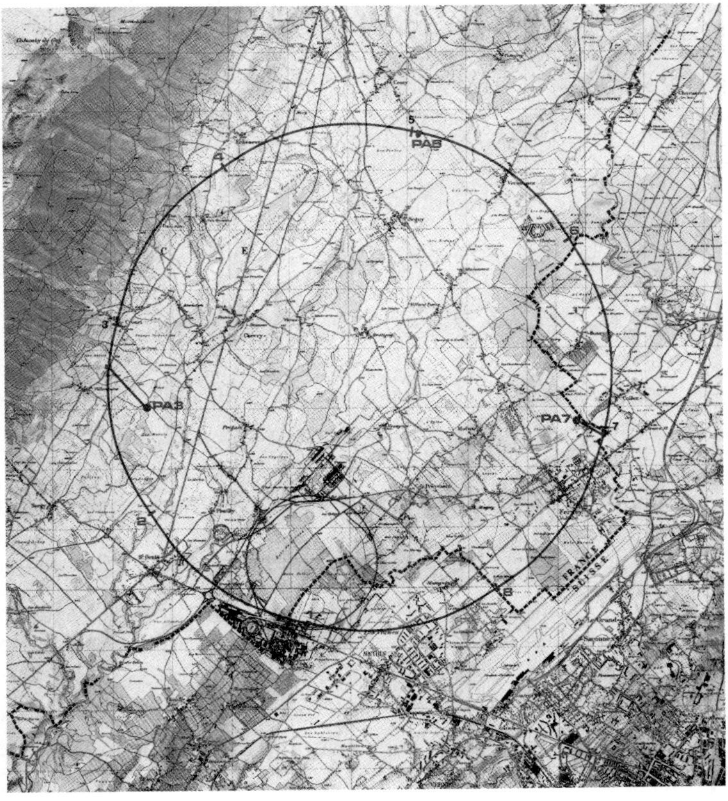

Abb. 19–2 Der ringförmige, 27 km lange Tunnel, in dem sich der LEP-Beschleuniger befindet, verläuft unterirdisch im Genfer Becken zwischen dem Genfer Flughafen und dem Jura. Die angegebenen Ziffern beziehen sich auf die verschiedenen Zonen, in denen man die Elektronen und Positronen zur Kollision bringen kann. Unterhalb des Schnittpunkts der beiden Ringe ist das eigentliche Gelände des CERN eingezeichnet, ebenso der Verlauf des SPS-Beschleunigers. Der LEP-Beschleuniger ist zur Zeit im Bau und wird voraussichtlich 1989 seinen Betrieb aufnehmen. (Abdruck mit freundlicher Genehmigung des CERN.)

Abb. 19–3 Skizze einer der LEP-Experimentierzonen. Die Kollisionen der Elektronen und Positronen finden tief unter der Erdoberfläche statt. Der Teilchendetektor muß deshalb in einer unterirdischen Experimentierhalle untergebracht werden.

sche Theorie, die Quantenmechanik, mit Einsteins Relativitätstheorie zu verbinden. Paul Dirac hatte später übrigens denselben Lehrstuhl am Trinity College inne, den Sie einst hatten.

Es stellte sich bald heraus, daß diese Verknüpfung gar nicht ohne weiteres möglich ist; für praktische Belange in der Atomphysik kommt es zunächst einmal auch nicht auf relativistische Effekte an. Die typischen Geschwindigkeiten der Teilchen in den Atomen sind nämlich recht klein im Vergleich zur Lichtgeschwindigkeit. Aus diesem Grunde spielen in der Atomphysik Raum und Zeit ganz verschiedene Rollen, ebenso wie in der alten Mechanik. Dirac kam es also nicht sosehr darauf an, eine neue Sicht der Atomphysik zu gewinnen, sondern vielmehr auf das Prinzip. Er verfolgte beharrlich sein Ziel, die neuen Einsichten, die man beim Studium der Atomphysik gewonnen hatte, unter Einbeziehung der Relativitätstheorie zu verallgemeinern.

Einstein: In der Relativitätstheorie ist ein prinzipieller Unterschied zwischen Raum und Zeit nicht denkbar, da Raum und Zeit gewissermaßen zu einer Einheit verknüpft werden. Ich nehme an, es war Dirac, der dann diese Verknüpfung für die Atomphysik durchgeführt hat?

Haller: Ja. Dirac nahm einfach an, daß letztlich Raum und Zeit in gleicher Weise behandelt werden müssen, wenn man Situationen beschreiben will, in denen sich die Teilchen fast mit Lichtgeschwindigkeit bewegen. So gelang es ihm, 1928 eine interessante, später nach ihm benannte Gleichung abzuleiten, mit deren Hilfe die Relativitätstheorie letztlich auch in die Atomphysik Einzug halten konnte. Das erste Resultat dieser Gleichung, also der Diracgleichung, war ein beeindruckender Erfolg: Sie beschrieb genau die Stärke der Wechselwirkung der Elektronen mit magnetischen Feldern.

Dirac fand jedoch heraus, daß seine Gleichung nicht nur das Verhalten der Elektronen in den atomaren Kraftfeldern richtig zu beschreiben vermochte, sondern gleichzeitig auch die Existenz einer neuen Teilchensorte voraussagte. Diese Teilchen sollten die gleiche Masse wie die Elektronen haben, dafür aber genau die entgegengesetzte elektrische Ladung, also eine positive Ladung.

Ursprünglich wollte Dirac diese Konsequenz seiner Theorie nicht akzeptieren, denn in den Atomen gibt es nur die Protonen als positiv geladene Teilchen. Letztere haben jedoch eine viel größere Masse als die Elektronen. Erst nach vielen vergeblichen Versuchen, eine andere Lösung des Problems zu finden, war Dirac überzeugt, daß es diese Teilchen wirklich geben müßte. Er nannte sie die Antiteilchen des Elektrons.

Interessant ist, daß in dieser, der Diracschen Theorie des Elektrons die Elektronen und ihre Antiteilchen in ganz symmetrischer Weise eingehen. Man kann beide Teilchen untereinander austauschen, also von den Teilchen zu den Antiteilchen übergehen, ohne daß sich wesentliche Änderungen ergeben.

Verlassen wir jetzt Europa und begeben uns nach Pasadena, an das California Institute of Technology. Zu Beginn der dreißiger Jahre wurden dort die Einzelheiten der kosmischen Höhenstrahlung näher untersucht. Einer der Forscher, Carl Anderson, konstruierte eine für damalige Verhältnisse recht große Nebelkammer, mit deren Hilfe man die Spuren der durch die Kammer hindurchfliegenden elektrisch geladenen Teilchen gut beobachten und fotografieren konnte. Legt man an eine solche Kammer ein

Magnetfeld an, so bewegen sich die Teilchen auf gekrümmten Bahnen, wobei man aus der Stärke und der Richtung dieser Krümmung sowohl die Masse als auch die Ladung eines Teilchens bestimmen kann. Anderson untersuchte eine Menge solcher Teilchenspuren und stellte jeweils fest, daß es sich bei den betreffenden Teilchen um wohlbekannte Objekte handelte, nämlich um elektrisch positiv geladene Protonen und um elektrisch negativ geladene Elektronen.

Als Anderson am Morgen des 2. August 1932 wie jeden Tag die Fotos seiner letzten Experimente studierte, bemerkte er eine Spur, die man zunächst für die Spur eines Elektrons halten könnte. Die Masse des Teilchens stimmte mit der Elektronenmasse überein. Nur die Krümmung der Bahn des Teilchens war falsch. Sie war genau entgegengesetzt zu der Krümmung, die man für ein Elektron erwarten würde. Das Teilchen verhielt sich also wie ein positiv geladenes Elektron.

Die natürliche Reaktion Andersons war, erst einmal seine Apparatur genau zu überprüfen. Vielleicht lag ein experimenteller Fehler vor. Nach einer Reihe weiterer Experimente konnte Anderson solche Fehler ausschließen. Gleichzeitig fand er weitere der mysteriösen neuen Teilchen, wobei in einigen Fällen die Spur des Teilchens an einem Punkt abbrach, als wäre das Teilchen plötzlich verschwunden. Es gab also keinen Zweifel mehr: Das Elektron hatte einen elektrisch positiv geladenen Zwillingsbruder. Anderson taufte sein Teilchen »Positron«.

Einstein: Anderson hatte also die von Dirac vorhergesagten Teilchen entdeckt.

Haller: Als Anderson seine Experimente durchführte, hatte er keine Ahnung von den theoretischen Arbeiten, die Dirac in Cambridge durchgeführt hatte. Erst 1933 konnte man einwandfrei feststellen, daß Anderson die von Dirac vorausgesagten Antiteilchen entdeckt hatte. Das Positron ist also das Antiteilchen des Elektrons. Man bezeichnet es auch kurz mit dem Symbol e^+. Wie bereits gesagt, ist die Masse des Positrons identisch mit der Masse des Elektrons:

$$m(e^+) = m(e^-) = 9{,}1091 \cdot 10^{-31}\,\mathrm{kg} \div 0{,}511\,\mathrm{MeV}$$

Newton: Gibt es auch ein Antiteilchen des Protons?
Haller: Andersons Entdeckung war nur der erste Schritt in eine völlig neue Welt, in die Welt der Antimaterie. Heute weiß man, daß es zu jedem Teilchen ein Antiteilchen gibt, wobei jedoch manchmal dieses Antiteilchen mit dem ursprünglichen Teilchen identisch ist, beispielsweise bei den Photonen. Die Photonen kann man gleichzeitig als Teilchen und als Antiteilchen betrachten.

Es gibt demzufolge auch ein Antiteilchen des Protons, das man kurz als $\overline{p}$ bezeichnet. Das Antiproton hat die gleiche Masse wie das Proton, aber eine negative elektrische Ladung. Es wurde 1955 entdeckt, allerdings nicht in der kosmischen Strahlung, sondern mit Hilfe eines Beschleunigers. Später hat man auch die Antiteilchen zu den Neutronen, die Antineutronen, entdeckt. Die Anti-

Abb. 19–4 Carl Anderson und seine Nebelkammer, mit deren Hilfe er die Positronen entdeckte. Die eigentliche Kammer ist nicht zu sehen – sie befindet sich im Inneren der Spule, die das für das Experiment erforderliche Magnetfeld erzeugt. Im oberen Teil des Bildes ist eine der ersten Positronspuren zu sehen, die Anderson fand. (Foto: California Institute of Technology, Pasadena)

Abb. 19–5 Der Antiproton-Akkumulator am CERN. In diesem Ring speichert man mit Hilfe von Magnetfeldern die Antiprotonen vor ihrem Einschuß in den SPS-Beschleuniger.

neutronen sind wie die Neutronen elektrisch neutral, tragen also keine Ladung.

Hier am CERN ist man übrigens heute in der Lage, sehr viele Antiprotonen herzustellen. Man erzeugt sie mit Hilfe eines kleineren Beschleunigers, um sie anschließend in den SPS-Beschleuniger einzuleiten und in der Folge praktisch auf Lichtgeschwindigkeit zu beschleunigen, ganz analog zu den Protonen.

Einstein: Wenn ich hier ein Positron und ein Antiproton hätte, so würden sie sich aufgrund ihrer entgegengesetzten elektrischen Ladung anziehen, ebenso wie ein Elektron und ein Proton. Das heißt doch wohl, daß ich auf diese Weise mit den Antiteilchen ein Atom konstruieren kann –?

Haller: Selbstverständlich. Auf diese Weise können wir ein neues Element herstellen, das Element Antiwasserstoff. Ebenso können wir nach Einbeziehung der Antineutronen auch kompliziertere Anti-Elemente herstellen, etwa Antihelium oder Antieisen, sogar Antiuran, allerdings nur im Prinzip, denn experimentell hat man bis heute nur die Atomkerne des schweren Wasserstoffs, also Antideuteronen, und des Antiheliums mit Hilfe von Beschleunigern erzeugen können. Wesentlich jedoch ist, daß es zu jedem Stoff im Universum prinzipiell auch den entsprechenden Antistoff geben kann, was allerdings nicht bedeutet, daß es diesen Stoff auch wirklich in der Natur gibt. Zwischen Materie und Antimaterie bestehen jedenfalls keine prinzipiellen Unterschiede – das ist eine der wichtigen Aussagen der Theorie von Paul Dirac.

Newton: Sie betonten vorhin, daß manche der Positronspuren, die Anderson fand, abrupt abbrachen. Was ist denn da passiert? Sind die Teilchen plötzlich verschwunden?
Einstein: Gleichzeitig stellt sich die Frage, ob die Positronspuren auch irgendwo anfingen. Wo kamen die Positronen bei Andersons Experiment überhaupt her? Wenn die Positronen, wie Sie behaupteten, plötzlich verschwinden können, so könnten sie eventuell auch plötzlich entstehen.
Haller: In der Tat – beides hängt miteinander zusammen, wie wir gleich sehen werden. Zunächst zur Frage der abbrechenden Positronspuren. Diracs Theorie macht auch hierzu eine Aussage. Ich sagte ja schon, daß Diracs Theorie eine Art Synthese der Relativitätstheorie und der Atomphysik darstellt. Deshalb ist es kein Wunder, wenn in der Diracschen Theorie Einsteins Formel wiederum zum Tragen kommt, diesmal sogar auf besonders eindrucksvolle Weise.

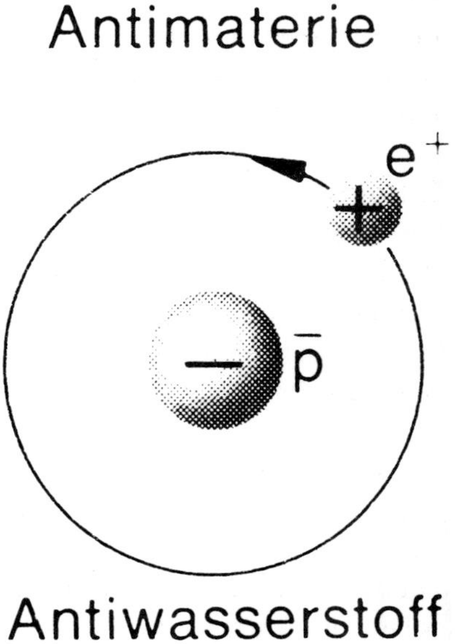

Abb. 19–6 Antiwasserstoff besteht aus einem Antiproton und einem Positron.

Beachten wir einmal ein Positron und ein Elektron, die miteinander kollidieren. Im Augenblick der Kollision kommt es zu einem auf mikrophysikalischer Ebene geradezu katastrophalen Ereignis – beide Teilchen vernichten sich. Das Überbleibsel eines solchen Ereignisses ist Energie in Form von elektromagnetischer Strahlung, also von Photonen. Die Masse der beiden Teilchen hat sich vollständig in die Energie von bei der Zerstrahlung entstehenden Photonen umgewandelt, wobei die Einsteinsche Gleichwertigkeit der Masse und der Energie streng befolgt wird.
Newton: Damit scheint klar, was Anderson damals beobachtet hat. Immer wenn er eine Positronspur fand, die plötzlich abbrach, war das Positron mit einem Elektron in einem der Atome zusammengestoßen und hatte sich mit letzterem vernichtet.
Haller: Genau dies ist passiert. Man kann sogar berechnen, wiederum mit Hilfe der Theorie von Dirac, wie viele Photonen bei einem solchen Vernichtungsprozeß entstehen, nämlich zwei – meistens jedenfalls.

Anderson sah natürlich nur das Verschwinden des Positrons. Daß gleichzeitig zwei Photonen erzeugt wurden, die mit Lichtgeschwindigkeit den Ort der Vernichtung verließen, konnte er in seiner Kammer nicht beobachten, da elektrisch neutrale Teilchen wie die Photonen in einer Nebelkammer nicht beobachtet werden können.
Newton: Sie sehen, Mr. Einstein – diese merkwürdige Zerstrahlung der Teilchen und Antiteilchen in Photonen ist die extremste Anwendung Ihrer Formel. Die gesamte Masse der Teilchen wird in Energie umgesetzt, nicht nur ein kleiner Bruchteil, wie bei den Kernreaktoren oder bei der Kernfusion. Darauf habe ich schon lange gewartet! Endlich haben wir einen Prozeß gefunden, bei dem sich die gesamte beteiligte Masse in Strahlungsenergie verwandelt.
Einstein: Da wir die Massen der Elektronen und Positronen kennen, ist es leicht, die Energie der beiden entstehenden Photonen zu bestimmen. Falls sich die beiden Teilchen nur langsam nähern und damit ihre Bewegungsenergie vernachlässigt werden kann, ist es nur die Ruhemasse der Teilchen, die sich in die Energie der

Photonen umwandelt. Da die Ruhemasse eines Elektrons 0,511 MeV beträgt, müßte also die Energie der beiden erzeugten Photonen jeweils etwa 0,51 MeV sein, vorausgesetzt, wir betrachten diesen Zerstrahlungsprozeß von einem Bezugssystem aus, in dem sich die beiden Elektronen mit gleicher, aber entgegengesetzter Geschwindigkeit nähern.

Haller: Das ist sie auch. Man fand eine glänzende Übereinstimmung zwischen den theoretischen Erwartungen und den experimentellen Messungen. In diesem Sinne stellen die Vernichtungsreaktionen von Elektronen und Positronen das eindrucksvollste Beispiel für Ihre Formel und damit für die Einsteinsche Relativitätstheorie dar.

Einstein: Sie haben uns immer noch nicht verraten, wie die Positronen überhaupt erzeugt werden können.

Haller: Noch nicht direkt verraten, aber sozusagen indirekt. Wir sahen gerade, daß sich ein Elektron und ein Positron in zwei Pho-

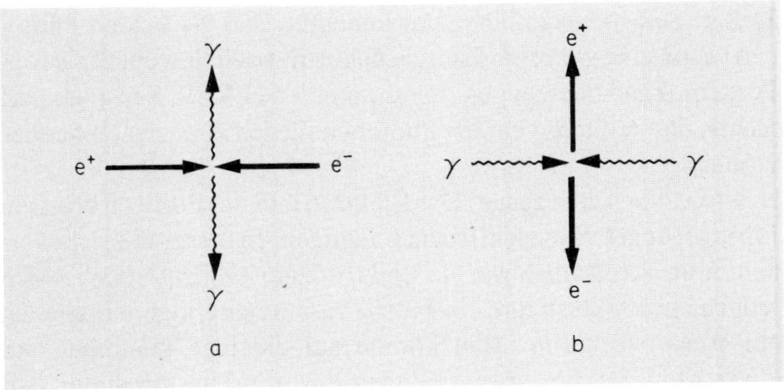

Abb. 19–7 a) Ein Elektron und sein Antiteilchen, ein Positron, vernichten sich gegenseitig, wobei zwei Photonen, zwei Gammaquanten, erzeugt werden. Die Energie der beiden einlaufenden Teilchen findet sich in der Energie der Photonen wieder.

b) Ein Elektron-Positron-Paar wird durch die Wechselwirkung zweier Photonen erzeugt. Dieser Prozeß kann nur stattfinden, wenn die Energie der Photonen groß genug ist, so daß sie entsprechend der Einsteinschen Formel für die Erzeugung der beiden massiven Teilchen ausreicht.

tonen vernichten. Nun gilt aber in der Theorie von Dirac ebenso wie in der Newtonschen Mechanik und in der Relativitätstheorie ein Gesetz, das besagt, daß jeder physikalische Prozeß auch umkehrbar ist. Man nennt dies übrigens das Gesetz der Zeitumkehr. Bei der Elektron-Positron-Zerstrahlung entstehen zwei Photonen. Nehmen wir an, wir lassen zwei Photonen miteinander wechselwirken. Dann kann es passieren, daß sich die beiden Photonen plötzlich in ein Elektron-Positron-Paar umwandeln. Diese Teilchen waren vorher nicht da – sie werden gewissermaßen aus dem »Nichts« erzeugt, genauer: aus Energie. Dieser Prozeß ist genau die Umkehrung der Zerstrahlung. Die Erzeugung und die Vernichtung von Teilchen sind also eng miteinander verbunden.

Einstein: Ich verstehe, das alte Prinzip – keine Entstehung ohne eine entsprechende Vernichtung, keine Geburt ohne den Tod. Ein solcher Prozeß der Teilchenerzeugung kann allerdings nur dann ablaufen, wenn die Energie der beiden Photonen groß genug ist, so daß entsprechend meiner Formel zumindest die Massen der beiden Teilchen zustande kommen.

Haller: Selbstverständlich. Das bedeutet, daß die beiden Photonen schon eine gehörige Energie haben müssen, um ein Elektron-Positron-Paar zu erzeugen, mindestens 0,511 MeV. Sonst passiert nichts, das heißt, die beiden Photonen fliegen einfach aneinander vorbei.

Newton: Noch eine Frage! Das Elektron und das Positron besitzen ja entgegengesetzte elektrische Ladungen. In dieser Hinsicht verhalten sie sich ähnlich wie ein Elektron und ein Proton. Wenn ich jedoch ein Elektron und ein Proton zusammenbringe, erhalte ich ein Wasserstoffatom. Man könnte auf die Idee kommen, daß etwas Ähnliches bei einem Elektron-Positron-Paar geschieht, daß sich also eine Art Atom bildet, kurz vor der Vernichtung der beiden Teilchen – richtig?

Haller: Sir Isaac, Sie haben wieder einmal vorausgedacht. In der Tat gibt es dieses atomartige Gebilde. Man nennt es Positronium. Stets wenn sich ein Elektron und ein Positron langsam näherkommen, erhält man einen solchen Zustand. Nur kann man hier nicht von einem wirklichen Atom sprechen, weil es im Unterschied zum

Abb. 19–8 Die Erzeugung eines Elektron-Positron-Paares durch einen elektromagnetischen Prozeß. Der Pfeil deutet auf den Entstehungsort des Paares hin. Deutlich sieht man die verschiedenen Ablenkungen der Teilchen im Magnetfeld – eine Folge der entgegengesetzten elektrischen Ladungen.

Wasserstoffatom keinen Atomkern gibt – beide Teilchen, das Elektron und das Positron, sind ja gleich schwer. Demzufolge bewegt sich jedes der Teilchen um das andere herum. Auch ist das Positroniumgebilde sehr kurzlebig – bereits weniger als eine millionstel Sekunde nach der Erzeugung zerstrahlt es in Photonen, beispielsweise in zwei Photonen.

Einstein: Ich beginne, über all die neuen Einsichten zu staunen, die die Physik in den Jahren seit dem Erscheinen meiner ersten Arbeiten über die Relativitätstheorie hervorgebracht hat. Ein nahezu verrückt anmutendes Gebilde, dieses Positronium: Materie und Antimaterie, auf engstem Raum zusammengepfercht, haben gerade noch Zeit, eine Art Atom zu bilden, bevor sie zerstrahlen, wobei die gesamte Masse in Strahlungsenergie verwandelt wird...

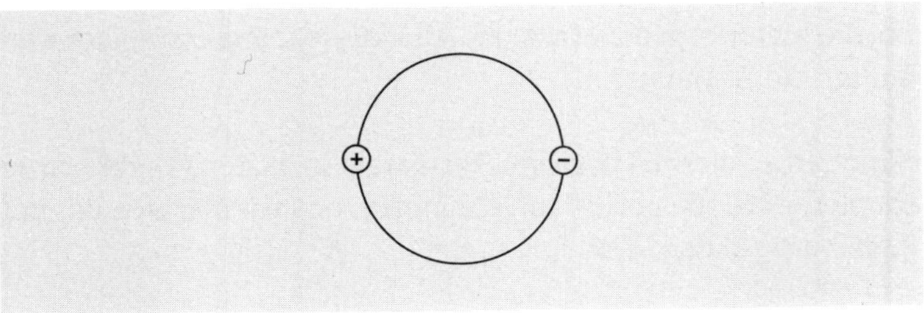

Abb. 19–9 Positronium, ein atomähnlicher Zustand, bestehend aus Materie und Antimaterie, genauer: aus einem Elektron und einem Positron. Beide Teilchen bewegen sich auf einer Kreisbahn. Bereits weniger als eine millionstel Sekunde nach der Erzeugung zerfällt das Positronium: Es zerstrahlt in Photonen, beispielsweise in zwei Photonen.

Überhaupt die Antimaterie – bislang sprachen wir nur von einzelnen Antiteilchen, die mehr oder weniger zufällig bei Teilchenkollisionen entstehen. Man könnte sich ohne weiteres vorstellen, daß es irgendwo im Kosmos größere Mengen an Antimaterie gibt, zum Beispiel Antiwasserstoff oder Antieisen. Ein größeres Stück Antieisen, hier auf die Erde gelangt, würde sofort mit der überall vorhandenen Materie zerstrahlen, vermutlich in Gestalt einer ungeheuren Explosion, deren Explosivkraft die einer Wasserstoffbombe weit übertreffen würde.

Haller: Das kommt auf die Schnelligkeit des Zusammenbringens der Materie mit der Antimaterie an. Sicherlich bricht ein Inferno los, wenn wir ein Kilogramm Antimaterie mit normaler Materie zusammenbringen. Man könnte jedoch die Zerstrahlung auch langsam durchführen und sie auf diese Weise zur Energiegewinnung nutzen.

Technisch wäre dies kein Problem, denn im Unterschied etwa zur Kernfusion benötigt man für die Zerstrahlung der Materie und Antimaterie keine hohen Temperaturen – der Prozeß läuft sofort ohne Vorbedingungen ab. Ein Kilogramm Antimaterie, langsam mit einer ebenso großen Menge Materie zerstrahlt, würde ausreichen, um ein Land von der Größe der Schweiz ein Jahr lang mit Energie zu versorgen. Nur fehlt es leider, oder vielleicht zum Glück, an der notwendigen Antimaterie.

Aber es ist schon Abend geworden: Kümmern wir uns vorerst um die Materie, genauer um das Abendessen, und erst später wieder um die Antimaterie!

Meine Idee, diesmal in einem Restaurant im nahen Frankreich zu soupieren, wurde positiv aufgenommen, und wir machten uns mit dem Auto auf den Weg.

20
Staunen über Elementarteilchen

Nach etwa zwanzig Minuten Fahrt waren wir am Ziel angelangt, der Gaststätte »La Fortune du Pot«, einem kleinen, sehr angenehmen Restaurant, das sich direkt vor den Jurabergen in dem kleinen Ort St. Jean de Gonville befindet. Der Wirt wies uns einen Tisch in der Ecke zu, an dem wir ungestört miteinander reden konnten. Wir machten es uns bequem, und Einstein studierte intensiv die Weinkarte. Wir folgten schließlich seinem Vorschlag und bestellten eine Flasche Châteauneuf-du-Pape. Dann wählten wir unter den Menüs, und zwar Hasenrücken, den ich früher schon einmal hier gegessen hatte und bestens empfehlen konnte. Die Weinkarte aus der Hand legend, kam Einstein ohne Umschweife auf die Antimaterie zurück.

Einstein: Sie sprachen bereits einige Male von einer Symmetrie zwischen der Materie und der Antimaterie. Wenn ich aber das Universum betrachte, bemerke ich zunächst überhaupt nichts von dieser Symmetrie. Alles, was ich um uns herum sehe, ist Materie – wir selbst, dieser Tisch, die Luft, die wir atmen. Auch das Menü, das wir hier gleich verspeisen werden, stammt höchstwahrscheinlich von einem Hasen und nicht von einem Antihasen. Mit anderen Worten: Unsere Welt ist eigentlich eine Materiewelt. Warum? Warum sehen wir im Kosmos keine Antimaterie? Oder gibt es irgendwo im Weltraum Sterne und Planeten, die aus Antimaterie bestehen?

Haller: Da haben Sie ein wichtiges Problem ins Spiel gebracht – ich muß gestehen, daß wir selbst heute noch keine vollauf befriedigende Antwort auf Ihre Frage haben. Zunächst ein paar Fakten: Ein Stern, der aus Antimaterie besteht, würde genauso aussehen

wie ein normaler Stern. Dem Licht, das er ausstrahlt, ist es völlig gleich, ob es von Materieteilchen oder von Antimaterieteilchen herrührt.
Newton: Also könnte es sein, daß es in unserer Galaxie eine Menge Antisterne gibt? Vielleicht besteht unsere Galaxie zur Hälfte aus Materie und zur Hälfte aus Antimaterie? Im Mittel gäbe es dann genausoviel Materie wie Antimaterie, und die Symmetrie zwischen Materie und Antimaterie, auf die Sie anspielten, wäre zumindest im Mittel realisiert. Wir würden uns rein zufällig auf einem Materieplaneten befinden und irgendeine andere Zivilisation vielleicht auf einem Antimaterieplaneten.
Haller: Gerade das ist nicht der Fall. Wenn es irgendwo in unserem Milchstraßensystem einen Antistern geben würde, müßten wir unweigerlich eine große Menge von Zerstrahlungsprozessen beobachten, da ein Kontakt der Materie des Antisterns mit der normalen Materie der Umgebung dieses Sterns nicht zu vermeiden wäre. Die Abstrahlung sehr vieler energiereicher Photonen wäre die Folge. Man hat nach solchen Quellen von Gammastrahlen gesucht, aber ohne Erfolg. Deshalb ist man heute sicher, daß es zumindest in unserer Galaxie keine Antimaterie gibt, abgesehen von den wenigen Antiteilchen, die bei Zusammenstößen von normalen Teilchen entstehen, etwa den Positronen, die Anderson entdeckt hat.

Nur wenige Kilometer von hier, am CERN, gibt es eine größere Menge von Antiprotonen. Ohne zu übertreiben, kann man sagen, daß das CERN und ein ähnliches Laboratorium in den USA, das Fermi National Laboratory bei Chicago, die einzigen Orte in unserer Galaxie sind, wo man größere Mengen von Antiprotonen vorfindet. Allerdings handelt es sich jeweils nur um winzige, keinesfalls makrokopische Mengen.

Selbst eine so kleine Menge wie ein Gramm Antimaterie existiert nirgendwo in der Galaxie in konzentrierter Form. Übrigens können wir froh sein, daß es in unserer Galaxie keine Antisterne gibt. Wäre die Natur Ihrem Vorschlag, Herr Newton, gefolgt und hätte sie unsere Galaxie zur Hälfte aus Sternen und zur Hälfte aus Antisternen konstruiert, dann gäbe es uns wahrscheinlich überhaupt nicht. Die dann ständig stattfindenden Zerstrahlungsprozesse hätten zur Folge, daß die Erde kontinuierlich mit sehr energiereichen Gammastrahlen bombardiert würde, mit katastrophalen Folgen für das Leben auf unserem Planeten – es hätte sich unter diesen Umständen gar nicht entwickeln können.

Als im Verlauf des 20. Jahrhunderts klar wurde, daß die Galaxie nur aus Materie besteht, hat man natürlich zunächst die Vermutung geäußert, daß vielleicht andere Galaxien im Weltraum aus Antimaterie bestehen könnten. Aber auch hier ist man mittlerweile sicher, daß dies nicht so ist, denn auch zwischen den Galaxien gibt es Prozesse, die zu einem Austausch von kleineren Mengen von Materie führen. Man beobachtet jedoch auch in diesem Fall keinerlei Zerstrahlungsprozesse: Ergo besteht höchstwahrscheinlich der gesamte Kosmos, den wir mit den heutigen Teleskopen beobachten können, aus Materie. Es sieht daher so aus, als habe die Natur die Antimaterie benachteiligt. In unseren Physiklabors treten die Antiteilchen zwar ganz symmetrisch zusammen mit den Teilchen auf. Bei der Architektur des Universums im Großen spielen sie jedoch keine Rolle.

Newton: Es muß doch heutzutage Hypothesen geben, die eine Erklärung dieses seltsamen Phänomens versuchen. Wenn ich in der jetzigen physikalischen Forschung arbeiten würde, dann wäre dieses Problem so recht nach meinem Geschmack.

Haller: Hypothesen gibt es durchaus. Eine interessante Theorie, die vermutlich zumindest einige richtige Züge aufweist, geht davon aus, daß unsere Welt vor etwa 15 Milliarden Jahren durch eine Urexplosion, den Urknall, geboren wurde und daß am Anfang eine Symmetrie zwischen Materie und Antimaterie bestand, die allerdings nicht völlig exakt war – es gab einen anfangs sehr kleinen Überschuß von Materieteilchen gegenüber den Antimaterieteilchen, und zwar ein zusätzliches Materieteilchen auf etwa 10 Milliarden von Paaren von Materie- und Antimaterieteilchen. Letztere haben sich dann im Laufe der Zeit vernichtet, so daß am Ende nur noch Materieteilchen übrigblieben. Das wären nun diejenigen, aus denen unsere Welt, und darin eingeschlossen wir selbst, bestehen.

– Unser Gespräch wurde unterbrochen, da die Wirtsleute das Essen zu servieren begannen. Wir widmeten uns eine ganze Weile mit Stillschweigen dem vorzüglichen Gericht.
Einstein: Schon bei früherer Gelegenheit hatten Sie, Herr Haller, diese seltsame Urexplosion erwähnt. Aber ich muß gestehen, viel habe ich nicht von dem verstanden, was Sie gerade über die Abwesenheit der Antimaterie sagten. Warum gab es beispielsweise die-

Abb. 20–1 Eine ferne Galaxie, die in der Vergangenheit mit einer anderen, kleineren Galaxie zusammengestoßen ist. Hierbei erfolgte ein intensiver Austausch der Materie zwischen den beiden Galaxien, ohne daß es zu einer Zerstrahlung der Materie kam. Man ist heute sicher, daß auch die fernen Galaxien aus Materie bestehen und nicht aus Antimaterie.

sen, wenn auch sehr kleinen, Überschuß von Materie am Anfang? Was passierte überhaupt bei der Urexplosion? Ist man denn heute sicher, ob es eine solche Explosion gab?
Haller: Bitte kommen Sie jetzt nicht zu weit vom Thema ab – wir wollten uns ja auf die Relativitätstheorie und die mit ihr unmittelbar zusammenhängenden Aspekte konzentrieren. Wenn wir jetzt anfangen, über die Kosmologie zu reden, bin ich sicher, daß wir unser ursprüngliches Thema bald vergessen haben und uns tagelang, vielleicht sogar wochenlang mit komplizierten Fragen der Astrophysik, Teilchenphysik und Kosmologie abgeben.
Einstein: Sie mögen schon recht haben. Verschieben wir also das Urknall-Thema auf eine spätere Gelegenheit.
Newton: Auch ich stimme gern zu. Zwar interessieren mich die neuesten Hypothesen über die Entstehung der Welt sehr, ebenso aber die harten Fakten, die man heute über die Antimaterie kennt. Auch gebe ich zu bedenken, daß mir nicht mehr viel Zeit bleibt: Morgen abend muß ich bereits wieder in Cambridge sein.

Zurück zur Antimaterie. Bislang haben wir nur die Zerstrahlung eines Elektrons mit einem Positron betrachtet. Beide Teilchen vernichten sich, wenn sie miteinander kollidieren, in zwei Photonen.
Haller: Das stimmt in dieser Form nur, wenn sich beide Teilchen relativ langsam bewegen. Fliegen das Elektron und das Positron mit Geschwindigkeiten aufeinander zu, die der Lichtgeschwindigkeit nahe kommt, können auch noch andere Prozesse auftreten. Experimente dieser Art wurden und werden beispielsweise in einem Labor in der Bundesrepublik Deutschland durchgeführt, am DESY-Forschungszentrum in Hamburg:

Wenn man Elektronen und Positronen frontal aufeinanderschießt, und zwar so, daß die Energien der beiden Teilchen viele GeV betragen, passiert es oft, daß sich die beiden Teilchen in einem mikroskopischen Feuerball vernichten, wobei unmittelbar darauf, wie Phönix aus der Asche, eine ganze Reihe von Elementarteilchen, unter anderem Protonen und Antiprotonen, erzeugt werden. Bei solchen Reaktionen ist stets zu beachten, daß die Summe der Energien der Teilchen, die erzeugt werden, genau gleich der Summe der Energien der einlaufenden Elektronen und Positronen ist. Die Energie bleibt stets erhalten.

Es gibt sogar Reaktionen, bei denen man besonders schwere Teilchen erzeugt. Ein Beispiel ist ganz instruktiv: Nehmen wir einmal an, wir schießen ein Elektron und ein Positron aufeinander, wobei die Energien der beiden Teilchen genau 4,7 GeV beträgt. Beide Teilchen bewegen sich also praktisch mit Lichtgeschwindigkeit. Sobald die Teilchen aufeinandertreffen, kann es passieren,

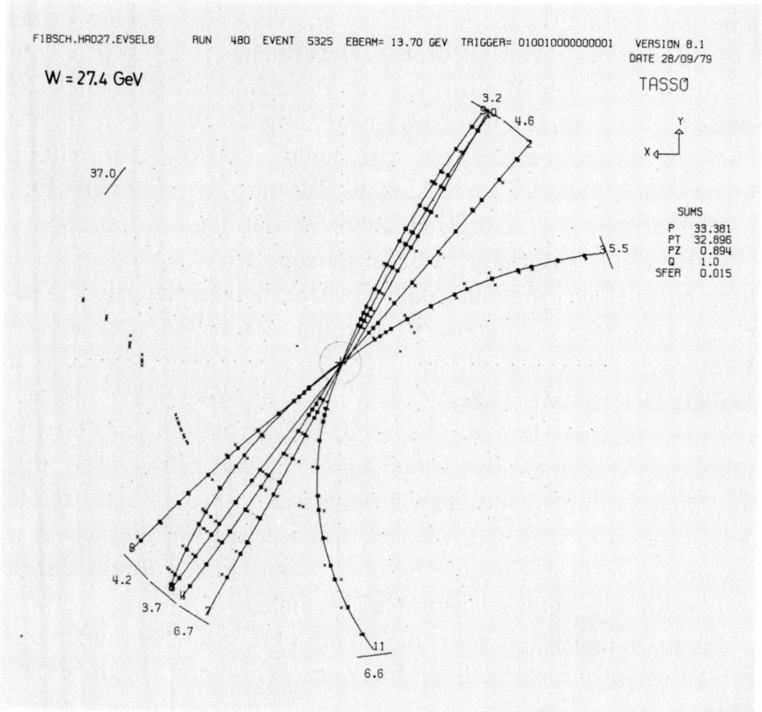

Abb. 20–2 Ein Ereignis der Vernichtung eines Elektrons und eines Positrons, wobei die Summe der Energien beider Teilchen, die frontal aufeinanderstoßen, 27,4 GeV betrug. Man beobachtete die Erzeugung von insgesamt 11 Teilchen. Dieses Ereignis wurde von der TASSO-Kollaboration am DESY, Hamburg, im Jahre 1979 registriert.

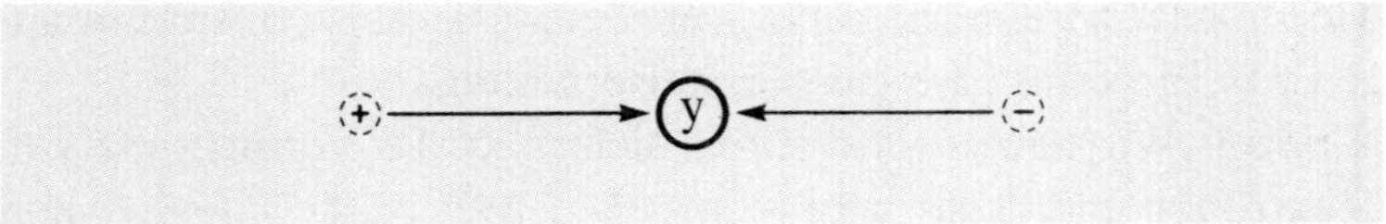

Abb. 20–3 Ein Elektron und ein Positron, beide mit der Energie von etwa 4,7 GeV, kollidieren und erzeugen ein schweres y-Meson in Ruhe.

daß plötzlich ein neues Teilchen erzeugt wird, dessen Masse genau die Summe der Energien der beiden Teilchen ist, nämlich 9,4 GeV. Dieses Teilchen, das damit 10mal so schwer ist wie das Proton, wurde im Jahre 1977 entdeckt und auf die beschriebene Weise zum erstenmal am DESY ein Jahr später erzeugt. Es erhielt einen besonderen Namen, Ypsilon, abgekürzt y.
Newton: Die Erzeugung eines solchen massiven Teilchens ist dann wohl die augenscheinlichste Anwendung von Einsteins Formel, da sich die Bewegungsenergie des Elektrons und des Positrons in der Masse des erzeugten Teilchens wiederfindet.
Einstein: Was passiert denn mit diesem Teilchen nach der Erzeugung? Liegt es einfach irgendwo herum?
Haller: Durchaus nicht. Es lebt nur sehr kurz und zerfällt dann in andere Teilchen, zum Beispiel auch in ein Elektron und ein Positron. Beim Zerfall können aber auch ein Proton und ein Antiproton oder ein Neutron und ein Antineutron entstehen, zusammen mit anderen Teilchen.
Newton: Wenn wir schon über solche sehr schweren Teilchen reden, stellt sich die Frage, was diese Teilchen überhaupt darstellen. Was weiß man denn über dieses y-Teilchen?
Haller: Da kommen wir in ein ähnliches Dilemma wie vorhin bei der Kosmologie. Wenn wir jetzt anfangen, uns über die Details der modernen Teilchenphysik zu unterhalten, würden wir einige Tage brauchen, um uns nur einen hinreichenden Überblick zu verschaffen. Mein Beispiel von vorhin sollte nur veranschaulichen, daß es heute mit Hilfe der modernen Beschleuniger möglich ist, auch sehr massive Teilchen durch Kollisionen von leichten Teilchen wie etwa Elektronen und Positronen herzustellen. Das ist,

wie Sir Isaac gerade feststellte, eine der markantesten Anwendungen von Einsteins Energie-Masse-Beziehung.

Newton: Wir haben jetzt schon mehrmals die Vernichtung von Elektronen und Positronen besprochen. Was passiert denn, wenn ein Proton und ein Antiproton zusammenstoßen? Entstehen in diesem Fall auch zwei Photonen wie bei der Elektron-Positron-Zerstrahlung?

Haller: Im Prinzip könnte das passieren. Wenn sich die beiden Teilchen vor der Vernichtung praktisch in Ruhe befinden, sich also nur langsam aufeinander zubewegen, wäre die zur Verfügung stehende Gesamtenergie einfach das Doppelte der Masse des Protons, also etwa 1,88 GeV. Diese Energie würde man dann in der Energie der beiden Photonen wiederfinden.

Wenn wir das Experiment aber tatsächlich durchführen, merken wir sofort, daß da meistens ganz andere Prozesse stattfinden. Es werden nämlich eine ganze Reihe von Teilchen erzeugt, darunter oft auch Photonen, zusammen mit anderen elektrisch geladenen Teilchen. Auf den tieferen Grund dieses Phänomens kann ich hier nicht eingehen – er hat mit der Natur der kollidierenden Teilchen zu tun. Protonen sind eben ganz andere Teilchen als Elektronen.

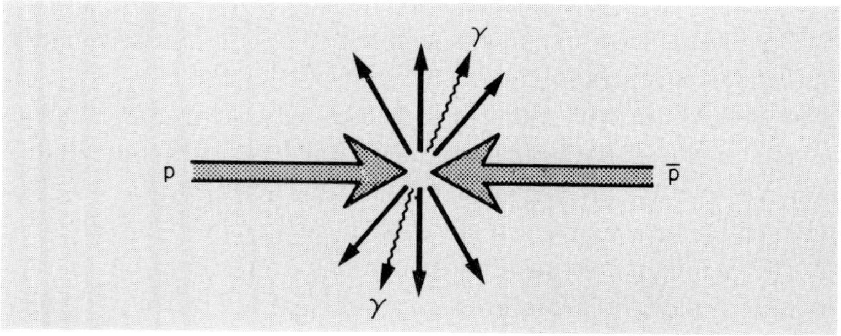

Abb. 20–4 Die Vernichtung eines Protons und eines Antiprotons. Im Gegensatz zur Vernichtung eines Elektrons und eines Positrons, bei der oft zwei Photonen entstehen, findet man hier die Erzeugung vieler Teilchen, der Mesonen, begleitet manchmal von der Erzeugnung von γ-Quanten.

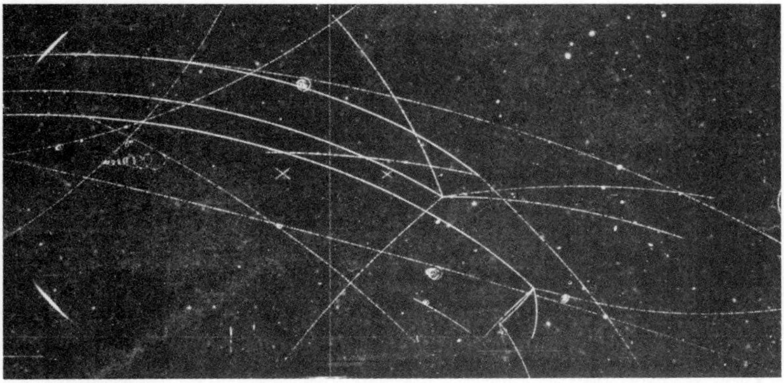

Abb. 20–5 Die Vernichtung von Antiprotonen bei ihrem Aufprall auf Atomkerne. In einer Blasenkammer fliegen (von links) drei sich vergleichsweise langsam bewegende Antiprotonen – die drei gekrümmten, fast parallel laufenden Spuren. Jedes der Antiprotonen trifft nach einer gewissen Zeit unweigerlich auf einen Atomkern, in dem gezeigten Fall auf ein Proton. Beide Teilchen vernichten sich, wobei jeweils mehrere Mesonen entstehen. Beispielsweise entstehen bei der Vernichtung des Antiprotons, das die mittlere der drei Spuren veranlaßte, vier geladene Mesonen, deren Spuren deutlich zu sehen sind. (Foto: CERN)

Einstein: Was sind das für Teilchen? Vielleicht Elektronen oder Positronen?
Haller: Es handelt sich um Teilchen, die wir bislang überhaupt noch nicht erwähnt haben, nämlich die π-Mesonen. Bevor ich kurz auf diese Teilchen eingehe, lassen Sie mich erwähnen, daß diese Teilchen oft erzeugt werden, wenn Protonen oder auch Atomkerne miteinander kollidieren. Die Aufnahme einer besonders energiereichen Kollision habe ich zufällig hier.

– Einstein und Newton beugten sich über das Foto, das ich auf den Tisch legte. Es zeigt, was passiert, wenn man stark beschleunigte Atomkerne des Elements Schwefel – sie tragen die sehr hohe Energie von 6400 GeV – auf Goldatomkerne schießt, wobei letztere in Ruhe sind. [Siehe Abb. 20–6.]
Einstein: Mein Gott, da kommen ja Hunderte neuer Teilchen heraus!

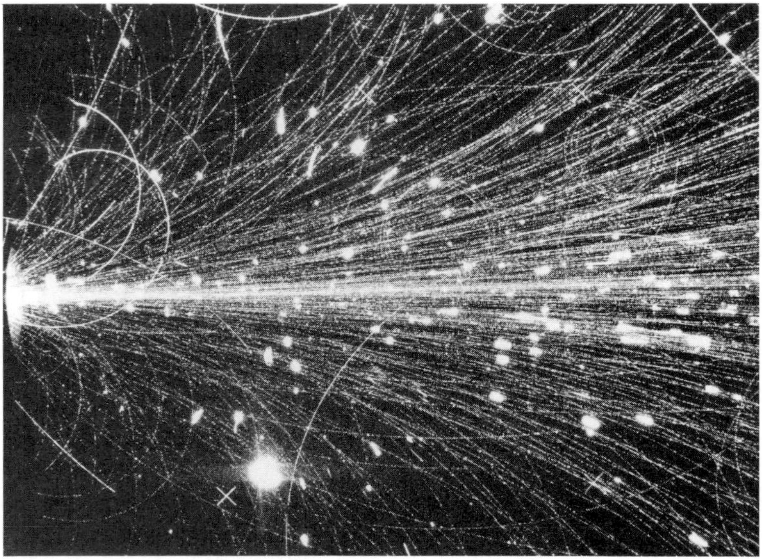

Abb. 20–6 Die Kollision eines faktisch mit Lichtgeschwindigkeit fliegenden Schwefelkerns mit einem ruhenden Atomkern des Elements Gold. Die Energie des Schwefelkerns betrug 6400 GeV. Es werden Hunderte von neuen Teilchen erzeugt. Die beiden Atomkerne werden total zertrümmert. Die Aufnahme wurde mit Hilfe eines speziellen Teilchendetektors gemacht, einer sogenannten *streamer*-Kammer. An der Entwicklung dieses Geräts waren vor allem Physiker des Max-Planck-Instituts München beteiligt. (Foto: CERN)

Haller: Viele der Spuren, die Sie hier sehen, sind allerdings die Spuren von Protonen, die im ursprünglichen Schwefelkern, der von links hereinflog, vorhanden waren. Die meisten der Spuren sind jedoch Mesonen, die bei dieser sehr gewaltsamen Kollision aus Energie erzeugt werden.

Newton: ...entsprechend Ihrer Formel, Mr. Einstein. Es scheint so, als ob diese Mesonen sehr billig wären. Offensichtlich werden sie bei Kollisionen von Protonen oder Atomkernen leicht und in großen Mengen erzeugt, vorausgesetzt, die Energie ist ausreichend, so daß Einsteins Formel befriedigt wird.

Einstein: Haller, erzählen Sie uns bitte mehr über diese merkwürdigen Teilchen.

– In diesem Moment kam die Wirtin mit dem Dessert.

Nach einiger Zeit verließen wir das Restaurant. Der Vollmond stand hoch am Himmel, und im Widerschein seines Lichtes leuchtete der Jura herüber. Einstein hatte den Wunsch, noch ein paar Schritte durch die Straßen von St. Jean de Gonville und die angrenzenden Felder zu machen. Es war fast Mitternacht, als wir wieder am Auto anlangten, um zum Gästehaus des CERN zurückzufahren.

21
Zerfallende Materie

Am nächsten Morgen traf ich mich mit Einstein und Newton in der CERN-Cafeteria zum Frühstück, anschließend gingen wir sofort in mein Büro. Viel Zeit für Diskussionen war nicht mehr übrig, denn ein Teil des vor uns liegenden – letzten – Tages sollte dazu benutzt werden, Newton und Einstein mit einigen der großen Experimente am CERN vertraut zu machen.

Newton: Gestern abend waren wir bei den Mesonen stehengeblieben. Erzählen Sie uns mehr über diese seltsamen Objekte!

Haller: Sie erinnern sich an die Myonen, jene Teilchen, die in der oberen Atmosphäre erzeugt werden und dann im relativistischen Sturzflug bis zur Erdoberfläche gelangen können?

Einstein: Das aber nur, weil es die Zeitdilatation gibt.

Newton: Wie sollte ich diese Teilchen vergessen haben – schließlich sind sie mit schuld daran, daß mein altes Gebäude der Raum-Zeit zum Einsturz gebracht wurde.

Haller: Ich habe seinerzeit gesagt, daß die Myonen in der oberen Atmosphäre gebildet werden, und zwar bei den Kollisionen von Protonen der kosmischen Strahlung mit den Atomkernen in der Atmosphäre. Freilich stimmt das nicht ganz. Zuerst werden bei solchen Kollisionen Mesonen, genauer die π-Mesonen, erzeugt, die dann nur kurz durch den Raum fliegen, um unmittelbar darauf in die Myonen und in Neutrinoteilchen zu zerfallen.

Einstein: Was sind Mesonen eigentlich? Sind sie mit den Protonen verwandt?

Haller: Zunächst so viel: Es gibt drei verschiedene Sorten von π-Mesonen, elektrisch positiv geladene, negativ geladene und neutrale, wobei die Massen der Teilchen etwa gleich sind – rund

140 MeV. Damit sind diese Teilchen etwa 30 % schwerer als die Myonen. Je nach der elektrischen Ladung bezeichnet man sie als π^+, π^- und π^0. Die geladenen Mesonen sind diejenigen, bei deren Zerfall die Myonen erzeugt werden. Die Lebenszeit dieser Teilchen ist sehr kurz, von der Größenordnung 10^{-8} Sekunden, also ein Hundertstel einer Mikrosekunde.
Newton: Mich würde interessieren, wie denn die neutralen Mesonen zerfallen.
Haller: Die neutralen Mesonen leben viel kürzer als die geladenen, nämlich 10^{-16} Sekunden. Nur mit größter Mühe konnte man eine derart kurze Lebensdauer experimentell überhaupt bestimmen. Die neutralen Mesonen zerfallen praktisch unmittelbar nach ihrer Entstehung, und zwar in zwei Photonen.
Einstein: Wie beim Positroniumzerfall, bei dem sich das Elektron und das Positron vernichten.
Haller: Treffend beobachtet, Herr Einstein. Es hat sich nämlich herausgestellt, daß die Mesonen dem Positronium, also einem Materie-Antimaterie-Zustand, sehr ähnlich sind.
Newton: Soll das heißen, daß die Mesonen aus Elektronen und Positronen bestehen? Mir ist nicht klar, wo dann die elektrischen Ladungen der geladenen Mesonen herkommen sollten.
Haller: Nein. Ich wollte damit nur sagen, daß die Mesonen aus Materie und Antimaterie bestehen. Wir wissen heute, daß Protonen und Neutronen und darüber hinaus natürlich alle Atomkerne sich aus noch kleineren Objekten zusammensetzen, die man als Quarks bezeichnet. Ein Proton beispielsweise besteht aus drei Quarks. Entsprechend besteht ein Antiproton aus drei Antiquarks.
Einstein: Merkwürdig – als wir gestern die Fotos der hochenergetischen Teilchenkollisionen anschauten, haben wir eine Menge Spuren gesehen. Sie sagten jedoch, daß alle diese Spuren entweder Mesonen oder Protonen sind. Wieso sah man da keine Quarks? Da es sich um Kollisionen bei sehr hohen Energien handelte, könnte man annehmen, daß dabei auch die Quarks aus den Kernteilchen herausgeschlagen würden.
Haller: Bis heute hat noch niemand Quarks im Labor wirklich di-

rekt als isolierte Teilchen beobachtet. Es hat sich herausgestellt, daß die Quarks sich zwar im Inneren der Atomkerne wie ganz normale Teilchen verhalten – in diesem Sinne kann man sie auch indirekt beobachten. Sobald man aber versucht, eines der Quarks von den anderen zu entfernen, hat man keinen Erfolg. Die Kräfte zwischen den Quarks werden immer größer, je weiter sie voneinander entfernt sind. Deshalb gilt es heute als sicher, daß man nie in der Lage sein wird, Quarks als isolierte Teilchen zu beobachten. Bewußt habe ich auch vorhin von den Quarks als Objekten im Inneren der Protonen gesprochen, nicht von Teilchen.

Newton: Nun verstehe ich Ihre Bemerkung von vorhin. Die Mesonen bestehen also aus Materie und Antimaterie, nämlich aus einem Quark und einem Antiquark.

Haller: So ist es. In diesem Sinne sind die Mesonen auch mit dem Positronium verwandt, das ebenfalls aus einem Teilchen und dem entsprechenden Antiteilchen besteht. Was die Quarks anbelangt: Unsere heutigen Vorstellungen über den Aufbau der Materie sind eng mit ihnen verknüpft. Etwas wird Sie überraschen: Es gibt mehrere Sorten von Quarks, und die geladenen Mesonen bestehen aus einem der Quarks der einen Sorte und einem Antiquark einer anderen Sorte. Deshalb ist es möglich, daß manche Mesonen

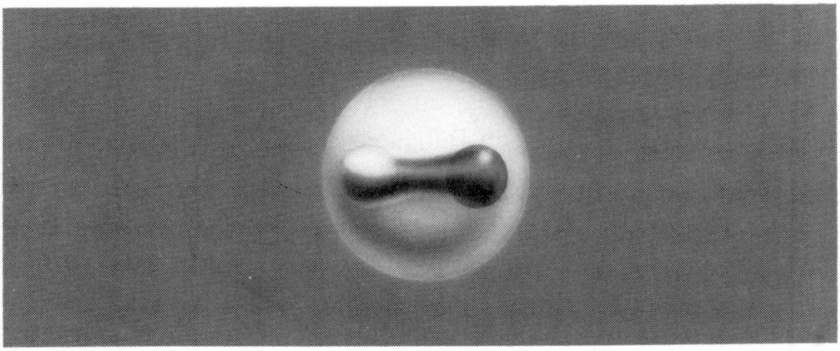

Abb. 21–1 Die innere Struktur der Mesonen. Sie bestehen aus einem Quark und einem Antiquark. Die elektrisch neutralen Mesonen zerfallen, indem sich das Quark und das Antiquark in Photonen vernichten – ein Zerfall ganz analog dem Zerfall des Positroniums.

überhaupt eine elektrische Ladung haben. Die Ladungen der einzelnen Quarksorten sind verschieden, und die elektrische Ladung eines Mesons hängt von den elektrischen Ladungen der Quarks ab, die es enthält.

Das neutrale π-Meson besteht aus einem der Quarks und dem entsprechenden Antiquark. In diesem Fall haben wir also ein Gebilde, das dem Positronium sehr ähnelt. Man braucht nur das Elektron und das Positron durch ein Quark und das entsprechende Antiquark zu ersetzen, und schon haben wir ein neutrales Meson vor uns. Das erklärt auch die kurze Lebensdauer dieses Mesons. Da das Quark und das Antiquark nichts lieber tun, als sich gegenseitig zu vernichten, passiert eben dies, praktisch unmittelbar nach der Erzeugung des Mesons.

Einstein: Das ist also das Besondere an den Mesonen. Sie sind sozusagen Materie und Antimaterie in einem – eine gebündelte Form von Energie, die unmittelbar nach der Geburt dieser Teilchen durch den Zerfall freigesetzt wird.

Haller: So kann man es auch ausdrücken. Die neutralen Mesonen sind also kurzlebige Zeugen Ihrer Formel. Bei ihrem Zerfall wandelt sich die gesamte Masse, etwa $2 \cdot 10^{-25}$ Gramm, in Strahlungsenergie um.

Newton: Mittlerweile haben wir so oft über instabile Teilchen gesprochen, daß ich mir langsam Sorgen mache, ob nicht auch die Protonen bzw. die Atomkerne sich letztlich als instabile Teilchen entpuppen. Woher wissen wir überhaupt, daß die Protonen stabil sind? Ist es nicht seltsam, daß man es in der Elementarteilchenphysik ständig mit instabilen Teilchen zu tun hat, andererseits aber die Atomkerne stabil sind?

Haller: Das ist ein wichtiger Gedanke. Wir nehmen heute an, daß die Materie, aus der wir ja letztlich alle bestehen, vor etwa 15 Milliarden Jahren entstanden ist, als Resultat einer Urexplosion. In der Natur herrscht aber ein, wie es scheint, unumstößliches Gesetz: Wenn etwas entstehen kann, dann wird es auch wieder zerfallen. Geburt und Tod sind unmittelbar miteinander verknüpft. Wenn die Atomkernmaterie irgendwann einmal erzeugt wurde, muß also auch die Möglichkeit bestehen, daß sie wieder zerfallen kann. Aus diesem Grunde nehmen wir an, daß auch die Protonen letztlich nicht stabil sind, sondern im Laufe der Zeit wieder zerfallen können.

Einstein: Wie könnte denn ein Proton zerfallen?

Haller: Eine interessante Möglichkeit wäre der Zerfall in ein Positron, das gewissermaßen die elektrische Ladung des Protons übernimmt, und in ein neutrales Meson, das sofort nach seiner Erzeugung in zwei Photonen zerstrahlt.

Newton: Es entsteht ein Positron! Nehmen wir einmal an, wir betrachten den Wasserstoff. Das aus dem Proton herausschießende Positron könnte zufällig mit dem Elektron in der Hülle zusammentreffen. Das Resultat wäre deren Zerstrahlung in zwei Photo-

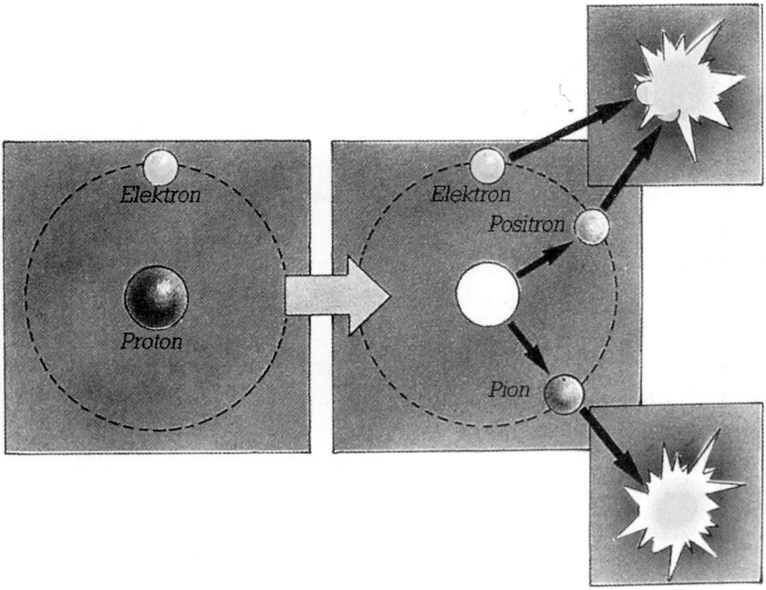

Abb. 21–2 Ein möglicher Zerfall des Wasserstoffatoms: Das Proton zerfällt in ein Positron und ein neutrales Meson. Letzteres zerfällt weiter in zwei Photonen, während das Elektron und das Positron ebenfalls in zwei Photonen zerstrahlen. Das gesamte Atom hat sich in Strahlungsenergie umgewandelt.

nen. Sie sehen, Mr. Einstein, was passiert ist: Das gesamte Wasserstoffatom hat sich in vier Photonen aufgelöst – es ist verpufft in Energie, entsprechend Ihrer Formel.
Einstein: So ohne weiteres nehme ich Ihnen das nicht ab, Haller. Wenn das Proton zerfallen kann, stellt sich doch die Frage, warum es überhaupt noch Protonen auf der Welt gibt? Warum sind noch nicht alle zerfallen?
Haller: Darauf gibt es nur eine Antwort: Die Lebensdauer der Protonen ist sehr lang. Man besitzt heute konkrete Anhaltspunkte, genauer spezifische Theorien, die besagen, daß die mittlere Lebensdauer bei etwa 10^{32} bis 10^{33} Jahren liegt, also etwa hundert Billionen Trillionen Jahre.
Newton: Das ist ja eine kaum noch vorstellbare Zeitdauer! Das würde wohl bedeuten, daß man diesen Zerfall niemals beobachten könnte?
Haller: Durchaus nicht. Es soll sich bei dieser Angabe ja um die mittlere Lebensdauer handeln. Wir müssen nur genügend viele Protonen beobachten, um überhaupt eine Chance zu haben, einen Zerfall zu finden. Beispielsweise würde man erwarten, daß in einer Wassermenge von einigen tausend Tonnen im Jahr einige Dutzend Protonzerfälle stattfinden. Solche Experimente führt man heute an verschiedenen Orten auf der Erde durch, meistens in Bergwerken, um die störenden Effekte der kosmischen Strahlung auszuschalten.

Bisher hat man keinen Zerfall mit voller Sicherheit nachweisen können, hat aber mittlerweile schon eine stattliche Grenze der Lebensdauer des Protons gefunden. Danach leben die Protonen mindestens 10^{31} Jahre. Sie können also beruhigt sein, Herr Einstein: Wenn die Materie wirklich zerfällt – und heute zweifelt kaum noch ein ernsthafter Teilchenphysiker daran, daß das geschieht –, dann geht der Prozeß zumindest so langsam vonstatten, daß kein Grund zur Beunruhigung besteht.
Einstein: Trotzdem – wenn Sie recht haben, ist völlig klar, was in fernster Zukunft mit unserer Welt geschieht: Die Materie wird sich in Lichtstrahlung auflösen. Meine Formel der Gleichwertigkeit von Energie und Masse wird also auch das Ende bestimmen.

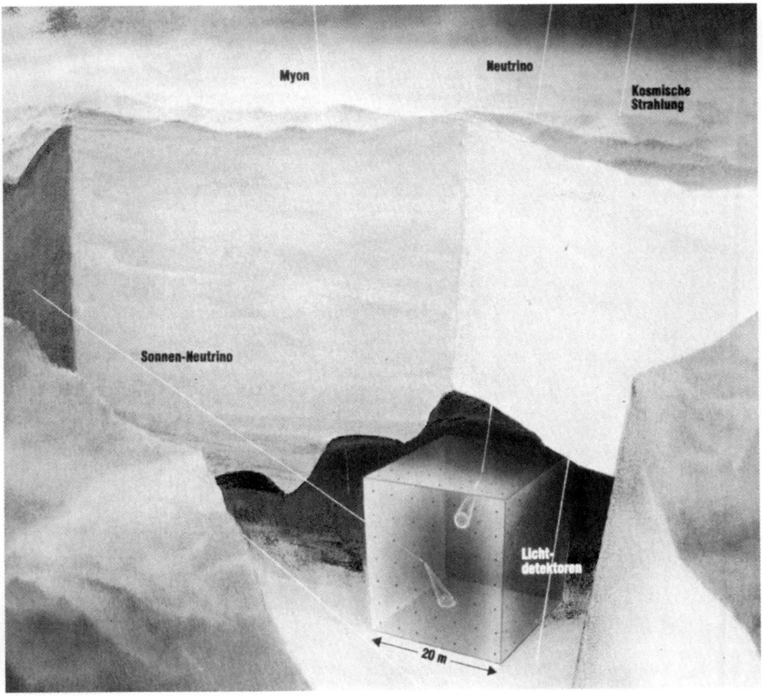

Abb. 21–3 Die schematische Darstellung eines Teilchendetektors, mit dessen Hilfe man heute nach dem Zerfall des Protons und anderen seltenen Ereignissen sucht.

Einer dieser Detektoren wurde in der Morton-Salzmine bei Cleveland in den USA aufgebaut. Man beobachtet dort ca. 10000 Tonnen Wasser, das sich in einem fast würfelförmigen Bassin befindet. Das Material enthält etwa 10^{33} Protonen. Jedes dieser Protonen hat eine gewisse, wenn auch sehr kleine Chance, während der viele Jahre dauernden Beobachtungszeit zu zerfallen. Hierbei wird von den beim Zerfall entstehenden schnellbewegten Teilchen ein bläulich leuchtendes Licht ausgesandt, das sogenannte Tscherenkow-Licht. Letzteres kann von den an den Seiten angebrachten Lichtdetektoren registriert werden.

Obwohl man die Detektoren tief unter der Erdoberfläche errichtet, ist es nicht möglich, die störenden Einflüsse der kosmischen Strahlung vollständig auszuschließen. Sowohl die Neutrinoteilchen als auch manche Myonen sind in der Lage, die abschirmende Materie zu durchdringen und im Detektor Reaktionen auszulösen; darunter übrigens auch Neutrinos, die von der Sonne emittiert werden. (aus GEO/Jörg Kühn)

Abb. 21–4 Das Innere des Teilchendetektors in der Morton-Salzmine bei Cleveland. Der Detektor ist mit speziell gereinigtem Wasser gefüllt. Mittels der an den Seiten angebrachten Photomultiplikatoren, die ähnlich wie eine Photozelle arbeiten, registriert man die im Wasser ablaufenden Teilchenreaktionen.

Mit Hilfe dieses Detektors gelang es im Februar 1987, einen intensiven Neutrinopuls zu registrieren. Letzterer wurde bei der Explosion der Supernova in der Großen Magellanschen Wolke ausgestrahlt. Der Neutrinopuls wurde gleichzeitig auch bei einem ähnlichen Experiment in Japan registriert.

In fernster Zukunft wird unser Universum ein Ozean von Lichtteilchen sein, ohne Sterne und Galaxien. Man wird ihm nicht ansehen können, wie vielgestaltig der Kosmos einst gewesen ist, daß vormals Wesen wie wir existiert haben, die wesentliche Details der Dynamik des Kosmos zu entdecken vermochten. Alles, was dereinst bleiben wird, ist Raum, Zeit und Energie – nichts wird an die Erde und an uns erinnern...

Newton: Gentlemen, erst in fernster Zukunft!!

Nach einer Pause, in der die Emotion der letzten Minuten sich etwas gelegt hatte, sagte Sir Isaac: »Unsere Gespräche begannen vor Tagen mit Betrachtungen über Raum und Zeit. Dann kam das Problem der konstanten Lichtgeschwindigkeit, das Einstein auf seine geniale Art löste. Von da an ging es Stufe um Stufe weiter – jeder Schritt ergab zwangsläufig den nächsten. Jetzt sind wir schließlich bei der Zerstrahlung der Materie angelangt, beim dereinstigen Ende des Universums. Ihre Formel, Mr. Einstein, war der Geburtshelfer bei der Entstehung der Materie in der Urexplosion. Es sieht so aus, als spiele sie auch die entscheidende Rolle bei der Auslöschung der Materie in fernster Zeit.

Mr. Haller, als wir uns in Cambridge trafen, wollten wir nur kurz über die Relativitätstheorie reden. Mittlerweile sind wir seit Tagen dabei, und ich sehe mehr und mehr, wie jeder neue Gedanke, den wir diskutieren, einen weiteren hervorbringt.

Zu meiner Zeit in Cambridge, insbesondere beim Schreiben der ›Principia‹, habe ich mir oft die Frage gestellt, was einmal aus den Naturwissenschaften werden könnte. Mir schwebte ein abgeschlossenes System von Gedanken vor Augen, das in der Lage wäre, alles zu erklären. Heute sehe ich, mit welchen Illusionen ich mich damals abgab. Nie hätte ich mir vorgestellt, daß die Naturlehre, zu deren Mitbegründern ich gehöre, sich so entwickeln würde – daß sie letztlich so interessant und vielgestaltig wie die heutige Physik werden würde... Ich spreche, glaube ich, auch im Namen von Mr. Einstein, wenn ich Ihnen und Ihren Kollegen alles Gute und viele Erfolge wünsche.«

Wir gingen durch die Korridore des CERN zum Büro meines Experimentalkollegen, der versprochen hatte, den beiden Besuchern noch kurz einige der Experimentieranlagen zu zeigen. Ich wollte inzwischen telefonisch alles für die Abreise arrangieren: Einsteins Taxi zum Bahnhof, wo er den Zug nach Bern nehmen würde; Newtons Taxi zum Flughafen. Ich lief zurück zu meinem Büro und – – –

Epilog

»Und weiter?« Haller und ich saßen noch immer am Strand des »El Capitan State Park«, vor uns die Brecher des Pazifiks. Haller hatte in seiner Erzählung innegehalten.

»Wie ging's weiter?« fragte ich. »Hast du Einstein und Newton noch einmal gesehen – ich meine: ›gesehen‹?«

»Natürlich nicht. Ich verließ Newton und Einstein und ging in mein Büro. Kaum hatte ich es betreten, fühlte ich, wie gleißendes Sonnenlicht mir voll ins Gesicht schien: Ich war aufgewacht, mitten in Cambridge, auf der Wiese. Die Sonne stand schon hoch am Himmel, ich mußte also mehrere Stunden tief geschlafen haben. Und hatte geträumt, so intensiv und lange wie nie zuvor! Den ganzen restlichen Tag über drehten sich meine Gedanken um Newton und Einstein. Als ich nachmittags noch einmal im Trinity College war, hielt ich insgeheim Ausschau nach jemand, der wie Newton aussah. Ohne Erfolg. Der Traum war vorbei.«

Anhang

Glossar

Alphateilchen: Kerne des Heliumatoms, bestehend aus zwei Protonen und zwei Neutronen. Die Alphateilchen werden von manchen radioaktiven Substanzen ausgestrahlt (sogenannte Alphastrahlung). Oftmals abgekürzt als α-Teilchen.

Antimaterie: Als Antimaterie bezeichnet man Materie, die aus den Antiteilchen der Kernteilchen (Antiprotonen, Antineutronen) und aus Positronen zusammengesetzt ist.

Antiteilchen: Zu jedem Teilchen gibt es ein Antiteilchen, das die gleiche Masse besitzt, aber die entgegengesetzte elektrische Ladung. Zum Beispiel ist das Antiteilchen des Elektrons das elektrisch positiv geladene Positron. Manche neutrale Teilchen sind mit ihrem Antiteilchen identisch, beispielsweise das Photon oder das neutrale Pion.

Äther: Ein hypothetisches Medium, mit dessen Hilfe man die in der Natur auftretenden Fernkräfte, etwa die Gravitationskräfte oder die elektromagnetischen Kräfte auf Nahewirkungskräfte zurückzuführen hoffte. Ein in der ganzen Welt ruhender Äther ist eng verwandt mit dem Newtonschen Konzept einer vom Bezugssystem des Beobachters unabhängigen absoluten Zeit und eines absoluten Raumes. Mit Hilfe des Äthers versuchte man auch, die Ausbreitung der elektromagnetischen Felder und der elektromagnetischen Wellen zu beschreiben. In der modernen Physik werden die Kräfte des Äthers vermieden. Statt dessen beschreibt man die auftretenden Kräfte als Folge von Gravitations- oder elektromagnetischen Feldern.

Atom: Normalerweise besteht Materie aus Atomen. Die Atome wiederum setzen sich zusammen aus einem elektrisch positiv geladenen Kern, der seinerseits aus den Kernteilchen, den Protonen und Neutronen, besteht, und der Atomhülle, die aus den elektrisch negativ geladenen Elektronen besteht. Im Vergleich zur Größe der Atome, die durch die Atomhülle bestimmt wird, ist der Atomkern sehr klein. Sein Durchmesser beträgt nur etwa ein Zehntausendstel des Durchmessers der Atomhülle. Trotz seiner Kleinheit ist im Atomkern der größte Teil der Masse des Atoms konzentriert.

Beschleunigung: Als Beschleunigung bezeichnet man die Änderung der Geschwindigkeit eines Körpers pro Zeiteinheit.

Betazerfall: Manchmal auch als β-Zerfall geschrieben. Hiermit bezeichnet man den Zerfall des Neutrons in ein Proton, ein Elektron und ein Elektron-Antineutrino. Dieser Zerfall wird durch die schwache Wechselwirkung verursacht.

CERN: Diese Abkürzung leitet sich aus der französischen Bezeichnung »Conseil Européen pour la Recherche Nucléaire« ab. CERN ist das größte Forschungslabor auf dem Gebiet der Elementarteilchenphysik in der Welt. Es wurde 1954 von 12 westeuropäischen Staaten gegründet.

DESY: Kurzbezeichnung für das Deutsche Elektronensynchrotron in Hamburg, das deutsche Zentrum für Elementarteilchenphysik. Der größte Beschleuniger am DESY ist der Beschleuniger HERA, ein großer Speicherring, in dem Elektronen und Protonen umlaufen und an geeigneten Kreuzungsstellen zur Kollision gebracht werden sollen (Inbetriebnahme 1990).

Deuteron: Ein aus einem Proton und einem Neutron zusammengesetzten Teilchen, das den Kern des Deuteriumatoms (schwerer Wasserstoff) bildet.

Elektrodynamik: Die Lehre von den in der Natur auftretenden elektromagnetischen Erscheinungen und Kraftwirkungen.

Elektromagnetische Kraft: Hiermit bezeichnet man generell die Kraftwirkungen, die zwischen elektrisch geladenen Teilchen oder Körpern wirken. Ein Spezialfall ist die elektrische Anziehungs- bzw. Abstoßungskraft, die zwischen ungleichnamig bzw. gleichnamig geladenen Körpern herrscht. Die elektromagnetischen Kräfte werden durch die elektromagnetischen Kraftfelder verursacht.

Elektron: Das leichteste elektrisch geladene Elementarteilchen. Die Elektronen sind die Konstituenten der Atomhüllen. Das Elektron trägt eine elektrische Ladung, die man als die elektrische Einheitsladung bezeichnet und die in der Größe genau der Ladung des Protons entspricht, aber ein negatives Vorzeichen hat. Bis heute ist nicht klar, ob das Elektron ein punktförmiges Elementarteilchen ist oder ob es eine kleine räumliche Ausdehnung besitzt.

Elementarteilchen: Neben den Bestandteilen der Atome kennt man heute weitere Hunderte sogenannter Elementarteilchen. Die meisten dieser Teilchen sind jedoch nicht wirklich elementar, sondern setzen sich aus Konstituenten, den Quarks, zusammen. Alle beobachteten Teilchen kann man heute auf sechs Quarks und sechs Leptonen, d. h. Teilchen, die mit den Elektronen verwandt sind, zurückführen. Die normale Materie besteht indes nur aus zwei Quarks, genannt u und d, und den Elektronen.

Energie: Hiermit bezeichnet man in der Physik die Fähigkeit, Arbeit zu leisten. Energie kann in verschiedenen Erscheinungsformen auftreten, beispielsweise als kinetische Energie oder Bewegungsenergie. Entsprechend der Relativitätstheorie sind Energie und Masse ineinander umwandelbar. Die Energie mißt man in den Einheiten Joule (J) bzw. (Ws). Im täglichen Leben drückt man Energiemengen oftmals in kW-Stunden aus. In der Atom- und Teilchenphysik mißt man die Energie oftmals in Elektronenvolt (eV). Ein Elektronenvolt ist die Energie, die ein Elektron besitzt, wenn es durch die Spannungsdifferenz von einem Volt beschleunigt wurde.

Galaxie: Eine größere Ansammlung von Sternen, die bis zu 1000 Milliarden Sterne umfassen kann und die durch die Gravitation zusammengehalten wird. Man beobachtet elliptische, spiralförmige, balkenförmige und sogenannte irreguläre Galaxien.

Halbwertszeit: Hiermit bezeichnet man die Zeitdauer, in der die Hälfte eines radioaktiven Stoffes zerfällt. Beispielsweise beträgt diese Zeit bei dem Element Uran 238 etwa 4,5 Milliarden Jahre. Das radioaktive Element Tritium hat eine Halbwertszeit von 12,3 Jahren, das Element Strontium 89 nur 50,5 Tage. Die Halbwertszeit des jüngst bekanntgewordenen Elements Cäsium 137 beträgt etwa 30 Jahre.

Impuls: Das physikalische Maß für die Bewegungsgröße eines Körpers. Die Größe wurde von Newton eingeführt und bezeichnet das Produkt von Masse und Geschwindigkeit.

Inertialsystem: Ein physikalisches Bezugssystem, in dem sich die Bewegungslinie eines freibewegten Körpers als eine Gerade darstellt.

Kernfusion: Bei der Kernfusion verschmelzen zwei im allgemeinen relativ kleine Atomkerne zu einem neuen, schwereren Atomkern. Bei der Kernfusion wird eine beträchtliche Energie frei, da ein Teil der Gesamtmasse entsprechend der Äquivalenz von Masse und Energie in Energie umgewandelt wird. Die Energie der Sterne wird mit Hilfe der Kernfusion erzeugt.

Kernkraft: Als Kernkraft bezeichnet man diejenige Kraft, die die Kernteilchen im Atomkern zusammenhält. Heute kann man diese Kraft als eine indirekte Folge der sehr starken Kräfte zwischen den Quarks beschreiben. Die Kernkraft ist die stärkste der bekannten Kräfte in der Natur. Sie wirkt aber nur über sehr geringe Distanzen und ist deswegen makroskopisch nicht direkt feststellbar.

Kernspaltung: Die Aufspaltung eines im allgemeinen schweren Atomkerns in zwei oder mehrere leichtere Atomkerne. Wie ein radioaktiver

Zerfallsprozeß kann die Kernspaltung spontan ablaufen oder durch den Beschuß von Teilchen, etwa von Neutronen, induziert werden. Bei der Kernspaltung von schweren Atomkernen kann Energie freigesetzt werden.

Kosmische Strahlung: Hiermit bezeichnet man diejenige Teilchenstrahlung, die durch den Zusammenstoß von Teilchen, die aus dem Weltall auf die Erdatmosphäre einfallen, erzeugt wird. Die kosmische Strahlung besteht vornehmlich aus Protonen, Neutronen, leichten Atomkernen und aus Pionen. Letztere haben nur eine sehr kurze Lebensdauer und zerfallen während des Fluges zur Erde entweder in Photonen oder in Myonen und Neutrinos.

Lichtjahr: Ein astronomisches Längenmaß. Es bezeichnet die Strecke, die das Licht in einem Jahr zurücklegt: $9{,}46 \cdot 10^{12}$ km.

Masse: Eine physikalische Grundgröße, die ein Maß ist für die Trägheit gegenüber den Änderungen des Bewegungszustandes eines Körpers bzw. für dessen Schwere im Gravitationsfeld anderer Körper. Entsprechend der Relativitätstheorie hängt die Masse eines Körpers vom Bewegungszustand ab. Die Äquivalenz von Masse und Energie wurde zuerst von Einstein erkannt.

Myon: Ein mit dem Elektron verwandtes Elementarteilchen, dessen Masse etwa zweihundertmal so groß ist wie die Masse des Elektrons. Das Myon ist instabil und zerfällt kurz nach seiner Erzeugung in ein Elektron und in Neutrinos.

Neutrinos: Elektrisch neutrale Partner des Elektrons, die mit dem Symbol ν bezeichnet werden. Bis heute hat man die Existenz von drei verschiedenen Neutrinos etabliert. Es sind dies die Elektron-Neutrinos, die μ-Neutrinos und die τ-Neutrinos.

Neutron: Ein elektrisch neutrales Teilchen, das neben dem Proton zu den Bausteinen der Atomkerne gehört. Freie Neutronen sind instabil und zerfallen in Protonen, Elektronen und Neutrinos.

Photon: Hiermit bezeichnet man die Teilchen des Lichtes. Sie werden oft mit dem Symbol γ bezeichnet. Die Photonen tragen keine Ruhemasse und bewegen sich deshalb stets mit Lichtgeschwindigkeit.

Pion: Auch als π–Meson bezeichnet. Ein instabiles, stark wechselwirkendes Elementarteilchen, das in drei verschiedenen Formen vorkommt, in zwei geladenen (π^+, π^-) und einer neutralen (π^0). Heute weiß man, daß die π–Mesonen die leichtesten Teilchen sind, die aus Quarks und Antiquarks bestehen.

Plasma: Wenn man Materie hoch erhitzt, wird die Atomstruktur der Materie durch die ständigen Zusammenstöße der Atome zerstört. Es bildet sich ein Gemisch von Atomkernen und Elektronen, das als Plasma bezeichnet wird. Die Materie im Innern der Sterne ist im allgemeinen ein Plasma.

Proton: Positiv geladenes Elementarteilchen, welches der Kern des Wasserstoffatoms ist. Die Atomkerne bestehen aus Protonen und Neutronen.

Quarks: Die Konstituenten der Kernteilchen. Bis heute hat man direkt oder indirekt die Existenz von sechs verschiedenen Typen von Quarks etabliert. Diese werden mit den Symbolen u, d, s, c, b und t bezeichnet. Man nimmt an, daß es nicht möglich ist, die Quarks jemals als isolierte Teilchen zu erzeugen, da die Kräfte zwischen den Quarks bei großen Abständen sehr stark werden.

Radioaktivität: Wenn Atomkerne spontan Teilchen emittieren, werden sie als radioaktiv bezeichnet. Je nach der Art der emittierten Teilchen unterscheidet man vornehmlich drei Arten der Radioaktivität: α-Strahlung, β-Strahlung und γ-Strahlung. Die α-Strahlen sind Heliumatomkerne. Die β-Strahlen bestehen aus Elektronen. Die γ-Strahlen bestehen aus energiereichen Photonen. Die Radioaktivität ist vor allem deswegen gefährlich, weil sie wichtige Moleküle der lebenden Materie zerstören kann, beispielsweise die Träger der Erbsubstanz.

Raum-Zeit: Als Raum-Zeit bezeichnet man die Vereinigung des Raumes und der Zeit, die in der Relativitätstheorie durchgeführt wird. Das Koordinatensystem der Raum-Zeit trägt vier Dimensionen: die drei Dimensionen des Raumes und eine Dimension für die Zeit.

Schwache Kraft: Eine sehr schwache Kraft, die zwischen den Elektronen, den Neutrinos und den Quarks wirken kann. Sie ist beispielsweise verantwortlich für den β-Zerfall. Die schwache Kraft wird durch den Austausch von Elementarteilchen, den sogenannten schwachen Bosonen, verursacht. Diese Teilchen sind etwa hundertmal so schwer wie das Proton. Aus diesem Grund hat die schwache Kraft eine sehr kurze Reichweite.

Schwerkraft: Die Schwerkraft oder die Gravitation ist die schwächste der in der Natur vorkommenden Kräfte. Sie wird durch die Masse verursacht. Alle Massen ziehen sich an. Die Stärke dieser Kraft hängt von der Größe der Masse und von den Abständen zwischen den Massen ab.

Speicherring: Eine ringförmige Anlage, in der hochbeschleunigte Elementarteilchen umlaufen.

Supernova: Eine Sternexplosion, bei der der größte Teil der Sternmaterie in den interstellaren Raum hinausgeschleudert wird. Während dieser Explosion wird etwa so viel Energie frei, wie die Sonne in einigen Milliarden Jahren abstrahlt. Die letzte in unserer Galaxie beobachtete Supernova wurde im Jahre 1604 von Johannes Kepler beschrieben. Im Jahr 1987 explodierte eine Supernova in der großen Magellanschen Wolke, eine der kleinen Galaxien in der Nähe unserer Galaxie.

Teilchenbeschleuniger: Die Teilchenbeschleuniger werden verwendet, um elektrisch geladene Teilchen, im allgemeinen Elektronen oder Protonen, auf eine hohe Energie zu beschleunigen. Die Beschleunigung der Teilchen erfolgt durch elektromagnetische Felder. Es gibt kreisförmige Beschleuniger, in denen die Teilchen in einer ringförmigen Vakuumröhre laufen, oder lineare Beschleuniger. Der größte Ringbeschleuniger der Welt ist der Beschleuniger LEP am CERN, dessen Umfang 23 km beträgt (Inbetriebnahme 1989).

Weltlinie: Mit Hilfe von Weltlinien beschreibt man das Verhalten von Körpern in der Raum-Zeit.

Nachweis der Zitate

S. 6: »Die meisten Bücher über Wissenschaft...«, aus:
Albert Einstein: Briefe. Zürich 1981, S. 41.

S. 9: »Einstein erklärte...«, aus:
Einstein: The Human Side. Princeton University Press 1979, S. 62.
Chaim Weizmann (1874–1952), Biochemiker, 1948 erster Staatspräsident von Israel.

S. 23: »Sibi gratulentur...«:
»Mögen die Sterblichen sich freuen, daß unter ihnen lebte diese Zierde des Menschengeschlechts«, aus:
David Brewster: Sir Isaak Newtons Leben nebst einer Darstellung seiner Entdeckungen. Leipzig 1833, S. 272.

S. 24: »Nature and Nature's law...«:
»Natur und der Natur Gesetze waren in Nacht gehüllt:
Gott sprach: Es werde Newton! und das All ward lichterfüllt«, aus:
David Brewster: Sir Isaak Newtons Leben nebst einer Darstellung seiner Entdeckungen. Leipzig 1833, S. 288.

S. 26: »Seine besondere Gabe...«, aus:
E. Segrè: Von den fallenden Körpern zu den elektromagnetischen Wellen. München–Zürich 1984, S. 84.

S. 30: »Ich habe bisher die Erscheinungen...«, aus:
Isaac Newton: Mathematische Prinzipien der Naturlehre. Berlin 1872, Nachdruck Darmstadt 1963, S. 508–509.

S. 38: »Was ist die Zeit?...«, aus:
Thomas Mann: Der Zauberberg, Kap. 6.

S. 74: »Newtons Lektüre: ›Was ist Licht?‹...«:
Der Artikel (Autor: Harald Fritzsch) erschien ursprünglich unter dem Titel »Photonen machen die Erde hell« in der deutschen Ausgabe der Zeitschrift »P. M.« (Heft 12, 1984). Der Abdruck erfolgt mit Erlaubnis des Verlags Gruner & Jahr.

S. 251: »Gibt ein Körper...«, aus:
»Annalen der Physik«, Bd. 18 (1905), S. 639ff.

S. 276: »Und dann, ohne den geringsten Laut«, aus:
P. Goodchild: J. Robert Oppenheimer. London 1980, S. 164.

S. 277: »Einige Leute im Bunker...«, aus:
P. Goodchild: J. Robert Oppenheimer. London 1980, S. 162.

S. 279: »Falls Atombomben in Zukunft...«, aus:
P. Goodchild: J. Robert Oppenheimer. London 1980, S. 172f.

Bibliographie

1. Eine Auswahl von Büchern, in denen der Versuch gemacht wurde, die Spezielle Relativitätstheorie in allgemeinverständlicher Form darzustellen (alphabetisch nach dem Verfasser geordnet):

H. Bondi: Relativity and Common Sense. New York 1964.
M. Born: Einstein's Theory of Relativity. New York 1962.
A. Einstein: Relativity: The Special and the General Theory. New York 1961 (17. Ausgabe).
A. Einstein and K. Infeld: The Evolution of Physics. New York 1966.
L. Epstein: Relativitätstheorie, anschaulich dargestellt. Basel 1985.
G. Gamow: One, two, three... Infinity. New York 1965.
M. Gardner: The Relativity Explosion. New York 1976.
S. Goldberg: Understanding Relativity. Oxford 1984.
E. Harrison: Cosmology. New York 1981.
G. Kahan: Einsteins Relativitätstheorie. Köln 1987.
S. Karamanolis: Albert Einstein. München 1984.
D. Layzer: Constructing the universe. New York 1984.
S. Lilley: Discovering Relativity for yourself. New York 1980.
J. Schwinger: Einstein's legacy. New York 1986.

2. Eine ausführliche historische Wertung der Arbeiten Albert Einsteins findet sich in:

A. Pais: Subtle is the Lord... New York 1984.

3. Allgemeinverständliche Einführungen in die Teilchenphysik und Kosmologie:

H. Fritzsch: Quarks. München 1981.
H. Fritzsch: Vom Urknall zum Zerfall. München 1983.
O. Höfling und P. Waloschek: Die Welt der kleinsten Teilchen. Hamburg 1984.
R. Kippenhahn: Licht vom Rande der Welt. Stuttgart 1984.
A. Pais: Inward Bound. New York 1986.
R. Sexl: Was die Welt zusammenhält. Stuttgart 1982.
S. Weinberg: Die ersten drei Minuten. München 1977.

Register

Adams, John Couch 32
Alamogordo 275
Alphateilchen 262
Anderson, Carl 303
Andromedagalaxie 64, 202
Antimaterie 19, 312
Antineutronen 305
Antiproton 299, 305, 314, 326
Antiquarks 326
Antiwasserstoff 306
Aristoteles 37
Äther 70, 104 f.
Ätherwind 106
Atombombe 13, 279, 284
Atomkerne 14, 82
Atomkerne, Spaltung der 269
Atomphysik 57, 151, 301
Atomuhren 193
Augustinus, heiliger 38

Barrow, Isaac 25, 27
Beschleunigung 51, 59
Bohr, Niels 183

Cadmium 289
California Institute of Technology 303
CERN 19, 93, 95, 130, 185, 213, 229, 232, 234, 240 f., 245 f., 256, 299, 314
Compton, Arthur 82, 83
Compton-Effekt 87

DESY-Forschungszentrum 317, 319
Deuterium 254
Deuteron 254
Dirac, Paul A. M. 301, 306, 310

Einstein, Albert 10, 13, 15 ff., 90
Einstein-Gesellschaft 98
Elektrodynamik 92
Elektronen 71, 79, 175, 212
Elektronik 16
Elementarteilchen 19, 82

Faraday, Michael 90, 233
Fermi National Laboratory 314
Feynman, Richard P. 20
Frisch, Otto 276
Fusion 264, 269, 271, 285
Fusionsenergie 297
Fusionsprozeß 266

Galaxien 64, 87
Galilei, Galileo 18, 23, 37
Galle, Johann Gottfried 32
Gammafaktor 166, 169, 177, 246
Gammaquanten 81, 293
Gammastrahlung 81
Gravitation 11, 14, 30

Habicht, Conrad 294
Haller, Friedrich 233
Halley, Edmund 28
Helium 262, 264
Hertz, Heinrich 76, 90
Hiroshima 10, 277
Hobbes, Thomas 26
Huygens, Christiaan 75, 80

Impuls 237
Inertialsystem 48, 59

Jacob, Maurice 20

Kernfusion 19, 283, 288, 297
Kernkraftwerke 291
Kernphysik 17
Kernreaktoren 13
Kernspaltung 19, 271, 288, 292, 295
Kernwaffen 273
Kettenreaktion 272
Koordinatensystem 39, 59
Kosmologie 16f.

Large Electron Positron 299
Leibniz, Gottfried Wilhelm 226
LEP 299
Le Verrier, Urbain Jean Joseph 32
Licht 67
lichtartig 225
Lichtgeschwindigkeit 9
Lichtkegel 125
Lichtquantenhypothese 90
Lichtquantentheorie 103
Los Alamos 119, 275
Lucas, Henry 26

Manhattan-Projekt 275
Mann, Thomas 38
Mars 156
Masse 35
Masse, kritische 273
Massendefekt 257
Massenpunkt 43
Maxwell, James Clerk 150
Mechanik 35
Mechanik, klassische 15
Michelson, Albert Abraham 105f., 108, 137
Michelson-Morley-Experiment 138
Mikroelektronik 16
Minkowski, Hermann 224
Morley, Edward Williams 105f., 108, 137
Myonen 173, 177, 206, 325
Myonteilchen 19

Nagasaki 277
Neutrinos 131, 179
Neutronen 254
Newton, Isaac 11, 15ff.
Nukleonen 72

Oklo 290
Oppenheimer, J. Robert 275

Penzias, Arno 87
Photoeffekt 76
Photon 69, 80, 124, 131, 243
Photonentheorie 92
π-Mesonen 321, 325
Planck, Max 10, 81, 281
Plasma 267
Plutonium 272
Pope, Alexander 23
Positron 299, 304, 310
Positronium 310, 327
Protonen 130, 175, 212, 243
Protonzerfälle 330

Quantenmechanik 57, 302
Quantentheorie 182
Quarks 326

Radioaktivität 293
Radium 293
raumartig 225
Raum-Zeit 118, 121, 124
Relativitätstheorie 15, 20, 57
Relativitätstheorie, Allgemeine 11, 92
Relativitätstheorie, Spezielle 11, 17
Röntgenstrahlen 76
Royal Society 27

Segrè, Emilio 26
Sommerfeld, Arnold 281

Speicherring 187
Spinoza, Baruch de 26
SPS 299
Super Protonen Synchrotron 299

Teilchenbeschleuniger 16
Teilchenphysik 17
Trägheitsgesetz 118
Trägheitskräfte 51
»Trinity« 275
Trinity College 18, 24
Tritonen 285
Tschernobyl 291

Uran 270
Uranus 32
Urexplosion 328
Urknall 14, 16, 87, 315

Voltaire 31

Wasserstoff, schwerer 254
Wasserstoffbombe 284
Wechselwirkung, elektromagnetische 14
Wechselwirkung, schwache 14
Wechselwirkung, starke 14
Wellen, elektromagnetische 76, 139
Weltlinie 118
Westminster Abbey 23
Wheeler, John 228
Wilson, Robert 87

zeitartig 225
Zeitdehnung 18
Zeitdilatation 163, 173, 175, 183, 198, 205
Zeitumkehr, Gesetz der 310
Zerfall, radioaktiver 14
Zwillingsparadoxon 199

Harald Fritzsch

Eine Formel verändert die Welt

Newton, Einstein und die Relativitätstheorie
346 Seiten mit 82 Abbildungen. Geb.

Harald Fritzsch, der mit »Quarks – Urstoff unserer Welt« und »Vom Urknall zum Zerfall« bereits ein großes Publikum erreichen konnte, bringt dem Leser in seinem Buch Einsteins Relativitätstheorie auf besonders eingängige Weise nahe: Newton, Einstein und der erfundene zeitgenössische Physiker Haller erklären sich gegenseitig und damit auch dem Leser die Relativitätstheorie und ihre Folgen.

QUARKS

Vorwort von Herwig Schopper
320 Seiten mit 91 Abbildungen. Serie Piper 332

»Dem mit physikalischen Grundprinzipien vertrauten Leser wird dieses Buch eine Fülle neuer Einsichten vermitteln.« Süddeutsche Zeitung

Vom Urknall zum Zerfall

Die Welt zwischen Anfang und Ende
351 Seiten mit 55 Abbildungen. Serie Piper 518

»Aber das Besondere ist wohl, daß sich die Darstellung so spannend und überzeugend liest und daß man das Gefühl hat, hervorragend informiert zu werden.« Heinz Maier-Leibnitz

»Gemessen an der Komplexität der Phänomene versteht es der Autor aber gekonnt, auch komplizierteste Zusammenhänge klar und verständlich auf ihren wesentlichen Kern zu reduzieren.« Bernd Kröger, DIE ZEIT

Flucht aus Leipzig

153 Seiten mit drei Abbildungen im Text und vier Fotos auf Tafeln. Geb.

Werner Heisenberg

Gesammelte Werke

Abteilung C:
Allgemeinverständliche Schriften
Herausgegeben von Walter Blum, Hans-Peter Dürr und Helmut Rechenberg

Band I
Physik und Erkenntnis 1927–1955
Ordnung der Wirklichkeit, Interpretation der Quantenmechanik, Atomphysik, Kausalität, Unbestimmtheitsrelationen u. a. 453 Seiten. Leinen

Band II
Physik und Erkenntnis 1956–1968
Gifford-Lectures, Sprache und Wirklichkeit, Abstraktion und Vereinheitlichung, Goethes Naturbild u. a. 440 Seiten. Leinen

Band III
Physik und Erkenntnis 1969–1976
Der Teil und das Ganze, Die Bedeutung des Schönen, Naturwissenschaftliche und religiöse Wahrheit, Elementarteilchen u. a. 242 Seiten. Leinen

Band IV
Biographisches und Kernphysik
Autobiographisches, Laudationes, Nobelvortrag, Münchner Festrede, Kernphysik, Buchbesprechungen u. a. 505 Seiten. Leinen

Band V
Wissenschaft und Politik
Organisation der Forschung, Schule und Studium, A. v. Humboldt-Stiftung, Verantwortung des Wissenschaftlers u. a. Ca. 560 Seiten. Leinen

Die »Allgemeinverständlichen Schriften« in fünf Bänden – etwa die Hälfte der Texte wird erstmals in Buchform veröffentlicht – wenden sich vor allem an naturwissenschaftlich und philosophisch interessierte Laien. Sie erhalten aufregende Einblicke in das Denken des Nobelpreisträgers.

Das Werk Heisenbergs, das sich an das allgemeine Publikum wendet, umfaßt neben Reden und Aufsätzen zum Inhalt und zur Deutung der Physik seine Gesamtschau des Naturbildes, wie es sich von der Antike bis zur Gegenwart entwickelt hat. Darüber hinaus ist von der Organisation der Forschung und vor allem auch von der Verantwortung des Wissenschaftlers in einer wissenschaftlich-technischen Welt die Rede. Heisenbergs Schriften sind – wie schon seine erfolgreichen Bücher zeigten – geeignet, ein großes Publikum zu erreichen. Ihm gelang – wie nur wenigen bedeutenden Naturwissenschaftlern – die Vermittlung zwischen der modernen Naturwissenschaft und einer interessierten Öffentlichkeit.

Emilio Segrè

Die klassischen Physiker und ihre Entdeckungen

Von den fallenden Körpern zu den elektromagnetischen Wellen
Aus dem Amerik. von Hainer Kober. 464 Seiten mit 128 Abbildungen. Serie Piper 1174

In seinem neuen Buch beschreibt der Autor gleichsam die historischen Voraussetzungen für die moderne Physik: die klassische Physik von Galileo Galilei bis Ludwig Boltzmann. Wieder stehen die großen Physiker im Zentrum der Darstellung, wieder gibt Segrè seine Sicht der Physikgeschichte. Neben Galilei und Boltzmann als den Eckpfeilern spielen folgende Physiker eine wichtige Rolle: Huygens, Newton, Lagrange, Hamilton, Fourier, Young, Fresnel, Fraunhofer, Bunsen, Kirchhoff, Galvani, Volta, Ørstedt, Ampère, Faraday, Lorentz, Carnot, Thomson, Joule, Helmholtz, Clausius, Maxwell, van der Waal und Gibbs.
Segrè hat sich für dieses Buch intensiv mit den Schriften seiner »Helden« befaßt, er läßt sie selbst ausführlich zu Wort kommen. Segrè: »Ich las viele der für die Physik grundlegenden Originaltexte und erkannte, welche Schwierigkeiten ihre Autoren zu überwinden hatten. Ihre Werke zeigen uns, wie sie ihre Probleme angingen, was wichtig schien und ist, was vernachlässigt werden kann und wie schließlich die Antworten lauten, während sie noch nichts von alledem wußten, sondern alles erst herausfinden mußten. Dieses Buch soll Zeugnis ablegen für die Verehrung, die ich für meine wissenschaftlichen Ahnen empfinde. Es entspringt dem Wunsch, die eigenen Wurzeln kennenzulernen.«

Die großen Physiker und ihre Entdeckungen

Von den Röntgenstrahlen zu den Quarks
Aus dem Amerik. von Siglinde Summerer und Gerda Kurz. Überarb. Neuausgabe. 364 Seiten mit 128 Abbildungen. Serie Piper 1175

»Der durch persönliches Erleben und Mitwirken gefärbte lebendige Bericht über die großen Physiker und ihre Entdeckungen ist ein fast wunderbar zu nennendes Buch, das gleichsam ›nebenher‹ auch die ganze Vielfalt jener wesentlichen Erkenntnisse und Einsichten vermitteln kann, die man heute braucht, um die Physik und ihre Bedeutung für das moderne Weltbild richtig zu verstehen.« Stuttgarter Zeitung

PIPER

John Gribbin

Auf der Suche nach Schrödingers Katze

Quantenphysik und Wirklichkeit
Aus dem Englischen von Friedrich Griese. Wissenschaftliche Beratung für die deutsche Ausgabe: Helmut Rechenberg.
325 Seiten mit 60 Abbildungen. Leinen

Die Quantenphysik gilt als eine der größten geistigen Leistungen unseres Jahrhunderts – und als eine der folgenreichsten. Ohne Quantenphysik gäbe es weder Atomphysik noch Molekularbiologie, blieben chemische Bindungen ohne Erklärung, wären weder Laser noch Computer denkbar – kurz: Die gesamte moderne Naturwissenschaft steht auf der Grundlage der Quantenphysik. Der englische Physiker und Publizist John Gribbin erzählt in diesem Buch ihre Geschichte von den Anfängen der Atomtheorie im 19. Jahrhundert bis zu den gegenwärtigen Forschungen. Er stellt die Physiker vor, die an der Erforschung des Atoms beteiligt waren, von Albert Einstein, der sich heftig gegen die letzte Formulierung in der Quantenmechanik sträubte (»Gott würfelt nicht«), über Werner Heisenberg und Wolfgang Pauli bis zu Erwin Schrödinger.
Die Quantenphysik, die für sich in Anspruch nehmen kann, das Innerste der Welt erklärt zu haben, verändert auch das allgemeine Weltbild. Die Suche nach Schrödingers Katze ist die Suche nach der physikalischen Realität – was ist wirklich in der uns umgebenden Welt, und was ist abhängig vom jeweiligen Beobachter?
In einer klaren und anschaulichen Sprache führt dieses Buch in die Welt der Quantenphysik ein und macht auch dem Laien die neue Sicht der Dinge in der »aufregendsten Wissenschaft des Jahrhunderts« (Heisenberg) deutlich.

»Gribbin vermag es, den naturwissenschaftlichen Laien mit den Ergebnissen und der Interpretation der Quantenmechanik vertraut zu machen.«
H. Rechenberg, Physikalische Blätter

Piper 75/1 c

PIPER